행복하다면, 그렇게 해

여행에서 맞은 서른, 길 위의 깨달음

| 정준오 지음 |

지식공감 도서출판

그저 운이 좋았을 뿐이라는 모든 겸손은 실은 거짓입니다.
내가 운이 좋았던 것은 오로지 당신을 만난 것뿐입니다.

NEPAL HIMALAYA

감사의 글

"긍정적으로 생각하고 살다보니 내가 할 수 있는 부분이 작구나, 하는 것을 느끼게 된다. 최선을 다하고 결과를 기다린다고 생각하니 마음이 편하다. 사업하면서부터 그랬다. 사업을 하면서 보니까 아무리 열심히 해도 실패하는 경우도 있고, 최선을 다하지 않아도 성공하는 경우가 있었다. 내가 결과에 영향을 미칠 수 있는 건 절반 정도고 나머지는 다른 사람이 나를 돕거나 사회가 여건을 허락해서 그렇다는 걸 알았다."

– 안철수 인터뷰 中

사소한 일상이 의미 있는 기록이 될 수 있는 것이 여행이고, 그런 여행의 시간 속에 서른을 맞을 수 있었던 것은 축복이었다. 허세의 천국, 블로그에는 이렇게 적고 떠났다.

떠날 수 있어서, 그리운데 그립다 말할 수 있어서 감사하다.

돌아와서 잘 살기 위해 떠나는 것이 여행이라는데, 나는 돌아와서 내 주위 고마운 사람들에게 잘하기 위해 떠나야 했다. 서른에 뛰쳐나와 다시 펜을 들겠다고 한 것은 물러설 곳이 조금은 있었기 때문이고, 그곳엔 항상 밑도 끝도 없이 응원해준 내 사람들이 있었다. 사랑합니다. 잘할게요.

contents

93 Days   China City Tour
China City Tour
Nepal Himalaya Trekkin
Nepal Himalaya Trekki
India Voluntary work
India Voluntary work
France Alps Snowboa
France Alps Snowbo
Spain Camino de Santiago
Spain Camino de S

행복하다면, 그렇게 해

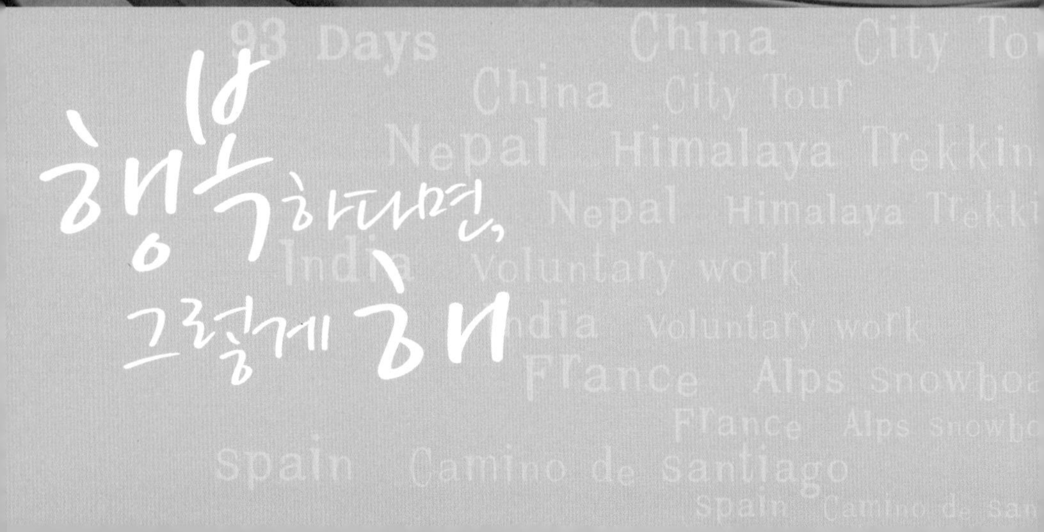

Part II 여행 중, 오늘

To Find More Meaning

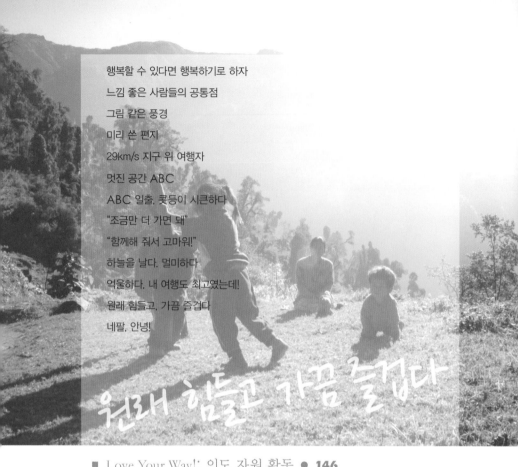

원래 힘들고 가끔 즐겁다

Love Your Way

Action is power

슬럼가 비망록

"Study hard, ok?"

진짜란 무엇인가; 빙칼루루 안녕

얘들아 호객 행위 해야지

"티벳은 지금 울고 있어요"

누군가를 돕는다는 것

"Love your way!"

첫 사기록

화양연화?

사막에서 새해맞이; 아프니까 청춘이라니, 행복해야 청춘이지

우리는 그저 서로에게 감탄하면 된다

이미 환상은 박살나 있다

이야기는 믿는 대로 만들어 진다

가난한 사랑은 흔적도 없다

인도도 인도지만, 나도 나다

행복의 조건; 갠지스 강가에서

화장터에서

보트 타는 한량질

인도 여행 고수 반열

My life is my message

헤어짐은 바쁘게 함이 좋지 아니한가

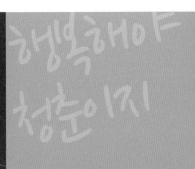

여행에서
맞은 서른,

길 위의

깨달음

기다리지 않아도 올 것은 온다

만날 사람은 언젠가 만난다

방 안에서만 꼼지락거려서는 아무것도 이루어지지 않는다

Man of Action; 항상 행동하는 사람

목표가 있다면, 그에 걸맞은 노력을 하라

태양과 함께 걸어왔다

아직 끝나지 않은 것 같은 길

"여백과 못난 부분이 없으면 완성되지 않아"

결국엔 사람 기억이지 않겠니?

Part III 여행 후, 서른

- 돌아오던 비행기 안에서
- 여행 예찬
- 여행 같은 일상
- 여행 메모

Epilogue; 늘리기보다 **줄이기가 더 어렵다**

Prologue

;스물아홉, 소중한 것들을 멍하니 흘려보냈다

살다보면 누구나 겪을 만한, 흔한 상실이 주는 평범한 고통도 직접 겪는 이에게는 아주 특별한 것이 된다. 스물아홉의 나는 꿈과 사랑이 곁에서 떠나가는 것을 멍하니 바라보았다. 그토록 소중히 여긴 것을 지키지 못했던 것은 굉장히 부끄러운 일이었고, 별 수 없이 생기 없는 두 눈으로 잠시 방황도 했다. 하지만 그 이외에는 아무것도 의미 없다고 생각했던 바로 그것들이 사라진 후에는 오히려 모든 것을 할 수 있는 용기가 생겼다.

히말라야 8000m급 설산이 병풍처럼 둘러싼 곳에 올랐을 땐 콧등이 시큰했다. 마치 내가 운명이라 철석같이 믿었던 꿈처럼, 더 가까이 다가가 보는 것보다 조금 멀리서 보는 것이 더 아름다웠기 때문이었다. 품어 온 꿈으로 가까이 가려다 그 꿈의 알맹이가 환상이었음을 깨닫고 좌절했던 서른 목전의 나는, 이상과 현실 사이에서 방황하던 사이에 대한민국 청년 실업의 중심에도 있어 보았다.

사랑에 대한 갈구가 예술의 완성도와 꿈에 대한 열망을 더 높게 만든다고 믿는다. 많은 가수들의 걸작은 그들이 총각이었을 때 나왔고, 건축물 감상의 기준이 된 타지마할에도 깊은 사랑의 이야기가 숨어 있었다. 나는 운명이라 철석같이 믿었던 그녀에게 자서전을 선물하려 했었다, 하지만 그 계획은 쓸모가 없게 되었고, 이왕 쓰기 시작한 것, 더 볼만한 이야기를 위해 떠나기로 했다.

쓰기로 작정하고 떠난 여행이다. 누군가 '이 정도는 나도 발로 쓰겠다!' 하더라도, 나는 떠났고, 썼다고, 누군가가 말로만 꿈꾸던 것을 이루어냈다는 이야기를 하고 싶었다.

원래 힘들고, 가끔 즐겁다. 이 한마디를 글로 남기기 위해 산으로, 슬럼가로, 순례길로 떠났다. 고작 서른에 인생 다 살아본 듯싶은 이야기를 말로만으로는 하고 싶지 않았다. 한 줄로 설명되는 약력을 포함한 언어로 전달되는 많은 성취들의 근저엔 더 깊고 많은 어려움과 아픔, 고된 것들이 농축되어 있음을 잘 알기 때문이다.

혼자 급하게 떠난 여행, 준비도 계획도 많지 않았다. 그래도 짧지 않았던 93일간 환상적인 여행을 할 수 있었던 것은 누구와도 친구가 될 수 있는 성격, 가끔은 지나친 낙천주의 덕분이었다. 물론 부족한 점도 많았기에 내 이야기를 보고 여행을 꿈꾸어보는 이가 있다면 분명 이보다 나은 경험을 할 수 있을 것이다. 그럼에도 굽히지 않을 허세는, 누군가 이보다 즐겁고 다이내믹한 멋진 여행을 하게 되더라도 지금 이 글을 쓰는 나보다 행복할지는 의문이라는 것이다. 행복하기로 선택한 나는 자신 있게 이 여행을 너무나 사랑한다 말할 수 있고, 이 여행이 들어있는 인생도 사랑하게 되었기에.

천문우주학 석사가 썼음에도 이 책에는 '별 볼 일'이 별로 없다. 대신 소소한 행복과 소박한 깨달음과 길 위에서 만난 별들의 이야기가 있다. 이 글을 읽게 될 또 다른 별들이, 아름답다 노래를 불러주니 스스로 별인 줄 착각하는 행성보다 빛나는 존재라는 것을 자각하게 되면 좋겠다. 가짜 별빛에 가려 자신이 진짜인지도 모르는 그대가.

여행기를 쓰자

자신의 인생을 써 내려갈 때, 페이지마다 누구도 들어본 적이 없는 새로
운 내용을 담아야 한다.

– 엘리아스 카네티

여행과 여행기는 별 볼 일 없는 일상에 생명을 주고 그 풍경과 이야기 속에
있는 사람을 가치 있는 존재로 만들어 준다. 여행기를 어떤 방식으로 쓰든,
생각과 기억은 색다른 공간과 경험 속에서 차곡차곡 재조합 된다. 여행이 꼭
대단하고 장엄할 필요는 없다. 중요한 것은 떠난다는 사실과 자신이 할 이야
기가 아주 많은 사람이었음을 자각하는 일이다.

한 줄로 충분한 기억이 있고, 몇 번이나 쓰고 생각해도 모자란 기억이 있다.
남기려 많이 노력했는데 담긴 것은 그 절반도 되지 않는 것이 있는가 하면, 단
순한 기록이었는데 기대 이상의 만족을 주는 글 한 줄, 사진 한 장이 있다. 인
연처럼 다시 태어나는 이야기들이다. 여행 중에도 기억에 남는 것은 멋진 풍
경의 선 하나하나가 아니라 그 풍경의 아우라이고, 오래 남는 것은 여행의 세
세한 스케줄보다 어떤 사건들이 내게로 오는 순간들이다. 가슴에 새겨지고
마음에 남아있는 것이 진짜 내 이야기니까.

네 목소리로   이생진

네 재산으로 지구를 사면
얼마나 사고
네 흥정으로 지구를 팔면 얼마나 팔겠니
비명이라도 좋으니
손 때 묻은 통소처럼
네 목소리로 울고 웃고 살아라

　여행 중 얻은 어떤 믿음 중 하나는, 누구도 평범한 이야기를 가지지 않았다
는 것이다. 여행하며 만났던 많은 사람들, 평범하다고 자신하던 어느 누구의
이야기도 잘 들어보면 전혀 평범하지 않았다. 그만의 이야기를 가슴에 숨겨
놓고 있었을 뿐이었다.
　이루어 놓은 것이 없어 내 인생에 대해 쓸 것이 없다고 해도 여행은 존재를
특별하게 만들어 준다. 아니, 당신은 원래 특별한 사람인데 왜 그걸 몰랐느냐
고 다그친다. 굳이 활자로 나타나지 않더라도 가슴에 남아 흐르는 내 이야기
를 만들어 보자.

　인생을 사랑한다면, 여행기를 쓰자.
　내게 선물을 주자.

Part I

여행 전, 이십대

■ 꿈과 사랑 사이, 우주 청년의 서른

꿈을 이야기해 볼까. "내가 날 속이는지 내가 안다"
"내가 백수가 될 줄 몰랐어요"
환승의 기쁨과 슬픔
쉬운 선택, 어려운 선택
사랑을 이야기해 볼까

여행은 가슴 떨리는 순간부터 시작이다

꿈과 사랑 사이,
우주 청년의 서른

:: 꿈을 이야기해 볼까. "내가 날 속이는지 내가 안다"

"간절히 원하면, 온 우주가 자네를 도와준다네."

– 『연금술사』, 파울로 코엘료

자기소개서는 때로 '나에 대한 변명' 또는 '내가 이렇게 비추어졌으면 하는 것들'의 모음이 되기도 한다. 마음이 이끌었거나 마지못해 그랬거나 그간 자기소개서를 많이 쓰다가 '자소서'가 아닌 '자소설'계의 미켈란젤로 정도가 될 때쯤, 겉으로 보이는 모습이 아닌 가슴에 품은 소중한 꿈으로 내가 설명되면 좋겠다는 생각은 허튼 것이었음을 알았다. 진정으로 원했다면 그것을 누구라도 알 수 있도록, 제목만이 아닌 콘텐츠를 만들었어야 했다.

하지만 여전히 세상에 언젠가 보여야 할 것은 내가 지켜온 꿈들과 마음속에 품은 소중한 것들이어야 한다고 믿는다. 가지고 있는 그 무엇이 아니라 꿈꾸는 무엇에 대한 열망. 그것이 또 다른 내 이름이 되는 일은 얼마나 멋진가. 사소한 일상의 모습들이 결정된다는 점에서도 꿈은 정말 소중하다.

지금도 나의 가슴을 떨리게 하는 꿈은 우주인이다. 일개 지원자여도 좋다. 우주는 혼자 갈 수 있는 곳이 아니라 수많은 이들의 피땀으로 갈 수 있는 곳이다. 그래서 한 시스템 안에서 우주인이라는 자격을 얻기 위해 '지원'하는 것이다.

하늘과 우주에 대한 꿈은 '나는 어디서, 왜 왔는가?'하는 중학생의 물음으로부터 시작되었다. 그 시절 영화 「아마겟돈」을 보고, 인류와 가족을 위해 소행성을 막으려 목숨을 바치는 주인공의 모습으로부터 비로소 삶의 목표를 찾은 것 같았다. 심장을 두드린 것은 주인공이 소행성으로 들어가는 말도 안 되는 순간에 쏟아진 전 세계 평범한 사람들의 눈빛과 그에 담긴 희망이었고, 중학생의 패기는 그 희망을 사명감으로 바꾸었다. '우주에 가면 사람들을 위해 할 일이 많겠구나!'

우주로 가겠다는 가슴 떨리는 꿈을 품은 후부터는, 알게 모르게 하늘이 도와준 것만 같은 기회가 여러 번 찾아와 조금씩 꿈 가까이로 갈 수 있었다. 대학 새내기 때 마침 로켓 & 인공위성 동아리가 생겨 내 손으로 만든 소형 고체로켓의 발사 카운트다운 순간의 희열을 느껴보았고, 전기전자공학 전공으로 학부를 마치고 천문우주학과에 진학해 인공위성을 연구하면서 책에서만 보던 영웅들이 발표하는 국제학회에도 참여할 수 있었다.

태풍이 대한민국 최초 우주인 선발일정을 전역 후로 미뤄주어, 그 과정을 누구보다도 열심히 지켜본 한 사람이 되기도 했다. 천문우주학과로 전공을 바꾸어 진학했던 것도 최초 우주인 선발 프로그램의 영향이 컸다. 1차 선발 이후 명예취재원으로 활동하면서 다양한 분야의 최전선에서 활동하고 있는 우주인 지원자들을 만났고, '이렇게 멋진 사람들도 우주를 열망하고, 우주로 가는 길을 응원하고 있구나!' 하는 확신이 섰던 것이다.

아무도 가지 않은 길인 줄 알았는데, 신기하게도 길이 이미 그곳에 나 있었다.

우주인이라 불리는 사나이

천구들과 함께여온 과학과 천문전시회를 관람하. '우주인'이라는 꾸준히. 어려서 발전을 끊어 온 정군, 고등 과학 천문학에 남다른 호 조차여만으로는 사람이 사능, 어린이들을 말들며 만났다 무주란 저변에 걷이 나날과 함이 '우주인 선발대회'를 계기로 상과 하을 탐구하며 거점이다. '간절히 꿈꾸여 소중인 바람이건이 무 기들에 넘쳐 이를 나만들이었다. 정말 가긴 빛는이다. 이거만, 삶들을의 생산깃따로 거긴이 빡간 빛하 드간만 보는 수여만 없있하다.' ★ ─ m_space hirbip@hanko826@hanmail.net

◎ 캠퍼스헤럴드, 2007. 07

◎ 우주가 좋아 전공을 바꾼 '우주 청년' 정준오. 정씨는 우주인 선발대회 당시 1차 선발자 245명의 중 한 명이었다. 현재 우주인선발대회를 계기로 과학문화재단이 뽑은 우주 관련 명예기자로서 우주 과학 홍보활동에 혼신을 다하고 있다.
– 「SBS 〈김미화의 U〉 '우주는 내 운명' 우주 마니아 4인 4색」, SBS 인터넷뉴스부, 2008. 04. 08.)

어릴 적부터 천문기사를 스크랩하고, 우주과학 서적을 탐독하고, 러시아어를 공부해 보았던 것만으로는 우주인이 되기에 부족했지만, 우주 청년, 우주인이라 불리며 즐겨보던 대학생 잡지 기사와 공중파 TV 토크쇼에도 나와 보았다. 어느새 친구들은 우주 관련 기사를 보면 내 생각이 난다고 했다. 내가 한 일이라고는 단지 내 길은 그 길이라고 주변에 세뇌시켰을 만큼 우주에 빠져 있던 것뿐. 간절한 꿈을 꾸면 그 꿈과 어느새 닮아있게 된다는 말을 믿을 수밖에 없었다.

칙센트미하이는 일정 수준 이상의 기술과 도전이 균형을 이룰 때 이를 수 있는 몰입의 경험이야말로 즐거움이 넘치는 최적의 상태이며, 풍부하고 다양한 몰입의 경험은 행복하고 훌륭한 삶을 만들어 준다고 했다. 무언가에 몰입할 때 시간은 짧게 느껴진다. 의미 있는 삶을 위해 무언가에 도전하는 힘을 준다는 점에서도 몰입은 중요한 행복의 기술이다.

대학원에서 해 보고 싶던 연구를 하며 보냈던 시간은 몰입의 절정이었다. 꿈에 대한 예의라고 생각해서 쉽게 가고 싶지 않았다. 그래서 비록 석사학위를 받게 되겠지만 세계 누구와 견주어도 부끄럽지 않은 연구를 하고, 박사학위 수준에 버금가는 논문을 쓰려고 했다. 참신한 연구를 위해 지새운 많은 밤, 많은 시도와 많은 실패 끝에, 이미 대가가 만들어 놓은 프레임을 벗어나기는커녕 따라 하기도 힘든 일이라는 것을 깨닫고는 결국 평범한 논문을 남기게 되었지만, 평범하지 않은 젊음이 거기 있었다. 내 노력을 알기나 하는지, 천지개벽을 바랐던 것은 아니었지만, 종합심사가 별 일 없이 조용히 끝났을 때 속절없이 지나간 청춘의 새벽들이 안쓰러워 눈물이 흘렀다.

석사 논문(「Analysis of Attitude Synchronization Control for Spacecraft Formation Flying via Hardware-In-the-Loop Simulation」)은 '아무도 몰라준대도 내가 날 속이는지 내가 안다'는 심정으로 썼다. 누구도 요구하지 않았고 아무도 묻지 않았음에도 스스로에게 거짓말하지 않으려 몇 번이고 더 실험하느라 하얗게 새운 밤, 돌아보니 모두 어디로 갔는지 흔적도 없지만 그 시간 어디쯤 실험에 성공하고서 허공에 펀치하며 환호하던 내 모습은 열정이라 부를 수 있는 추억이 되었다.

:: "내가 **백수**가 **될 줄** 몰랐어요"

> 내가 하고 싶을 일을 하기 위해서 하기 싫지만 해야만 하는, 내 앞에 주어진
> 현실을 기꺼이 모두 다 해치우는 자. 이것이 진정으로 자기 꿈을 실현할 자
> 격이 있는 사람입니다. 꿈이 가장 추해질 때는, 현실 도피용으로 도용할 때
> 입니다.
>
> — 『너, 외롭구나』, 김형태

　대학원에서 연구실의 전폭적인 지원 속에 좋은 환경에서 행복하게 공부하면
서도 이따금 딱 잘라 말할 수 없는 흐릿한 고민에 휩싸여 가슴이 답답해지곤
했다.

　「C프로그래밍의 이해」보다 「한국문학의 이해」수업이 훨씬 좋았던, 적성에 대
한 오래된 고민 때문은 아니었다. 어떤 길을 걸어도 천재는 1%의 영감과 99%의
노력으로 이루어진다는 말을 믿고 청춘을 불사르면 어떤 장애도 넘을 수 있을
것이라 믿었다. 그런데 그때는 눈앞에 놓인 어려움들을 하나씩 극복해 가는 희
열에 도취되어 내가 바라는 내 모습에서 멀어져 가고 있다는 것을 몰랐다.

　사람들이 말하는 이공계 위기 때문도 아니었다. 만약 내가 선택한 진로를 둘
러싼 시스템에 문제가 있다면 내가 나서서 해결하고 싶다는 욕심도 있었다. 그
래서 정치를 하거나 법을 만드는 사람이 되어 문제의 본질에 접근해 보고도 싶
었다. 내 고민이 사회적으로 풀어낼 수 있는 '문제'가 만든 것이 아닌, 개인적인
선택이 만든 '현상'에서 비롯된 것이라는 사실을 알기 전까지는.

뒤늦은 깨달음은 '나의 만족과 보람'이 '이 일이 사람에게 직접적으로 가치를 줄 수 있는 일인가?'라는 질문과 연결되어 있는 데서 불안이 나타났다는 것이었다. 그조차 좁은 스펙트럼 안에서 일어난 깨달음이었지만 활자 속에만 갇혀있었던 것보다는 나았다. 나를 정말 행복하게 할 것이 어떤 건지 잘 몰랐던 탓이다. '우주에 가고 싶다'거나 '상품화될 가능성이 불투명하더라도 흥미로운 논문을 쓰고 싶다'거나 하는 바람들은 거시적으로는 필요할지언정 개인적인 바람이었고, 내가 가진 능력으로 누구나 행복하게 만들어 줄 수 있을 것이라는 믿음은 착각이었다.

누군가와 이런 고민에 대해 이야기할 때면 꼭 '하고 싶은 일과 실제로 하는 일은 다르다'고 말하곤 했다. 히말라야의 별들 아래서 그 말을 들은 젊은 마케터도 "그런 건 스케일이 크든 작든 어느 분야이건 마찬가지인 것 같아"라며 "가끔 컴퓨터가 문제를 일으켜 고생하다보면 내가 왜 이것과 씨름하며 인생을 보내고 있는지 모르겠다는 생각이 들어"라고 했다. 내가 선택했던 길 역시 누가 시키지도 않은 심장 뛰던 사명감으로 들어섰지만 그런 허망함을 견딜 만큼 하는 일이 행복을 주지는 못하리라는 것이 딜레마였다.

나는 내게 꿈을 주었던 칼 세이건, 리처드 파인만이나 아인슈타인이 될 수 없다는 불편한 진실도 받아들여야했고, 그런 좌절 앞에 돌아선 나는 그만큼 나약하기도 했다. '나는 강하고 꿈은 크고 높아 어떤 어려움도 극복해 낼 것이다'라고 말만 하는 것과 내 앞에 놓인 뜨거운 감자는 달랐다. 동기 부여 상실로 인한 허탈감, 밤을 새는 습관을 버리지 못할 것 같은 미래에 대한 우려, 지금 아니면 평범한 사회생활을 경험하기 힘들 것이라는 조급함 등이 조합되어 학교를 벗어나기로 한 변명을 구성했다. 그것들이 변명인 이유는 품었던 꿈이 확실한 신념으로 자리 잡았었다면 문제되지 않았을 것이기 때문이다. 목숨과도 같던 신념을 내 손으로 흔들어 버리는 것이 힘들다고 생각했지만 실은 그것이 목숨 같지 않았기 때문에 흔들렸던 것이다. 그 사실을 인정하기가 힘들었을 뿐. 그렇게 마치 '지적자살'을 감행한 것처럼 힘든 척 취업시장에 들어섰다.

방향을 잃은 후에는 이미 일의 테마가 중요한 것이 아니어서 지원 회사 선택의 기준은 '남들도 좋다고 인정하는 연봉 높은 회사'였다. 언론사, 보험사, 금융공기업, 항공사, 건설회사 등에 지원했다. 나는 우주를 품은 우주 청년이었지만 그즈음부터는 아니어야 했다. 내가 나를 회사에 최적화된 인재로 성장해 왔다고 세뇌했다.

대학 학부를 졸업하기 직전 수강했던 경제 교양 수업에서 '내가 백수가 될 줄 몰랐어요'라는 글이 가득하다는 백수카페 이야기를 들었다. 당시에도 취업전쟁이 심했고 특히 인문사회계열의 취업난은 더했다. 교수님은 백수들이 모인 카페에 가서 글을 읽어보고 느껴보라고 하셨다. 물론 나는 콧대가 높아 들어갈 생각조차 해 보지 않았고, 저학년들도 가보지 않은 학생들이 더 많았을 것이다. 정말 내가 그렇게 될 것이라고는 생각하지 않을 테니까.

하지만 몇 년 후 나도 똑같은 말을 했다. 내가 백수가 될 줄 몰랐다. 세상이 열심히 살아온 나를 이렇게 몰라줄 줄은 정말 몰랐다. 자신에게 맞는 자리를 찾는 것은 쉽지 않은 청춘의 숙제다. 정답이 없어서 더 어렵다.

이미 많은 친구들과 후배들이 경험하고 성공한 취업 시장에 느지막이 뛰어들어 보니 수많은 채용공고들이 그보다 수천 배 많은 취업준비생들의 영혼을 팔도록 유혹하며 널려 있었다. 석사 논문을 마무리한 후, 책장을 덮고서 나 역시 그 유혹에 빠져들었다. 그것을 선택했다면 응당 온 힘을 다했어야 했지만 그러질 못했다. 종합선물세트 같이 쏟아지는 다양한 직군의 매력적인 커리어들에 홀렸고, 그것을 건드리기만 하면 쉽게 문을 열어 주리라는 자신감도 있었다. 그러나 하는 일, 연봉, 명성, 위치, 가능성 등 회사 지원의 기준은 다양하지만 회사 선택은 단순하다. 이리저리 치이느라 지치고 상처 입은 영혼을 감사하게 사준 곳을 선택하게 된다. 많이들 성공하지만, 대부분 실패하기 때문이다.

세상은 누구에게나 만만치 않다. 그것은 준비 없이 너무 쉽게 취업문을 두드린 시절에 비로소 문장이 아니라 현실이 되었다. 그리고 세상에 만만하게 살아온 사람은 아무도 없다. 나는 열심히 살았기 때문에 세상이 다 알아주리라는 자존심은 철없는 것이었다. 낙방과 실수의 경험, 한계에 대한 한숨이 이어지던 가운데 발견한 것은 잘 팔리지도 않는 영혼을 포장하려고 한 나약한 '진짜 나'의 '껍데기'에 대한 초라한 집착이었다. 나는 스스로를 너무 사랑해서 무엇에도 거절당하고 싶지 않았는데, 상처가 늘어갔다.

게다가 가장 가까운 사람에게도 해 보지 못했던 자신과 포부에 대한 소개들을 진실한 구애의 고백보다도 간절하게 꾸며내는 일이 때로는 자연스러운 과정이었지만 내 말에 진심이 묻어나지 않은 탓에 후유증이 짙었다. 입사 지원은 내가 그다지 특별하지 않은 사람이라는 것을 받아들이는 과정이었다.

입사 지원서를 날린 여러 회사 중에, 전혀 관심 없던 분야였지만 그 분야에서 최고를 달리며 높은 연봉을 주고, 그곳에서라면 나의 가치를 높일 수 있을 것이라는 기대를 주는 회사가 있었다. 입사 전형 중 PT면접 주제가 '청년 실업'으로 주어졌다. 잠시간에 평소 생각하던 이야기를 했다.

"대한민국 사회는 일렬로 줄 세우기에 익숙해져 있습니다. 저 역시 대부분이 그렇게 강요 받아오듯 그 상위 10% 사회를 이끌어 가는 1%에 들기 위해 노력해 왔음을 부정하지 않을 수 없습니다. 영광을 누리는 사람보다 많은 사람들이 정신적으로 실패하는 이유도 거기에 있다고 생각합니다. 그 과정에서 가장 문제가 되는 것은 청년들이 진정으로 어떤 삶을 살 것인가에 대한 진지한 고민을 담고 있지 못하다는 것입니다. 경쟁에 익숙해진 사람들은 그 속에서 이긴 뒤 남들의 시선을 통해 행복을 느끼거나 주위의 평가에 의해 자신의 삶을 재단하는 데 익숙합니다. 이 사회는 그 이외에 진정한 삶의 가치에 대해 고민할 여유도 주어지지 않고, 특별한 행복의 조건도 마련해 주지 못하고 있습니다.

　요즘 젊은이들이 진짜 원하는 게 무엇인지 모르는 것이 가장 큰 문제라기보다, 원하는 삶을 살 수 있는 여건을 찾기 힘든 구조에 살고 있다는 것이 더 큰 어려움이라고 생각합니다. 사회학자 우석훈은 『88만원 세대』에서 청년 세대에게 이런 세상을 물려준 기성세대의 사과를 대신 전하기도 했습니다. 그러나 그것은 누구의 잘못도 아니라고 생각합니다. 그분들의 세대 역시 다른 방식으로 충분히 치열하고 힘들었을 것이기 때문입니다. 다만 지금의 청춘들의 어려움에 대한 고백이 우스운 것으로 비추어지지 않기를 바랄 뿐입니다.

　청년 실업의 문제를 해소하고 사회를 더 풍요로워지게 하려면 한 집단의 성공 기준에 해당하는 영역의 스펙트럼을 확장시키는 것이 필요하다고 생각합니다."

　아이러니하게도, 나는 진짜 원하는 삶에 대한 본심을 어느 정도 숨겨 두고서는, 고생해서 공부했던 전공과도 상관없는데다 불과 그 한 달 전에는 이름조차 생소하던 그 회사에 뽑아 달라고, 이곳에 면접이라도 볼 수 있어서 감사하고 설렌다는 말을 하고 있었다. 더 우스운 진실은 간절하게 내뱉었던 그 말들 또한 진심이었다는 사실이다. 비자발적인 백수 시절은 다시는 경험하지 않고 싶은 서글픔과 인생이 어디에 맡겨져도 좋겠다는 처절한 간절함의 기억을 동반한다.

　면접을 다니며 깜냥이 늘었던 덕인지 감사하게도 한 엔지니어링 회사에서 태양광 발전 관련 업무를 할 수 있게 되었다. 회사 사무실에는 좋은 사람들이 있었고, Work & Life Balancing을 존중해 주는 좋은 직장이었다. 짧았던 직장생활 동안에 우리 아버지 세대, 특히 정년까지 훌륭하게 채우신 내 아버지에 대한 존경심을 품게 되었고, 학교에서 귀동냥만 했거나 인턴만으로 제대로 맛도 보지 못했던 회사원의 생활에 대해 실눈이나마 뜨게 해 준, 소중한 경험이었다. 여행 중에는 "회사 생활은 가려던 길과는 전혀 달랐지만 배운 것이 많았고, 적어도 그때 일해서 여행 올 자금을 모을 수 있었다"고 말할 수 있어서도 좋았다.

:: **환승**의 기**쁨**과 **슬픔**

순전히 호기와 직감만을 믿고 저지른 일들이 후에 정말 값진 경험이 됐습니다. 지금 여러분들은 현재의 사건들이 미래에 어떻게 연결될지 알 수 없습니다. 단지 과거의 사건들이 연결되어 있다는 것만을 알 수 있습니다. …
다른 사람의 생각대로 살게 하는 도그마에 얽매이지 말고, 타인의 소리가 자기 내면의 진정한 목소리를 방해하지 못하게 하세요. 그리고 가장 중요한 것은 당신의 마음과 영감을 따르는 용기를 가지는 것입니다. 그것은 이미 당신이 진짜로 원하는 것이 무엇인지 알고 있습니다. 다른 모든 것들은 부차적인 것입니다.

– 스티브 잡스, 스탠퍼드 대학교 졸업식 축사 中

스티브 잡스의 명연설에서 가슴에 남은 문장 하나, 'Connecting the dots.' 다른 분야에서 재미를 붙이고 해 온 일들이 쓸모없어 보였을지라도 뒤돌아보니 점들이 아니라 삶을 이어온 선들이었다는 것. 알고 보면 그것은 결과론이어서, 그 점들이 이어지기 위해 모든 순간을 최선을 다해 살고, 좋은 마무리를 이루어야 한다는 것이다. 지금 실패해도 괜찮으니 발판 삼으라는 말도 된다. 기막힌 통찰이 아닐 수 없다.

나도 수많은 점들을 찍었다. 그것이 어떻게 이어지리라고는 예상하기 쉽지 않지만 적어도 그 점이 흐릿하지는 않도록 살았다. 방학에도 동아리, 봉사활동, 인턴, 계절학기, 학회 등으로 언제나 분주했고, 어딘가에 소속되기 위한 노력도 많이 했다. 하지만 의지보다 욕심이 더 컸던 탓에 이리저리 손을 대고 발을 담그면서 허무함이 찾아왔다. 자주 과거를 돌아보고 후회하는 나를 위로하기 위해 이런 글도 썼다.

'광년'은 초당 30만km를 달리는 빛이 1년간 이동하는 거리이다. 지구로부터 4.3광년 거리에 태양에서 가장 가까운 별인 알파센타우리, 16만 광년 거리에 가장 가까운 은하인 대마젤란은하가 있다. 우주배경복사 연구를 통해 빅뱅은 137억 년 전에 일어난 것으로 알려졌는데, 그때 만들어진 태초의 빛을 보게 된다면 그 순간은 137억 광년을 달려온 과거와 만나는 순간일 것이다. 별을 보는 것은 까마득한 과거를 보는 것과 같다.

사람들은 끊임없이 예전에 실수했거나 해 보지 못했던 일들을 떠올리고 남과 비교하며 과거를 짊어지고 산다. 더 높은 곳을 바라보며 설레는 꿈을 꾸고 과거보다 미래를 생각하며 사는 일은 생각보다 어렵다. 그래서 과거를 본다. 지난했던 과거가 아플수록 더욱 그렇다. 상처를 봉합하는 가장 좋은 방법은 미래로 씩씩하게 걸어가는 것일 테지만 보다 쉽게 다가오는 것은 과거의 강렬했던 그 빛이다.

과거의 빛은 그 자체가 살아있음과 지금의 자신을 설명해 주는 유용한 도구가 되기도 한다. 돌리고 싶은 과거를 애써 외면하지 말고 받아들이는 일도 필요할지 모른다. 아련하게 시린 상처가 반짝이는 빛이 되어 내게 돌아오고 있음을 안다면 그런 기억은 이미 반짝이는 삶의 일부일 테니까. 별빛은 흔들리지 않으면 반짝이지 않는다고 했다.

어른이 되어갈수록 생각과는 달라진 자신의 모습들을 더 많이 갖게 되고, 스스로를 속이게 되는 경우가 많아진다. 회사생활을 하면서, 자꾸만 내가 왜 이곳에 있는지에 대한, 꿈에 대한 변명을 하고 있던 나를 발견했다. 계속해서 스스로를 납득시키기 위해서 변명을 하게 된다면 그만두는 것이 낫다고 생각했다. '이럴 수밖에 없는 운명이었다' 같은 생각도 지금을 변명하는 데 쓰이는 적당한 도구인 것만 같았다. 아무리 발버둥 친다고 해도 나는 그곳에서 당당하고 진중한 좋은 남자, 좋은 아빠가 될 자신이 없었다. 솔직한 자신과 더 진하게 마주하지 않고 취업을 하기로 했던 선택이 실패했음을 인정해야 했다.

자기 일에 만족하며 사는 사람이 얼마나 될까?

하지만 '누구나 다 그렇게 산다'는 말로 상처부위를 제대로 진단해 보지도 않고 덮어버릴 수는 없었다. 가지고 있는 모든 감사함을 보답하는 길은 조금 돌아가더라도 더 늦기 전에 마음에서 말하는 나의 진실을 마주하는 것이라고 생각했다. 죽을 때 후회하지 않을 선택을 하기로 했다. 같은 직종의 이직이 아닌 아예 삶의 프레임을 바꾸어 버린 사람들, 나도 그중에 하나가 되기로.

조심스럽게 말한 나의 퇴사와 커리어 환승에 대해 크게 놀라지도 않고 믿어준 친구들, 오히려 반가워한 사람들이 고마웠다. 그제야 나는 나도 모르게 '보이지도 않는 주위의 시선'을 많이 의식하고 있었고 그것이 선택 과정에 큰 비중을 차지했었다는 것을 깨달았다. 돌아보니, 인정받으면서도 행복할 수 있는 다른 방법이 많았는데도, 남의 시선에 휩싸인 선택을 생각보다 많이 해 왔다. 바닥까지 내려온 뒤에야 자신에게 솔직해졌고 목표가 분명해지자 주위의 시선에 대한 두려움으로부터 벗어나게 되었다. 문제될 것은 거의 없었다.

> 서른이 되면 마치 찬란하기만 했던 이십대가 끝장남과 동시에 세상을 이미 다 살아버린 것처럼 생각하는 청취자들의 무거운 마음과 김광석의 「서른 즈음에」라는 신청곡이 전혀 공감이 되지 않고, 살아보시면 그게 아니란 얘기를 꼭 해드리게 되는 거다.
>
> ─ 『라디오 지옥』, 윤성현

'인생에 어떤 분기점이 찾아온다면 낯선 시스템에 익숙해지기 시작하는 즈음이 아닐까'라고 선택의 극단에 서서 생각했다. 내가 만나고 발견한 주위의 서른들, 그리고 그 시절을 지나온 존경하는 분들의 지난 서른은 그 이전의 선택 앞에 놓였던 것과는 차원이 다른 고민 속에 빠져 있었던 시기였음을 알 수 있었다. 그런데 현실은 생각에 날개를 달기도 했고 이상을 침식하기도 했다고 한다.

어떤 선택이든 후회는 있기 마련이다.

세상에 내 자리가 있다고 믿는다면 조금 늦더라도 제자리를 잘 찾아가기만 하면 된다. 보이지 않는 길은 먹먹하기 때문에 포기하기 쉽고, 사소한 동요에 흔들린 섣부르고 서투른 출발은 되돌리기 더 힘들다. 믿음이 있다면 움직여야만 하는 이유는 후회는 늦을수록 깊어가고 꿈은 다가갈수록 현실이 되어가는 속성때문이다.

다만 환승의 이유가 변명이 되지 않기 위해서는 걸었던 길이 잘못된 루트가아니라 새로운 비전을 찾아가는 도정이어야 하고, 예전 일이 싫어서가 아니라새로운 일이 좋아서여야 한다. 지나온 과거를 낮추어 보지 않는 것은 환승에 대한 예의이기도 하다.

> 이종욱 박사님은 항상 "내가 처음에 WHO에 취업한 것은 월급이나 여러
> 가지 조건이 좋아서였어. 숭고한 사상을 가지고 취업한 것은 아니야. 숭고한
> 신념이나 꿈을 얘기하는 사람들을 그다지 신뢰하지 않는다네. 기본적으로
> 인간은 변하기에 그런 이념이 확고하게 유지되지 않을 수도 있다고 생각하
> 거든."하고 말하곤 했다.
>
> — 『옳다고 생각하면 행동하라』, 권준욱

삶의 프레임을 완전히 바꿔 놓은, 치과의사가 되기로 한 서른 목전의 결론은몇 가지 선택지 중에 하나였을 뿐이고 어떤 특별한 계기가 있었던 것은 아니었다. 서른 즈음의 수험생이라는 지옥에서 보내는 한 철을 버틸 수 있게 한 것은거창한 사명감이나 동기였다기보다 늦은 출발이 동반한, 물러설 곳이 없다는 절박함이었다.

우리가 기억하는 위대한 역사는 일견 그럴듯하게 포장된 동기가 아니라 현장에서 이루어진 작업의 결과로 드러났던 것들이고, 그것은 행동하는 사람들이

만들어 왔다.

스스로 새 출발에 부여한 최고의 가치는 세상 누구에게나 필요한 일을 할 수 있다는 것과 내 손으로 직접 한 사람에게 행복을 줄 수 있다는 희망이었고, 삶에 또 다른 기회가 주어진 것과, 볼 수 있는 세계의 창을 넓힐 수 있게 된 것에 감사했다. 여행 중엔 항공우주박물관을 찾는 것과 동시에 'Dental Clinic'을 보면 눈이 가곤 했다.

전혀 다른 길이었음에도 상상만으로도 뛰던 가슴은 우주를 꿈꿀 때 그랬던 것과 다르지 않았다.

하지만 환승의 문제점은 안고 가야했다. 이따금 찾아오던 절망감은 탁월함에 이르는 시간이 늦추어졌다는 사실 때문이었다. 말콤 글래드웰이 『아웃라이어』에서 제안한 '일만 시간의 법칙'에 따르면 하루에 3시간씩 10년 동안 한 분야에서 꾸준히 무언가를 하면 한 분야에서 최고의 전문가가 된다. 어떤 분야에서든 성공한 사람들, 천재로 일컬어진 사람들은 적어도 일만 시간이 넘는 노력을 했다는 것이다. 나는 그렇게 오랜 시간 동안 어려운 과정을 거쳐 꾸준한 노력으로 이루어가는 성취를 존경해 왔는데, '존경의 가장 멋진 표현은 닮으려고 노력하는 것'이라고 생각했던 내가 내 발로 그런 길을 차고 나왔기에 상실감이 더 컸다. 그래서 지연된 만큼 더 치열하게 아름다워져야 한다고 마음을 다졌다.

:: 쉬운 선택

> 용기 있는 사람은 그 행위가 위험하기 때문에 자신이 지금 행동하지 않으면 아무도 움직이지 않을 것 같은 기분에 움직이기 시작한다. 그 행위나 상황이 타인에게는 상당히 어려운 것이기에 도전하려는 심리이다. 만일 처음부터 간단하다고 말하면 실패했을 때 변명의 여지가 없다. 곤란한 상황에서 실패했을 경우에는 그 용기를 칭찬 받거나 적어도 그 도전 자체로써 위로받을 수 있다.
>
> — 『니체의 말』, 프리드리히 니체

니체는 '위험해 보이는 것에는 도전하기 쉽다'고 했다. 새로운 도전 앞에 온몸이 다시 뜨거워진 중에도, 감정의 부침을 겪으며 확신하게 된 것이 있었다.

어려운 선택이라면 쉽게 가도 나쁘지 않지만, 쉬운 선택이라면 무조건 어렵게 가야 한다.

예를 들면, 스스로 죽기로 하는 것은 쉬운 선택이다. 버티는 것보다 그만두는 것이 쉽기 때문이다. 같은 이유로, 사랑을 만들고 지켜가는 것보다 잡은 손을 놓는 선택이 더 쉽다. 또 새로운 꿈을 꾸기 시작하는 일도, 복권을 사는 것도 누구나 할 수 있는 선택이지만 이루기는 어렵다. '누구나 할 수 있는 것이면, 나는 시도조차 하지 않았을 것이다' 정도는 되어야 어려운 선택이라고 할 수 있을 것이다.

내가 석사 과정 이후의 공부와 회사를 그만둔 것은 쉬운 선택이었다. 가지기는 힘들지만 놓아버리는 것은 생각보다 훨씬 쉬웠다. 더구나 절망 속에서 헤엄

치던 중엔 자연스럽게 느껴질 만큼 쉬운 결정이었다. 그리고 그만큼 위험했다.

어떤 원치 않는 어려움이나 감정의 격랑 속에서도 버티는 것, 비장하지는 않은 선택이었을지라도 그 선택에 대한 책임을 지는 것, 삶과 신념의 변화를 받아들이는 것 모두 누구나 감당해야 할 몫이면서도 그 안에는 존경받아 마땅한 위대함이 녹아있다고 믿어왔다. 그래서 그것을 지켜가는 주변의 일상들과 여러 성취들에 조용히 경배하면서, 몰래 침잠했다. 그리고는 쉬운 선택이 수반하는 어려움을 각오했던 것이다. 서른에 아무런 소속이 없는 백수가 되는 것과 목숨과도 바꿀 수 있을 거라 믿었던 굳은 신념을 느슨하게 만든 것, 이 모든 생각과 선택이 잠들고 깨어나는 것을 고통스럽게 만들 줄 다 알고 있었다. '더 어렵게 살아야 한다. 어렵고 힘들지 않으면 의미 없다'고 수없이 되뇌었다.

알면서도 지치는 순간이 많았다. 자초한 고요 속에서 생각의 품질은 낮아지고, 그나마 있던 밀도도 줄어들어 갔다. 우스운 생각쓰레기의 향연이 일상을 지저분하게 했다. 예를 들면, 세상에 어떤 시점마다 행복과 불행이 같은 양만큼 있다면 내가 가지지 못한 것만큼을 가지고 있을 누군가가 있을 텐데, 그런 그 누군가를 밑도 끝도 없이 질투하고 아파하는 것 같은.

모든 차원에서 점점 더 나락으로 떨어지는 것 같았다. '아프니까 청춘'이라는 기막힌 수사로 수백만이 자위하는 불쌍한 세대 속에 있더라도, 지금 내 나이엔 청춘에 대한 위로를 받는 것이 아니라 그런 위로를 전달하는 위치에 있어야 한다는 욕심과 조급함도 서글펐다.

새로운 꿈을 꾸고, 새 출발을 준비하며 공부했던 기간은 절망적이었지만 내 인생이었다. 도저히 낭비할 수 없는 시간들인데 잠들어야만 하는 시간조차 저주스러웠다. 감정 기복도 많았지만 좋은 생각을 하려 애썼다. 물건이 바닥에 떨어지면 '떨어지는' 것이 아니라 '낮아지는' 것이라고 말했고, 아침마다 거울 앞에서 '사랑한다, 오늘도 잘 해 보자' 인사했다. 매일 '破釜沈船(파부침선: 솥을 깨뜨려 다시

밥을 짓지 아니하고 배를 가라앉혀 강을 건너 돌아가지 아니한다. 죽을 각오로 싸움에 임함)'이라 적었다. 그
때 가슴에 새겼다. 지옥에서 보낸 한 철, 절대 잊지 않으리라고. 앞으로 이런 기
회를 준 감사함에 보답하며 살 거라고.

그렇게 모든 것을 회복하지는 못했지만 다행히 앞이 보이지 않는 어두운 터널
은 지날 수 있었다. 아픈 게 당연하다고 위로하고 말았으면, 깊은 절망을 맛보지
않았다면 하지 못했을 것이다.

초중고 12년 대학교 4년. 롤러코스터 타기 전에 끼릿끼릿하면서 올라가잖아요?
빨리 올라가진 않지만 올라가면 본인이 원하든 원하지 않든 롤러코스터의 삶을
삽니다. 롤러코스터는 내리막이 있으면 오르막이 있잖아요? 인생도 그래요. 근
데 내려가는 걸 너무 무서워해서 조금 내려오면 그 탄력이 약해서 조금밖에 못
올라와요. 쭉 내려오면 그 탄력으로 얼마든지 올라갈 수 있어요. … 이런 말이
있어요. 아기가 걸으려면 2000번을 넘어져야만 걸을 수 있다. 여러분도 전부
다 2000번 넘어지고 일어선 거예요. 김연아 선수가 트리플을 성공시키기 위해
1000번의 엉덩방아를 찍었다고 하잖아요? 2000번의 넘어짐을 일어나서 지금
은 잘 걷잖아요. 잘 뛰고. 근데 앞으로 여러분은 또 넘어질 겁니다. 사랑에 넘어
지고 때로는 학업에 넘어지고. 사람에 넘어지고 일에 넘어지기도 하고. 많이 넘
어지고 다시 일어났을 때, 여러분들이 뛸 수 있고. 날을 수 있다고 생각을 해봅
니다. 위대한 사람일수록 실수와 실패를 많이 한다고 하죠. 성공해서 얻어지는
것은 조금이지만 실패했을 때는 모든 것을 알 수 있다는 말도 있어요. 여러분들
롤러코스터의 특징이 뭐냐면 안전바가 있다는 거예요. 메어져 있지 않으면 출발
시키지 않습니다. 알게 모르게 여러분들에게는 안전바가 있습니다. 주저하지 마
시고 롤러코스터를 즐기시길 바라겠어요. 넘어지면 넘어질수록 여러분들은 뛰
고 날 수 있기 때문에 넘어지는 것도 두려워 마시고. 여러분들 자신 있게 마음대
로 나서기 바랍니다. 여러분들이 각자의 멋진 롤러코스터가 되기를 진심으로 기
대하면서 마치겠습니다.

— 「청춘에게 고함; KBS 해피선데이 – 남자의 자격」, 2010년 4월 김국진 강연 중

:: **사랑**을 **이야기**해 볼까

> 성공한 인생이란 무엇일까? 적어도 변기에 앉아서 보낸 시간보다는, 사랑한
> 시간이 더 많은 인생이다. 적어도 인간이라면 변기에 앉은 자신의 엉덩이가
> 낸 소리보다는 더 크게... 더 많이 〈사랑해〉를 외쳐야 한다고 나는 생각한다.
>
> – 『죽은 왕녀를 위한 파반느』, 박민규

내가 삶의 프레임을 바꾸었던 것을 사랑 없이 설명할 수 없다. 스무 살 감성
을 펑펑 울게 만드는 소설 『젊은 베르테르의 슬픔』을 쓴 대문호, 괴테의 자서전
약력 중 한 줄에 꽂혔던 것도 우연은 아니었다.

'1763(14세) 연상의 그레트헨과 사랑에 빠짐. 이듬해 연락 끊김.'

이 짧은 약력에 휘몰아치는 시공을 초월한 아픔과 상처가, 참기 힘든 연민과
동정을 이끌어냈다. 그때 그날들의 시간과 감정이 마치 괴테가 시간이 흐른 뒤
아련하게 지난 시절을 떠올렸을 기분처럼 전해져 왔다. 그 후에도 수많은 여인
들과 사랑에 빠지고, 헤어지고, 글을 썼던 그처럼, 일생의 약력에 사랑이 주는
삶의 변화에 대한 이야기가 쓰이는 인생은 정말 멋진 것이라고 생각했다.

어렴풋하게 사랑이라는 관계는 '각자의 환상 속에 빠져 있으면서 현실에 맞추
어 삶을 꾸려나가는 모습'이 아닐까 생각해 왔다. 그런데 인생을 바꾼 사랑은 서
른 즈음에 찾아왔다. 그녀는 내게 곧 법이었고, 완벽한 존재였다. 그녀에게 유일

한 문제가 있었다면, 그녀의 연인. 내가 가장 흔들리고 비틀거리던 시절이었음에도 사랑에 빠져 정신 못 차리는 이들이 그렇듯 모든 순간이 아름답게 느껴졌다.

실연이라는 중차대한 사건이 일어나지 않았다면 나는 인연을 놓지 않기 위해 언제까지고 회사를 열심히 다녔을 것이다. 욕심과 미련을 덮어두고 유학이 아닌 취업을 선택했던 것부터가 마음에서 자꾸만 '사랑을 지키려거든, 답은 뻔하지 않아?' 묻는 통에 이루어진 일이었다. 그래서 회사에 다녔고, 그래서 실연은 회사 다닐 이유를 없애 버렸다.

이별의 이유는 내가 가장 잘 알고 있었다. 아니, 영화에서 "사랑이 어떻게 변하니?" 묻는데 "사랑이 아니니까 변하지" 하는 것 같은 가슴 시린 다른 이유들이었더라도 이렇게 믿는 편이 편했다. '사랑은커녕 나를 지킬 준비도 되어있지 않았기 때문이었다'고.

나는 덜컥 회사원이 되면서 삶을 지탱해 온 꿈이라는 동력을 잃은 채 나답지 않기를, 좋아하는 것을 외면한 채 가슴 떨리는 일을 포기하기를 내 손으로 선택했다. 현실은 그러했지만 어떤 현실적인 비전도 가지지 못했던 내겐 몽상만 남아있었다. 진정 사랑을 지키려 했다면 나를 위해 살아야 했지만 그런 길조차 찾지 못하고 표류했다. 초점 잃은 눈으로 남들처럼 살기만 바랐고, 사라진 꿈을 슬퍼하지도 않았다. 그러면서도 그 정체를 알 수 없는 '남들' 같지도 않은 자신이 못마땅했다. 등 뒤에서 불던 바람은 어떻게든 나를 어딘가로 이끌어 갔겠지만 그 길 위에서 행복하지 않을 것이 뻔했다.

예고된 충격은 그런 것들을 확인시켜 주었을 뿐, 군말 없이 헤어짐을 받아들이는 나를 누구도 말리지 않았다. 기다리던 선고가 내려지듯 어떤 방해도 없는 쉬운 이별이었다.

이별을 말했던 날, 술병 대신 펜을 들었다. 그리고 다음 날 회사에 퇴사 의사를 밝혔다. 원점으로 돌려 진짜 원하는 것을 찾아야 했다. 홧김에 중요한 결정을 쉽게 내린 것은 누가 보아도 한심해 보였을지라도, 먼 길 함께 걸을 사람을 사랑하는 것이 그만큼 중요하다고 생각했다. 지푸라기라도 잡고 싶었다. 결국은 지푸라기였더라도. 어처구니없는 마지막 사랑표현이었어도, 후회 따윈 없었다. 죽고 싶던 마음도 이 나이에 투정부리는 것만 같아 도리어 그 마음 든 것이 속상했다. 누구에게 기대기만 할 수 없는 서른이 코앞이었다.

세상에 너무 흔하지만 내게는 특별했던 상실감이 삶의 프레임을 생각 속에서만이 아니라 현실에서 바꾸게 한 것이다. 다행히 내 인생 결정권은 여전히 내게 있었고, 잠시 지옥 같은 시간 속으로 뛰어들어 버티어내고 나니 숨통이 트였다. 시간이 많은 것을 해결해 준다지만 가만 앉아서는 아무것도 변하지 않았을 것이다.

태풍이 몰아친 폐허 속에서 새싹이 돋았다. 하지만 한동안 유령 같은 기억을 붙들고 지냈다. 세상에서 가장 높은 산들에 둘러싸인 곳에서야, 이제 그만 놓아주어야 할 때가 되지 않았나 생각했다.

시간이 조금 더 흐른 후에 절망스럽던 시간도 사랑의 한 모습이었음을, 그 마음만큼은 진짜였음을 깨달았다. 어떤 사랑도 그 깊이와 넓이를 쉽게 비교할 수 없다. 모든 것을 던질 수 있을 것 같던 시절, 그 단 하나의 이야기를 가졌다는 것이 가슴 저릿하게, 감사하다.

여행은
가슴 떨리는 순간부터
시작이다

"뒤돌아보면 인생은 아픈 기억이 더 많지만,
그것조차 귀히 여길 줄 알아야 한다."

– 「EBS 세계테마기행; 이란」, 길에서 만난 할아버지

새 출발이 결정된 후, 3개월이 넘는 시간이 비었고, 주저 없이 떠나야겠다고 생각했다. 인생에 다시없을 시간이라는 확신이 있었다. 나는 서른 즈음의 기회비용으로 시간을 벌었다고 생각했다. 여행은 결심하고 설레는 순간부터 시작된다. 생각만으로도 온몸에 전율이 이는 순간부터.

'푼크툼(punctum)'이란 단어가 있다. '사회적으로 널리 공유되는 일반적 해석의 틀이 아니라 오직 혼자만이 느끼는 개별적 효과'라는 뜻으로 극히 주관적인 느낌, 소위 '꽂히는' 것을 의미하는 예술 용어이다. 그 말을 따라 여행 일정을 만들었다.

여행 다큐멘터리를 보고 여행기를 읽다 보니 새로 생겨난 로망들과 숨어있던 로망들이 툭툭 튀어나오기 시작했다. 티베트, 히말라야, 킬리만자로, 유럽, 남미, 아프리카, 캠핑카, 자전거여행 등등. 아는 게 늘어가니 점점 세계지도가 보이기 시작했다. 며칠 밤을 새워 보고 읽으며 쟁여 둔 여행지 중에서 주저 없이 히말라야를 여행 우선순위로 선택했던 단순한 이유는 지상에서 단 하나의 여행 로망을 꼽으라면 에베레스트 꼭대기라 할 것이기 때문이었다.

자기 자신을 표현하는 행위는 그 자체만으로 내면에 깃든 묵은 상처를 치유하는 기능이 있다. 면도날 같은 기억도 외부로 표출되는 순간 종잇장처럼 변한다. 그런 점에서 "사랑을 잃고 나는 시를 쓰네"라고 노래한 기형도 시인은 놀라운 통찰력으로 애도와 치유의 핵심을 한 줄로 압축해낸 셈이다.

〈애도〉라는 책을 쓴 베레나 카스트는 '학대받는 아동이 갖게 되는 예술 취향은 불행 속의 오아시스다'라고 말했다. 예술취향과 내적 슬픔은 비례할지도 모른다. 누군가 예술가가 된다는 것은 그 사람의 내면에 애도해야 할 것이 더 많이 쌓여 있다는 뜻으로 이해할 수 있다. 글쓰기, 그림그리기, 춤추기 등 내면을 표현하는 모든 행위가 동시에 마음을 치료하는 직접적인 방법들이다. 그러므로 예술은 동시대인들의 무의식적 집단 애도 작업을 대신하거나 도와주는 기능을 가지고 있을 것이다.

– 『좋은 이별』, 김형경

버킷리스트 목록에 있던 책 쓰기를 여행 테마로 정했다. 여행을 하고 글을 쓰는 것은 쌓여왔던 상처에 대한 치유 과정이기도 했다. 유적을 본 후 누구나 할 수 있는 역사 이야기보다 할 말 많은 내 이야기를 꺼내기로 했다. 그래서 굳이 시간에 따라 여정을 하나하나 기록하지 않더라도 작은 사건들과 하루들의 의미를 찾아가는 여행을 하기로 했다. 마음이 이끄는 대로.

히말라야 트레킹 외에 모든 일정은 모두 여행하면서 확정했고, 입출국 일정은 적당한 시기에 가장 저렴한 항공권을 사는 방식으로 정해졌다. 출발할 때는 베이징행 티켓을 산 것 외에 중국 만리장성에도, 네팔 히말라야, 인도 갠지스강, 프랑스 알프스, 스페인 산티아고 길에도 내가 간다는 이야기는 전하지 않았다.

'너무 많은 준비는 여행에 대한 예의가 아니다'라고 게으름을 변명했다.

Part II

여행 중, 오늘

To Find More Meaning

; 중국 도시 투어

China City Tour

◎ 인천 ⋯› 베이징 ⋯› 시안 ⋯› 상하이

China

베이징
시안
인천
상하이

:: 더 큰 의미가 있어!

　중국과의 첫 만남. 베이징에 가는 데는 중국의 저가항공사를 이용했다. 여행 결심 이후 너무 이르지 않은가 싶을 만큼 준비 없이 떠난 탓에 바지런히 올라탄 비행기에서 여행 계획을 세워야 했다. 다행히 '비행기 처음 타 보는 사람 놀이' 중 중요한 부분, '창문 밖 풍경 하염없이 감상하기'에 적당한 오른쪽 창가 자리. 한낮 비행기 창문으로 햇살이 쏟아져 들어와 창문을 꽁꽁 닫아야 하는 슬픔을 피하기 위해, 비행 방향을 기준선으로 적도 반대 방향 자리를 골랐다.

　베이징 전문(쳰먼) 근처의 유스호스텔에서 같은 방에 묵은 인연은 미국인 할아버지와 이스라엘 청년. 숙소 근처 중국 식당에서 느끼한 음식을 먹으며 이야기를 나누었다. 일흔이 훌쩍 넘으신 할아버지는 오래된 영화 속에서 본 듯한 넉넉하고 푸근한 인상과 흉내 내기 힘든 은은한 향기를 풍겼다. 군인으로 사셨고,

은퇴 후 1년간 남미, 9개월간 인도 등지에서 지냈는데, 중국에 3개월 있었던 것은 짧은 여행이라시며, 일곱 손주들에게 줄 선물 쇼핑을 잔뜩 했다고 자랑해 보이셨다. 짐은 장기 여행자답게 묵직하면서도 단출했다. 큰 배낭, 작은 배낭 하나씩과 이제 끝나가는 중국 여행이 아쉬우신 듯 이리저리 훑어보시던 손때 묻은 파란 론리 플래닛.

이 멋쟁이 할아버지는 오자마자 자전거를 빌렸다는 내게 인도에 가면 절대 자전거 탈 생각을 하지 말라고, 그러다 죽을지도 모른다고 했다. 중국에서도 혼잡한 거리에서 차와 사람, 자전거 등이 쉬지 않고 물 흐르듯 움직이는 것을 볼 수 있었다. 그런데 인도는 큰 버스와 온갖 동물들이 가세한, '모든 것이 느리지만 멈추지 않는' 곳이라고 한다.

오가는 여행 이야기 속에 이스라엘리도 지지 않았다. 얼마 전에 다녀온 남미 여행 중에 가장 좋았던 아르헨티나에서 애인을 만들었다는 말에 할아버지가 'authentic(진짜)' 여행이라며 감탄하셨다. 할아버지는 하이킹을 즐기신다며 나의 히말라야 트레킹 계획을 반가워하셨는데, 남녀 모두 병역의무를 지어야 하는 나라에 사는 이스라엘리는, 히말라야에 가서 굳이 힘들게 산을 오르려 하는 것이 이해할 수 없다고 했다. 색다르게 외국에서 외국인에게 군대에서 고생한 이야기를 듣다가 할 말을 잊은 나의 옆에서 삶의 진실을 알고 계신 듯한 할아버지가 깔끔한 답을 주셨다.

"네가 그곳에 힘들게(struggling) 올라가면,
더 많은 의미(more meaning)를
얻을 수 있을 거야."

:: 욕망의 롤렉스

여름 궁전이라 불리는 이화원에는 평온함이 있었고, 날 위해 만들어지지는 않았더라도 오래전부터 나 있던 산책길이 좋았다. 여행자들이 가득한 호숫가로 내려와서도 한참을 걷다가, 철가방을 들이밀며 시계를 파는 잡상인을 만났다. 무시하지 않았던 것은 마침 시계가 필요했기 때문이다. 당연히 롤렉스가 가짜라는 것은 알고 있었지만 그래도 비슷한 것을 차고 다니면 폼도 날 것 같았다. 짧은 순간, 흐려진 판단력. 얼떨결에 100위안에 필요도 없는 여자시계까지 커플 짝퉁 명품 시계를 구입했다.

큰 호수를 반 바퀴 돌 때쯤 사리분별이 되기 시작했다. 인정하기 싫었던 허세이자 순식간에 저지른 실수였다. 열나는 마음은 쉬이 달래지지 않았고, 부끄러웠다. 결국 인정받기 위함이 아니었나. 떠나온

◎ 학생인 척 들어간 베이징 대학 학생식당에서 밥도 먹고, 포만감과 함께 보름달에 비친 베이징대학 교정을 한참 걸었다. 수업까지는 굳이 들어가 보지 않았지만 학생들이 친구들과 조잘대고, 무언가에 열중하거나 공부하는 모습을 보니 괜히 뿌듯했다. 항상 반짝이는 눈빛들이 숨 쉬는 학교에서는 마음이 포근해진다.

것도, 자유가 되고 싶었던 것도 모두.

두 시계 모두 곧 조금씩 느려졌고, '좀 더 느리게 살라는 뜻인가 보다'하고 생각하고 말았는데, 며칠 지나지 않아 결국 멈추었다. 돌아갈 때까지 세속적인 시간은 잊고 지내라는 듯. 한동안 움직이지 않는 시계를 감고 다녔다.

만리장성 투어에서 만났던 가이드도 내 시계를 보고 무언가 이상했는지, 좀 보자고 했다. 그에게서 '너 사기 당한 거야, 바보야!'라는 말을 듣고 싶지 않아서, 뭐라고 할까 하다가 아직 완성되지 않은 핑계를 하나 들었다.

"이것은 단순한 시계가 아니라 내 욕심의 상징입니다."

그래도 시계를 자신 있게 내보이는 것이 힘들었다. 나름의 핑계를 만들었음에도 치부가 자연스러워지려면 시간이 좀 걸리나보다.

이렇게 생각하기로 했다. 집에 두고 온 좋은 시계보다 지금 이 시간 내겐 이 시계가 더 귀한 명품과 다름없다고. 생각을 바꾸었더니 시계가 말하고 있었다.

네가 네게 가치를 주어보라고.
사기꾼들과 너의 욕심을 모두 용서하라고.
너무 욕심 부리지 말고 조금 더 천천히 가라고.
소중한 건 네 안에 있으니 그런 너의 마음 이외에 아무것도 믿지 말라고.

◎ 수년 전 환상적이었던 일본 900km 자전거 여행 후, 자전거 세계여행의 꿈을 잃지 않고서, 유스호스텔에 짐을 풀자마자 자전거를 빌렸다. 어둡고 쌀쌀한 십일월의 베이징. 낯선 풍경 속에서 밤바람을 가르며 서너 시간 동안 방황하다 돌아왔다. 낮에는 사람밖에 보이지 않더니, 어두워진 거리에서 비로소 오래된 건물이 보였다. 돌아와 쉴 곳이 있는 생명은 행복하다.

◎ 언제부턴가 '사람이 많이 모이는 데는 이유가 있다'는 확신으로 긴 줄이 보이면 뒤따라 서곤 한다. 칭화대학 근처에 이르러 버스를 기다리던 정류장 뒤편으로 사람들이 길게 늘어서 있었다. 일단 줄을 따라 서서, 가만 보니 사람들이 작은 벽돌 같은 것을 봉지에 넣어 간다. 참다못해 뒤에 있던 여학생에게 무엇인지 물어보았다. 가격도 저렴하고 맛있는 빵이란다. 카자흐스탄에서 온 칭화대학 유학생이라는 그녀는 내가 줄이 긴 것만 보고 서 있었다는 말에 폭소했다. 폭신한 빵을 주섬주섬 꺼내 먹는 맛도 일품이었지만 엉뚱하고 여유 넘치는 여행자가 되어 웃음을 줄수 있어 좋았다.

:: **진짜**란 무엇인가; **만리**장성 **패키지 투어**

"모두들 자기만이 진짜라고 자랑하는데, 진짜라는 건 도대체 어떤 건가요?
몸에 태엽이 붙어 있는 것을 말하는 건가요?"
"아니, 진짜라는 건 몸이 어떻게 생겼는가 하는 것이 아니야. 우리 몸과 마
음에 어떤 일이 일어나는가 하는 걸 말하는 거야. 만약 그 장난감을 갖고 있
는 아이가 그 장난감을 그저 놀잇감으로만 여기지 않고 아주 오래도록 진심
으로 좋아한다고 하자. 그러면 그 장난감은 진짜가 되는 거지."

– 『헝겊 토끼의 눈물』, 마저리 윌리엄스

유스호스텔에서 신청한 만리장성 투어, 같은 날 간다고 했던 이스라엘리와는
다시는 만나지 못했다. 그는 보통 투어에서 가지 않는 'authentic' 장성을 본다
며 다른 여행사를 통해 떠났다. 여행은 만남과 헤어짐의 반복이고 여행자는 한
번의 헤어짐이 거의 영원의 헤어짐일 것을 안다. 그래도 행복을 기원한다. 그 사
람과 함께한 그 시간엔, 그 사람이 전부이니까.

조지아에서 온 자매, 짐바브웨에서 온 신혼부부와 함께 버스로 이동하는 동
안 가이드의 설명이 청산유수로 이어진다. 끊임없이 말하는 가이드를 보며 똘망
똘망한 척 하는데 지쳐가다가, 처음으로 이름조차 알 수 없는 곳에 위치한 조각
센터에 들렀다. 전시관이라고 하던 곳은 조각품 판매장이었고, 세계 각국의 많
은 관광객들이 흘러 들어갔다 나왔다. 나는 단지 만리장성이 보고 싶었을 뿐인
데 굳이 가지 않아도 좋았을 '명 13릉'에 들렀다가 베이징으로부터 약 70km

떨어진 만리장성에 이르렀다.

나는 "'Great wall'에 갈 거니?" 묻던 이스라엘리의 물음을 처음엔 알아듣지 못하고 '얘가 왜 큰 벽에 가려 하지?' 생각했을 만큼 만리장성에 대해 무지했었다. 그래도 가이드가 들려준 중국 속담, '만리장성에 오르지 않으면 사내가 아니다' 라는 말 덕분에 쉬지도 않고 끝까지 올랐다. 오랜만에 산을 타는 기분과 유네스코의 세계문화유산에 등재된 세상에서 가장 유명한 돌덩이들을 밟아 오르는 느낌은 특별했다.

하지만 정상에 올랐을 때 만리장성이라 하면 떠오르던 사진 속의 풍경은 나오지 않았다. 그 풍경은 '팔달령 장성'이었고, 내가 오른 장성은 '거용관 장성'이라는 것을 알았던 것은 그곳에서 두 시간을 보낸 후 점심 식사하러 가던 버스 안이었다. 예약할 때 미처 확인하지 못한 부분이었다. 거용관 장성 꼭대기에서 오른 길을 되돌아가지 않고 다른 길로 쭉 가다보면 팔달령이 나오지만 가이드가 정해 준 시간상 도저히 갈 수 없는 거리였다.

가이드북에서 거용관 장성이 별 네 개, 가지 않은 팔달령 장성이 별 다섯 개라는 것을 보지 않았다면 완벽한 유람일 수도 있었다. 그런데 비교가 시작된 순간, 만리장성을 올랐던 시간은 기억 속에서 편집되어 저렴한 것으로 전락하고 말았다. 진짜에 오르지 못한 것 같아 억울했다. 그렇게 패키지 체험이라고 부를 만한 몇 시간의 기억들은 시간을 스스로 포기해 버렸다는 생각으로 부들부들 떨렸을 만큼 고역스러운 것이 되었다.

돌아오는 길에는 주차장엔 관광버스가 가득하고 온 세상 여행자들 다 만날 것 같은 크기의 식당에서 중국식이라고 믿을 만한 식사를 했다. 실크 제품들을 파는 '실크 박물관'에 들렀다가 비싸지만 퀄리티가 우수하다는 차를 파는 '차박사'에서 일정을 마무리 한다. 나는 점점 무표정해졌다.

패키지 체험 투어 중 머릿속을 어지럽힌 화두는 '진짜란 무엇인가?'이다. 이스라엘리가 말한 authentic 투어를 했다고 해서 행복했을지는 장담할 수 없다. 진짜 본다는 것은 무엇일까? 남들이 잘 가지 않는 곳으로 천신만고 끝에 올랐다면 진짜라고 느꼈을까? 이 260위안짜리 투어는 저 나름대로의 몫을 충실하게 해냈을 뿐이고, 내가 선택한 이름, 패키지 투어리스트는 내리라면 내리고, 보라면 보고, 지도 필요 없이 따라다니다가 몇 시까지 다시 모이라는 말만 확인하면 되었다. 연신 싱글벙글거리던 신혼부부와 수다 떨고 사진 찍는데 여념이 없던 조지아 자매 사이에서 행복하지 않은 건 나뿐이었는지도 모른다.

나를 포함한 다섯 외국인 여행자들을 이끌고 아침부터 만리장성, 음식점, 선물 매장들을 데리고 다닌 가이드가 베이징 시내로 돌아가는 차 안에서 라디오

에서 흐르는, 감성적인 여가수의 노래를 따라 흥얼거렸다. 그 모습에 왠지 모르게 따뜻함이 느껴졌다. 결국은 그도 삶을 꾸려가는 한 남자였고, 우리가 같은 차에서 숨 쉬던 것은 그의 직업이자 나의 선택이었다. 내가 그에게 아쉬움을 느꼈던 것은 나의 욕심과 바람이었을 뿐. 이런 생각으로 가득했던 봉고 안, 과연 500만대의 차가 이동한다는 금요일 저녁 베이징 도심은 많이 막혔다. 나도 문득 떠오른 노래를 흥얼거렸다.

> 나 그댈 잃은 힘든 날 속에 깨달은 게 있어요. 욕심 없는 이별 속의 사랑이란 건 끝나지 않아. 그대 그리고 또 나를 위해 소리 없이 기도해요. 많은 바램, 많은 욕심 그것 때문에 세상에 지치지 않게
>
> ─「애원」, 이승환

다시 보러 오겠다고, 다시 만나자고 하는 것은 특별하지 않은 경우 인사치레다. 그것이 설령 다짐일지라도. 인생은 정말 알 수 없지만 일정부분 예측 가능하기도 하다. 예측 가능한 그 작은 부분으로 그것을 예상했다. 살면서 다시 베이징에 오지 못할지도 모른다. 아무리 가까워도, 같은 느낌으로 같은 곳에, 같은 모습으로 올 수 없다.

그저 비교하는 탓에 만족스럽지 못하다고 비하했지만 분명 내가 올랐던 곳에도 끝없이 이어진 만리장성의 위용이 있었다. 그런 곳이 지척에 더 있었다는 사실은 아쉬움과 함께 만리장성을 응어리 같은 로망으로 만들었다.

:: 마오쩌둥 기념관의 강렬함

　　베이징의 마지막 저녁은 유스호스텔에서 이야기로 시간을 채웠다. 옆 침대의 마흔두 살 일본인은 후쿠오카의 농사꾼으로 겨울이 되면 일거리가 없어 여행을 다니는데, 이번에는 북경에서 몽골로 넘어간다고 했다. 윗자리의 한국인은 베이징 근처 대학에서 공부하고 있는 아들을 만나러 오신 하얼빈의 동포였다.

　　중국에 대한 인상을 묻는 질문에 마음에 확 들어오지는 않는다고 답했다. 이따금 만나는 아름다움 속에서도 중국이 마음에 폭 안기지 못했던 것은 중국의 모습이 마치 베이징 서역에서 스쳐 지나가며 보았던 코를 파던 예쁘장한 아가씨 같았기 때문이었다. 감탄스럽지만 왠지 다가가기는 힘든.

　　하얼빈 아버지가 들려준 중국의 키워드는 '두려움'이었다. 세계에 두려움을 줄 만한 힘을 가진 중국정부가 가장 두려워하는 것은 중국 사람들이다. 중국정부는 '만리방화벽'이라는 시스템으로 언론을 감시하고 통제한다. 예를 들면 민주화 운동의 상징 천안문 사태 '탱크맨' 사진이나 티베트 달라이라마의 사진은 검열에 통과하지 못한다. 페이스북, 트위터에도 접속이 불가능하다. 힘을 이해할 수는 없어도 그에 순응하기는 쉽다. 역방향으로 가는 자유가 체제를 유지하는 데는 불가피한 방식일지 모르지만 아이들은 그들의 나라와 자라 온 역사 속의 정부를 어떻게 평가하게 될까. 이들이 변화의 중심에 서 있는 것만은 분명해 보인다.

밀린 숙제하듯 자금성(고궁, Forbidden City)을 보려 천안문 광장에 들어가기 위해 검색대를 통과했는데, 커다란 마오쩌둥 초상화가 있는 자금성 입구 반대편에 하얀 건물을 둘러 사람들이 줄을 길게 들어서 있었다. 일단 '사람들이 모이는 데는 이유가 있다'는 이론을 바탕으로 줄을 따라 섰다. 광장으로 들어가기 위해 거쳐야하는 곳이겠거니 했다. 카메라와 다이어리가 든 가방을 짊어지고 있었는데, 제복 입은 사람이 기나긴 줄 끄트머리에 선 나를 잡아 뺐다. 이런 것들은 길 건너편에 있는 유료보관소에 맡기고 와야 한다면서.

긴 줄 속에는 중국인들이 압도적으로 많았고, 외국인 여행자들이 듬성듬성 섞여 있었는데 달라이라마가 항상 입는 옷을 입은 티베탄 관광객들도 눈에 띄었다. 큰 건물을 빙 둘러선 두 겹의 줄을 한 바퀴 돌았을 때까지도, 검색대를 통과해 국화꽃을 파는 사람들을 지나쳐 사람들의 행렬 속에서 하얀 계단을 오를 때까지도 몰랐다.

그곳은 마오쩌둥이 방부처리된 채 잠들어 있던 '마오쩌둥 기념관'이었다!

현대 예술 작품처럼 짧고 강렬했다. 줄을 따라 기념관을 보는 것은 일 분도 채 걸리지 않았다. 문을 지나자마자 커다랗고 하얀 마오쩌둥 동상이 다리를 꼰 거만한 자세로 흰 국화들로 가득 둘러싸여 있고, 삼엄한 경비가 지키고 있는 내부로 들어가니, 맙소사. 여러 겹의 유리관 안에 핏기 없는 마오쩌둥이 누워 있었다. 밀랍인지 미라가 된 시신인지 확인할 길은 없었으나, 평범한 보폭으로 순식간에 지나쳐 나온 충격적인 공간. 한동안 두 눈을 믿을 수 없었다.

중국인에게 마오쩌둥의 의미는 무엇일까? 무엇이 중국의 심장부에 그를 아직 살아있게 하도록 만들었을까? 인민들의 충성심을 이끌어 내려는 정치적 계산에서 막대한 관리비용보다 그를 떠나보내지 않는 효과가 더 크다고 여겼기 때문이라는 분석이 있다. 다른 공산주의 지도자들, 레닌, 스탈린, 호치민, 김일성 등의 시신도 그들이 통치했던 나라에서 살아있는 모습처럼 미라로 만들어져 '공개'되

고 있다고 한다.

나는 '베이징에 왔으니 에헴~, 천안문 광장 한 번 밟아야 하지 않겠나!'하다가 그만, 마침 기념관이 공개되는 주말 아침, 사람들이 가장 많이 몰리던 시간에, 아직 편히 쉬지 못하고 있는 마오쩌둥을 만나고 온 것이다.

천안문 광장으로 들어온 후에는 많은 풍경들, 그보다도 많은 사람들에 벅찼다. 마오쩌둥 초상화가 있는 문을 지나 자금성에서 나를 압도한 어마어마한 옛 궁궐보다도, 많은 세상 사람들이 이것을 보려고 모여든 것이 큰 구경거리였다. 사람이 풍경인지 풍경이 사람인지 모를 정도. 특히 별 볼 일 없었던 옛 왕이 머물던 곳에서, 앞자리에서 사진 찍어 보겠다고 셀 수 없는 이들이 발버둥 치던 모습은 퇴근길 신도림역, 보신각 신년 타종행사, 올림픽 체조경기장 마릴린맨슨 내한 공연보다 열광적이었다. 엄청난 인파에 숨죽이다가, 벗어난 뒤엔 자유를 느꼈다. 현장학습 온 수많은 패키지 여행자들 사이에서 유유히 발걸음을 옮기며 생각했다. 관광지에서 여행자는 종종 감동을 강요받는다. 이렇게.

'날 봐, 아름답지? 그리고 사진기를 들이민 이 수많은 사람들을 봐! 너도 얼른 빨리 한 장 남기라고! 해가 지기 전에! 오픈시간이 끝나기 전에!'

:: 진시황보다 고구마

티베트로 가는 칭짱열차의 출발점인 북경 서역에서 기차를 탔다. 서쪽으로 끝까지 달려 하늘 아래 첫 호수, '남쵸(하늘호쉬)'와 티베트 땅을 밟아보고 싶었지만, 경제적인 문제로 시안까지만 가기로 했다. 외국인으로서 티베트 여행을 하기 위해서는 중국 공안 당국의 허가를 받아야만 하고, 가이드도 필수로 고용해야 했는데, 그 비용을 감당키 힘들었기 때문이었다.

열망의 좌절에도 아무렇지 않게 새로운 길로 나선 것은 실패의 역사가 더 익숙해 왔던 때문이었다. 남이 정해 준 목표를 맹신하거나, 자랑을 위한 명분에 빠지거나, 불필요한 자존심을 지키는 것은 삶을 피곤하게도 만든다. 그럼에도 티베트와 하늘 호수로 가는 로망의 문턱에서 돌아선 뒤 아쉬움은 쉽게 거두어지지 않았다. 마음 속 깊은 곳에 품어왔던 소중한 것을 스스로 밀쳐내는 일이 습관이 되어 버리지는 않을까하는 두려운 마음도 단속해야 했다.

베이징 서역에서 늦은 밤 출발한 열
차가 힘차게 달렸다. 침대칸에서 덜컹거
리는 느낌이 좋아 금세 잠들었다가, 아
직 어두운 새벽에 깨어나서는 통로에
나와 의자를 펼치고 앉았다. 보름달이
뜬 운치 있는 시간, 차창밖으로 기대하
지 않았던 멋진 풍경이 펼쳐졌다. 아주
특별한 것은 없지만, 정제되지 않은 아
름다움이 시시각각 새로운 모습으로
흘렀고, 날이 점점 밝아오니 여행자들
이 하나 둘 깨어 새벽부터 이어진 멋진
풍경을 보러 왔다. 갓 지난 새벽에 선명
하던 달도 자취를 감추었다. 하늘이 변
했는지, 열차가 방향을 바꾸었는지.

　열두 시간을 넘게 달린 기차가 내려 준 시안은 서울, 도쿄처럼 북적이는 도시가 아니라 경주, 교토처럼 고풍스런 맛을 가진 고도(古都)였다. 실크로드의 시작점이자 세계문화유산 병마용, 진시황릉 등이 있는 곳이다. 병마용으로 가는 버스 창밖으로 아늑함이 묻어나오는 풍경이 마음에 쏙 들어 앉았다.

　병마용 박물관을 거닐다가 내 가방 무게 때문에 천천히 걷고, 오래 쉬었다. 진시황릉은 병마용 박물관에서 무료 셔틀버스를 타고 갈 수 있었는데, 그저 언덕만 보이고, 볼거리는 없었다. 아무것도 없을 것을 알면서도 발걸음을 옮긴 사람들과 함께 한참을 걸었다. 아주 작은 로봇이 수년 전 이곳을 탐사하여 굉장한 유물이 있다는 것을 더욱 강하게 추측하게 만들어 주었을 뿐, 발굴하는 것은 일부분에 국한되어 있다고 한다.

　진시황릉 앞에 줄줄이 늘어선 기념품 상인들 사이에 외로이 화로 앞에 무표정한 얼굴로 앉아 고구마를 굽는 할아버지로부터 3위안에 고구마 두 개를 샀다. 종일 걷느라 지친 몸에 공급한 고구마는 진정 구황작물이었다.

늦은 오후 올라탄 시안에서 상하이로 가는 기차에서는, 환전을 많이 해 두지 않아 쓸 수 있는 돈이 없었고, 먹다 남은 과자, 귤과 물만 먹고 버티어야 했다. 기차가 빨리 상하이에 도착하기만을 바랐다. 하지만 기차는 스무 시간이 넘도록 달려 해를 다시 중천으로 불러들였다. 고구마 덕분에 버틸 수 있었는지 모른다.

에리히 프롬의 『사랑의 기술』을 읽고 멋진 사랑을 하겠다고 하는 만큼이나 어리석게 멋진 여행을 하겠다며 알랭 드 보통의 『여행의 기술』을 뒤적이는 동안 기차는 느리고 느리게 움직였다. 상하이에 일찍 도착하면 무얼 할까 고민하던 나를 비웃듯. 쑤저우, 항저우도 지나가는 것을 보니 빙빙 둘러서가는 열차였나 보다. 외롭고 지루한 시간도 많았지만 그래도 이름 모를 동네를 지나는 여유로운 느낌이 나쁘지 않았다. 열차 안에서 옷을 갈아입고, 머리도 감았다. 뜻하지 않게 사흘째 샤워를 하지 못했지만 물티슈가 있다. 기차에서만 거의 하루를 보내고 나니 비로소 내가 먼 길 떠나온 여행자라는 사실이 실감났다.

◎ 씨에씨에 노래하며 과자 카트를 끌고 같은 곳을 수도 없이 왕복한 역무원의 밝은 표정에는 주위를 모두 환하게 만드는 멋진 힘이 있었다.

:: 비교에 관한 단상

투철한 자기 결단도 없이 남의 흉내나 내는 원숭이 짓 하지 말라. 그대 자신의 길을 그대답게 갈 것이지 그 누구의 복제품이 되려 하는가. 명심하라. 지금 이 순간을 놓치지 말라. '나는 지금 이렇게 살고 있다'고 순간순간 자각하라. 한 눈 팔지 말고, 딴 생각하지 말고, 남의 말에 속지 말고, 스스로 살피라. 이와 같이 하는 내 말도 얽매이지 말고 그대의 길을 가라. 이 순간을 헛되이 보내지 말라. 이런 순간들이 쌓여 한 생애를 이룬다. 끝으로 덧붙인다. 너무 긴장하지 말아라. 너무 긴장하면 탄력을 잃게 되고 한결같이 꾸준히 나아가기도 어렵다. 사는 일이 즐거워야 한다.

- 『홀로 사는 즐거움』, 법정스님

베이징에서 밤늦게 찾은 예술 특구, 798거리는 베이징의 거리 중 단연 최고였다 할 만큼 마음에 들었다. 원래 최첨단 부품을 생산하는 공장이 들어선 곳이었는데, 거의 폐허가 되었다가 예술가들에게 사랑받는 공간이 되었다고 한다. 예술가의 숨결이 느껴지는 갤러리, 세련된 분위기가 흘러넘치는 카페, 그 낯선 거리 풍경이 가진 공간의 힘은 거니는 것만으로도 황홀감을 주었다.

　그래서 상하이에 도착하자마자 가이드북에서 베이징 798거리의 라이벌로 묘사되어 있는 'M50'을 찾았다. 중국 최대의 순수예술 종합단지로 불리는 곳이다. M50 문턱에 이르렀을 때는 늦은 밤이어서, 거의 모든 곳을 볼 수 없었음에도 숙제를 마친 것 같은 뿌듯함과 후련함에 젖었다. 순간 함께 밀려온 허탈한 웃음의 정체는 비교하지 않아도 될 것들이나 그럴 수도 없는 대상을 굳이 비교하려 했던 데 있었다. 저들은 저들대로 제 자리에 있는 건데, 굳이 잣대를 들이대 이야기를 만들어 낼 필요가 있었을까. 애초에 비교대상이 아니었는데도, 남이 써 놓은 글을 읽고서 M50도 날 황홀하게 만들어 줄 것이라 기대했던 것이다.

　나는 너무 쉽게 비교하고, 비교 당하는데 오래 익숙해 있었다. 심지어 비교할 생각이 없는 사랑하는 사람에게든지, 내게 별 관심이 없는 누군가에게든지. 서로 같은 듯 다른 꿈을 안고 살아가는 사람들 따라갈 필요도, 비교할 이유도 없었는데. 불행하다고 느꼈던 이유는 그런 이유 없는 불필요함 때문이었다.

　하지만 질투는 나의 힘이라던가. 뜻하지 않은 곳에서 비교는 계속되었다. 지하철에 가수 비가 광고하는 화장품 광고를 보았다. 나와 동갑인데, 생각지도 못한 곳에서 국위선양과 외화벌이를 하고 있었구나. 같은 세월 동안 나는 뭘 하고 살았나, 왠지 더 분주해져야 할 것 같았다.

　외로운 도시에서 외롭게 여행하는 것은 분명히 문제가 있었다. 아름답기로 유명한 도시들은 혼자라면 더 외로운 곳들이다. 하루라도 더 빨리 사랑하는 사람들과 다시 한 번 와서 걷고 싶다는 욕심을 품게 할 만큼 좋은 풍경을 가진 상하이의 와이탄에는 다양한 이들이 야경을 즐기고 있었다. 친구, 연인, 단체 투어리스트, 배낭을 하나씩 메고 여행책자를 들고 다니는 노부부, 아이를 목말 태우거나 우는 아이를 달래고 어르는 가족. 가슴이 아렸던 풍경 하나는 휠체어를 탄 어머니를 모시고 온 아들의 모습이었다.

　초겨울 비수기라서인지 인기 많다는 유스호스텔도 조용했다. 도미토리에는 두 명의 일본인들이 함께 묵었다. 한 사람은 오후부터 누워 계속 게임을 하고 있었고, 다른 한 사람은 노트북으로 무언가를 보고 있었다. 잠들기 직전 노트북을 보던 이가 천연덕스럽게 담배를 입에 물었다. 그래도 담배 냄새를 없애려 창문을 열어 놓는 양심은 있었던지, 덕분에 아침에 깨어나 보니 여행 내내 날 괴롭힌 감기에 걸렸다.

:: 항공우주박물관역 순례기

Success follows doing what you want to do. There is no other way to be successful.

- Malcolm Forbes

　윤봉길의사 기념관이 있는 루쉰 공원에 가기 위해 8호선을 갈아타다가, 표지판 하나에 꽂혔다. 'Aerospace Museum Station, 航天博物館驛'이라는 멋진 이름을 가진 노선 반대쪽 종점! 감각신경이 메시지를 받아들인 순간, 뇌에서 처리할 시간도 없이 몸이 먼저 반응했다. 다른 일정을 축소하고 가보기로 했다. 그 이름만으로도 가슴을 뛰는 것을 보니 나는 여전히 우주인이었다. 누군가 이런 나를 보았을 때 아름다울지 안쓰러울지 어떨지 모르겠지만 무작정 설레는 느낌이 좋았다. 사람은 꿈을 품고, 믿고, 이루어 갈 때 아름다워지는 법.

　수년 전 일본 교토에서 자전거 여행을 하다가 근처 대학전시관에 우주 관련 전시가 열리고 있다는 포스터를 보고, 그길로 달려가 일본의 소행성 탐사선, 하야부사 특별전을 본 적이 있다. 소행성의 샘플 돌덩이가 있던, 여행 중 만난 뜻깊은 전시였다. '이번엔 그런 특별전도 열리고 있을까? 최근 중국에서 우주기술을 폭발적으로 발전시키고 있는데 박물관은 어떻게 꾸며 놓았을까? 실제 사용되었던 것들도 많이 있을까?' 지하철을 타고 가는 동안 즐거운 상상을 했다.

설렘을 안고 도착한 항공우주박물관, 어이가 없어서 헛웃음이 나왔다. 이름만 보고 찾아갔더니 아무것도 없었다. 역만 있었다. 그저 시 외곽으로 이동하려는 어르신들이 버스로 환승하는, 상하이 끄트머리 한 종착역일 뿐이었다. 박물관 공사는 시작하지도 않았고 공사할 생각이 있는지도 모르겠다.

또래로 보이는 경찰관과 이곳에 박물관이 없다는 사실을 확인하면서, 서로 크게 웃었다. 이 친구 집에 돌아가서 아내에게 이렇게 말했을 것만 같다.

'오늘 희한한 한국인을 봤는데 말이야, 글쎄 내 역에 박물관이 있는 줄 알고 찾아왔다지 뭐야. 웃긴 친구야 하하하'

혼자만의 추억이 아니라 다행이라 해야 할지, 아쉽긴 하지만 나쁘지 않았다. 그리로 가던 길은, 그곳에 진짜 박물관이 있든 없든 내게는 의미가 있었다. 설령 차비가 6위안이 아니라 60위안이었어도 그곳에 가기를 선택했을 것이다.

그곳으로 향하던 한 시간 동안 설레었고, 내가 여전히 꿈을 가지고 있어서 아직 가슴이 뛴다는 사실이 감사했기 때문이다. 잃어버린 줄 알았던, 그 설렘.

:: **임시정부**에서 **펑펑** 울다

"네 소원이 무엇이냐?" 하고 하나님이 내게 물으시면, 나는 서슴지 않고
"내 소원은 대한 독립이오."하고 대답할 것이다.
"그 다음 소원은 무엇이냐?" 하면, 나는 또
"우리나라의 독립이오." 할 것이요, 또
"그 다음 소원이 무엇이냐?" 하는 셋째 번 물음에도,
나는 더욱 소리를 높여서
"나의 소원은 우리나라 대한의 완전한 자주 독립이오."하고 대답할 것이다.

— 『백범일지』, 「나의 소원 1.민족국가」 中, 김 구(金九)

상하이의 아침에 사교 스윙댄스를 즐기는 어르신들이 가득했던 루쉰 공원을 거닐다가, '梅園' 표지를 따라 걸어 윤봉길 의사 기념관 앞에 멈추었다. 도시락 폭탄 투척 현장에 세운 곳이다. 가슴이 저릿하도록, 너무 멋진 사람이다. 조국을 위해 의연히 죽음을 맞이한 그가 위대해 보이는 것은 어쩔 수 없었다. 가슴이 뜨거워져 돌아 나왔다.

발걸음은 자연스럽게 대한민국임시정부 유적지로 옮겨졌다. 좁디좁고 작디작은 건물에 오밀조밀하게 업무 보는 그때 정치지

도자들의 생활이 재연되어 있다. 3층 건물에는 임시정부 집무실, 부엌, 김구 선생 집무실, 회의실, 회장실, 침실 등이 있고, 내려오는 길에는 독립투쟁 역사를 담은 사료들이 전시되어 있다.

"이렇게 탄압 받고 얼마나 힘들었겠니? 그렇지? 어디에 임시정부를 세웠다고, 응? 우리 투사들이 어디로 이동했다고? 윤봉길의사가 어떻게 거사를 치렀다고? 응?"

앞서 가는 한국인 여인이 어린 조카의 손을 잡고서 사료들 옆에 붙어있는 기록들을 읽어보라고 시키고는 억압받던 역사와, 그것을 우리 투사들이 어떻게 살리려고 했는지에 대해서 초등학교에 갓 들어갔을 법한 아이에게 조목조목 설명해 주는 모습을 보았다.

나도 언젠가 내 아이에게 저런 기억을 주어야겠다, 가슴이 뜨겁도록 만들어줘야겠다고 생각했다. 그러다 그만, 워싱턴의 군비축소회의에 제출했다는 「한국의 호소 (KOREA'S APPEAL)」문서표지를 보고 이상하게 가슴이 뜨거워지면서 눈물이 흐르기 시작했다. 별 대단하지도 않은 미군회의에, 얼마나 간절했으면 그랬을까. 얼마나 힘들었을까. 얼마나 억울하고 슬펐을까. 그 시절의 설움이 한꺼번에 밀려오는 듯했다. 흐르는 걸 멈추지 못하고 흐느끼고 말았다. 들키지 않도록 걷던 길을 되돌아가 숨어서 눈물을 닦고 앞서간 관람객들이 빠져나가길 기다리며 숨죽였다. 오래된 태극기 앞에서는 오열해 버렸다. 목숨을 걸고 나라를 지키려 했던 시절의 그들이 너무 불쌍하고 고마워서.

내게도 애국심이라는 것이 나도 모르게 숨어 있었구나. 내가 어떤 교육을 받았건 어떤 사상이건 그런 가슴 뜨거워짐을 느낄 수 있어 감사했다. 내 아이에게도 이 작은 나라의 위대한 정신들을 이어나갈 수 있게 해야겠다는 교과서적인 생각이 교과서에나 보았던 그 현장에서 주책없이 흘러내린 눈물 사이로 샘솟아났다. 새삼 그분들과, 이곳을 잘 보존해 준 상하이가 참 고맙다.

눈물이 마를 때쯤 나와 보니 단체 관람객이 유적지에 오르기 전에 다큐멘터리 영상을 관람하고 있었다. 그 많은 이들에게 들키지 않아 다행이었다. 김구선생이 애송한 서산대사의 '답설'이 적힌 열쇠고리를 샀다.

上海市盧灣區文物保護單位
大韓民國臨時政府舊址
上海市盧灣區人民政府
一九九○年二月十九日公佈

踏雪 서산대사

踏雪野中去, 不須胡亂行.
今日我行跡, 遂作後人程.

눈 내린 들판을 밟아갈 때에는
모름지기 그 발걸음을 어지러이 하지 말라.
오늘 걷는 나의 발자국은
반드시 뒷사람의 이정표가 될 것이리라.

:: 서울 경유 항공편

저 모퉁이를 돌아 누군가 이리로 걸어오고 있다.
그게 너일 수 있도록, 나는 눈을 감는다.

－『여행생활자』, 유성용

상하이의 유스호스텔에서 짐을 싸 나올 때에야 방에 누워 종일 게임만 하던
사내의 정체를 알게 되었다. 그는 그야말로 여행가. 100여개가 넘는 나라를 여
행했는데, 공부하거나 일하며 머물렀던 유럽과 남미가 좋았다고 말한다. 돈은
어떻게 조달하는지 물으니, 간단하고 그럴듯한 답이 돌아온다.

"만약에 네가 서울에서 돈을 1년간 벌면, 2년간 중국에서 살 수 있지. 가난한
나라 네팔, 라오스, 캄보디아 같은 곳에서는 훨씬 오래 살 수 있고."

10년 만에 중국을 다시 찾았다는 그의 말에 따르면 상하이는 정말 상전벽해.
쓰레기가 가득한 냄새나는 시골 동네였는데, 높은 빌딩이 들어서고 물가도 건물
높이만큼 올랐다. 그는 여행은 이제 그만 하고, 무슨 일을 할지 고민 중이라며
상하이에는 마오이스트 사상을 가진 이들이 많아 홍콩과 가까운 관동 지역에서
일하고 싶다고 했다. 사람들을 일반화하는 것은 큰 오류인데다 일자릴 가릴 때
가 아닌 것으로 보였지만 그런 철학이 그를 그다운 방식으로 살게 했을 것이다.
그가 화장실이 급하다기에 여행자답게, 기약 없는 아주 짧은 작별인사를 건네며
헤어졌다.

◎ 상하이에서 인천으로 가는 비행기. 상하이나 인천에서 네팔로 직항 하는 편보다 상하이에서 인천을 경유해 가는 편이 더 저렴해서 구한 자리다. 이륙과 동시에 멋진 야경이 눈에 들어오다가 금세 까마득한 어둠 속에 들어왔다.

경유지 내 나라 대한민국으로 가는 길, 기내 다큐멘터리 중에서 「차마고도, 순례의 길」을 보았다. 가지 못한 길에 대한 열망 때문이다. 세 발 걷고 크게 엎드리고, 다시 세 발 걷고 다시…. 순례하는 저들이 참 순수해 보였다. 살아있는 모든 것들을 위해 기도하며 간다는 그들. 그러면서 자신들도 안정과 위안을 얻었다고 한다.

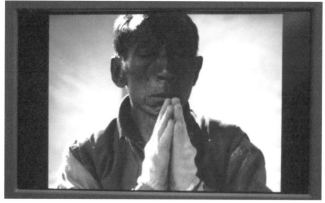

"사람의 몸으로 다시 태어나기도 어려운데 인생을 낭비하고 싶지 않습니다.
지금은 라싸로 순례를 가면서 제 생에서 가장 의미 있는 일을 하고 있습니다."

두 시간이 채 되지 않는 비행시간, 중국 여행의 여운에 잠들 수가 없었다. 다큐멘터리에서 티베탄 순례자가 드디어 라싸에 도착해 그들이 간절히 그리던 포탈라궁을 만났을 때 비행기도 멈추었다. 인천공항에서 서울로 빠져나가는 길은 비행기도 뜨지 않는 시간이어서 길고 넓은 고속도로를 오가는 것은 나와 함께 달리는 버스뿐. 승객들은 곤히 잠들었고, 다시 돌아온 일상을 준비할 것이다. 나는 여행 중이고, 다시 네팔 여행 준비를 한다. 짐을 줄이기로 했다. 여행자로 살아가는데 필요한 것이 생각보다 훨씬 적다는 것을 알았다.

결국 돌아와야 할 자리지만, 잠시 돌아온 곳에 나의 자리는 없는 것 같았다. 나는 떠나야 하는 사람이었고 그 자리에 머물러서는 나도 행복하지 않고 내가 주변을 행복하게 만들어주지도 못할 것 같았다. 항상 주위를 맴돌던 외로움이 형체를 드러낸 듯이. 돌아왔을 때 내가 가졌던 사소한 것들마저도 모두 사라지거나 변해 버릴까봐 불안하기도 했다.

하지만 이미 변할 수밖에 없는 길을 선택했다. 변화를 잘 받아들일 수 있도록, 할 수 있는 일은 내가 선택한 하루들에 멋진 이야기를 써 내려가는 것이다. 내가 만든 일정이 날 힘들게 하는 일이 생기더라도, 떠나오길 잘했다고 생각하게 되길 바라본다. 그래서 다시 돌아왔을 때는, 여행의 순간들을 기록하려 하는 것처럼 소소한 일상들을 소중한 이야기로 만들어 내는 습관을 가질 수 있게 되기를.

원래 힘들고 가끔 즐겁다

;네팔 히말라야 트레킹

Nepal Himalaya Trekking

◎ 카트만두 ···› 포카라 ···› 안나푸르나 베이스캠프
트레킹 ···› 포카라 ···› 카트만두

Nepal

안나푸르나
포카라
카트만두
에베레스트

CHHOMRONG

:: "내 눈을 바라봐"

◎ 기내 음악방송, '추억의 가요' 채널. "나는 누군가 여긴 어딘가" 듀스의 노래를 필두로 흘러나온 90년대 노래들을 듣다가 감정이 물렁해져 코끝이 찡해졌다. 멀리 어딘가부터 모르는 어딘가로 추억이 쏟아져 내려갔다. 기억조차 희미해 내가 나에게조차 말할 수 없는, 뜬금없이 여행자임을 일깨워 주려는 듯 나폴레옹의 말로 방송이 마무리 된다.
"누군가 몽상가라고 놀려도 괜찮다. 흔들리지 마라. 인간의 모든 진보는 몽상가들로부터 이루어졌다. 꿈을 꾸는 것에 대해 부끄러워하지 말고, 행동으로 옮겨라. 남들이 공상이라 할지라도, 꾸준히 가다보면, 언젠가 다다르게 된다는 것."

인천에서 카트만두로 가는 긴 비행시간 동안, 네팔 히말라야 에베레스트 베이스캠프(EBC, Everest Base Camp) 코스를 익혔다. 네팔 시간은 서울보다 3시간 15분 느리다. 한국 시간과 3시간 30분 차이나는 인도와 거의 같은 경도를 가지지만 독립국가라는 것을 강조하기 위함이라고 한다. 불안함에 가져온 네 권의 가이드북들을 2회독씩 하고 보니 네팔은 히말라야 트레킹 외에도 알면 알수록 매력적인 곳이었다.

소박한 트리부반 국제공항에 이르러 공항 비자를 받으러 가는 길에, 수차례 네팔에 와 보았다는 한국 분께 여쭤 보았다. 타멜 거리로 걸어서 갈 수도 있냐고. 긴말 없이 택시를 타라고 하신다. 그리고 숙소는 저렴해 보이는 곳 말고, 가격은 큰 차이 없으니 상태 좋아 보이는 곳에 잡아서 지내라고. 예전에 한 한국

인이 어떤 숙소에서 주는 음식을 먹었다가 정신 차려 보니 팬티만 남아있었다고. 그래서 대사관에 연락해야 했고… "네 알겠습니다." 바짝 긴장했다.

네팔 어디에도 내가 간다고 말해 두지 않았다. 일단 여행자로서 모든 것을 해결할 수 있다는 타멜 거리에 가면 어떻게든 될 것 같았다. 여행자들이 잔뜩 모이는 인도 델리의 빠하르간즈, 태국의 카오산 로드와 비슷한 곳. 그런데 타멜에 도착하기도 전에 공항에서 잡아 탄 택시 안에서 운전기사와 함께 동승한 한 현지 여행사 직원과 이야기하다가 트레킹 일정이 만들어졌다. 그가 네팔 사람들은 순수하니 걱정 말라며 뒤돌아 뒷좌석에 탄 나를 보곤 하던 말.

"내 눈을 바라봐(Look at my eyes)."

물론 처음에는 경계했지만, 나는 그만 반짝이던 그 눈빛에 넘어가고 말았다. 그는 처음 만나 믿지 못하는 외국인 여행자를 대하는 것이 일상일 터. 안심시키는 화술도 수준급이었다.

그렇게 타멜에 있는 여행사를 통한 루클라 항공권 예약, TIMS(Trekking Information Management System; 트레킹을 위해 사전에 등록하고, 카드를 발급받아야 하는 제도), 포터 계약 등이 일사천리로 이루어졌다. 지난 트레커들이 남긴 방명록을 보니 믿을 만한 사람들인 것 같아 안심했다. 이곳은 그렇지 않았지만, 방명록마저 조작한 사례도 종종 들린다. 가끔은 모르는 게 약, 내 선택을 믿기로 했다.

하루 만에 네팔 사람들이 순박한 미소를 가졌다는 것과 복잡한 거리, 매캐한 냄새가 타멜 거리의 특징이라는 것을 알았다. 긴 비행 후에 종일 매연과 차와 자전거를 신경 쓰면서 걷다 지쳐서, 보이는 대로 선택한 게스트하우스 싱글룸에서 이해할 수 없는 네팔 방송을 틀어놓고 쉬었다. 혼잡한 거리와 탁한 공기로부터 어서 벗어나고 싶었다. 외로울 틈도 없었기 때문에 바라는 것도 없었고, 유일한 소망은 어서 아침을 맞는 것이었다.

:: 열망에 대하여; 칼라파타르 오르는 꿈

왜 그런 거 있잖아.

이름만 입에 담아도 가슴이 떨리고 심장이 뛰고

막 설레는 그런 거.

그렇지. 로망이라고 할까?

　에베레스트 베이스캠프(EBC)로 가기 위한 관문, 루클라로 가기 위한 경비행기를 타기 위해 아침부터 바지런히 돌아온 트리부반 공항 국내선. 나쁜 날씨 때문에 이미 닷새째 결항된 상태다. 여전히 하늘은 많이 흐렸고, 날씨가 맑아질 것이라는 희망만 품고 온 것이다. 루클라 공항에서 돌아오는 비행기를 기다리다가 일주일째 머무르는 사람들에 대한 기사를 본 적도 있다.

　전 세계 트레커들의 로망인 이곳은 최빈국 네팔, 프린트된 승객 명단에 사인펜으로 체크한다. 8시 30분 편에 내 이름이 올라와 있다. 덜 마른 빨래를 의자에 널어놓았다. 산으로 가는 공항이니 속옷이라도 부끄럽지 않았다. 불안함 속에 위안이 되는 것은 기다리는 전 세계 여행자들이 한둘이 아니라는 것. 루클라로 가는 비행기가 뜨기를 기다리는 사람이 가득 들어찼고, 여기저기서 바닥에 누워 자는 사람도 보였는데 나는 혼자인 탓에 짐을 두고 잠들지도 못했다.

　기다림이 슬슬 길어지고, 공항 내 한기에 산 정상에서나 입으려 했던 다운재킷을 꺼내 입었다. 작은 매점에서 파는 30네팔 루피 밀크티 한잔은 마음까지 따뜻하게 한다. 이미 오래 기다린 트레커들과 얼굴은 이미 익었고, 공항 안에 사

는 새들도 심심한지 이리저리 옮겨 다닌다.

좁은 공항 대합실은 몸을 한 바퀴 돌리면 구경이 끝난다. 작은 전광판에 '지연'이 아닌, 루클라로 간다든지, 아예 취소된다든지 하는 표시가 보일 때까지 가만 앉아있을 수밖에 없다. 오전 내내 어느 항공편도 루클라에 이르지 못했다. 거의 일주일째 얼마나 많은 사람들이 에베레스트 정상도 아니고, 칼라파타르 (Kala Patthar, 5545m, 에베레스트, 로체, 눕체 등 아름다운 경관을 감상하기에 가장 좋은 에베레스트 베이스캠프 인근의 산)도 아니고, 트레킹 출발지점, 루클라라는 지도에도 잘 나오지 않는 곳을 가기 위해 이 작은 공항에서 발길을 돌렸을까. 루클라까지 걸어가면 일주일이 걸린다고 한다.

마냥 기다리기로 선택한 결단은 어려운 것이었지만, 기다림도 여행의 일부라 생각하니 기다림을 선택한 후의 기다림이란 쉬운 일이었다. 하지만 대기 시간 일곱 시간이 훌쩍 넘어가고는, 짐을 싸서 돌아가는 다른 사람들처럼 다음 날 비행기로 예약을 바꾸고 공항을 빠져나왔다. 설사 날씨가 맑아져 비행기가 뜨더라도 오후 늦게 루클라에 도착하게 되면 쉬는 일밖에 할 일이 없기 때문에 구경거리가 많은 카트만두에서 하루 묵고 아침에 다시 나오는 것이 낫겠다는 판단

에서였다.

다시 돌아온 타멜 거리에서 '몽키 템플'이라는 애칭을 가진 스와얌부나트에 들렀다. 하늘의 뜻으로 무장해제 된 열망이 깊은 탓에 태어나서 가장 많은 원숭이들을 보았는데도 별다른 감흥이 없었다.

꼭 에베레스트 베이스캠프에 오른다고 내가 훨씬 나은 사람이 된다거나 돌아와서 많은 것이 변한다거나 하지는 않을 것이다. 단지 열망을 추구하는 과정에서 더 많은 것을 얻을 것임을 알고 있다. 그 이름만으로도 가슴 뜨거워지는 열망을 향해 온몸을 던지고 있다는, 살아있다는 느낌이 사무치게 좋았다.

깨끗이 비우게 된다는 곳에 오르기도 전에, 오히려 욕심이 늘어갔다. 에베레스트는 이미 간절한 그리움이 되었다. '지금 아니면 갈 수 없지 않을까?'하는 조바심으로 더욱 간절했고 그곳에 가면 행복해질 것만 같았다. 굳이 다른 곳이 아닌 에베레스트에 가려한 이유는 가슴에 품은 꿈의 소중함을 잘 알기 때문이었다.

◎ 택시를 탔다가 지갑을 놓고 내려 돈을 모두 잃고서 스와얌부나트 안에서 기타를 치며 돈을 모으는 바르셀로나 아저씨를 보았다. 그가 말했다. "나 돈을 모두 잃었지만 친구가 있어 부자입니다."
과연 진짜일까? 그건 그렇고, 내 열망은 진짜일까?

하지만 많은 바람, 많은 욕심 때문에 세상에 지치기도 한다. 트리부반 공항에서 대기하면서 '꿈을 멈추는 것을 정당화하는 변명은 어느 정도까지 허용되어야 할까?'를 묻다가, 다음 날 아침 여전히 흐린 날씨를 보고는 하루 만에 포기를 전제로, '열망하는 것을 가로막는 장애물은 어떤 것들이어야 할까?'를 생각하게 되었다. 구체화된 변명이 포기를 더 쉽게 만들어 주었다.

루클라에 갈 수 있다는 확신이 무디어지자마자 현실적으로 변한 나는 'Cancel'이 아닌 'Delay'로 가득 찬 루클라행 항공편에 대한 기약 없는 기다림 대신, 여행사에 가서 EBC 행을 취소한 후 푼힐-안나푸르나 베이스캠프 생크추어리 루트에 가기로 협의했다. 루클라로 가는 방법은 항공편 밖에 없고 안나푸르나 루트는 버스편과 항공편을 선택할 수 있는데, 당연히 버스를 선택했고 비용은 줄어들었다.

열망하는 것들을 막는 장애물은 생각보다 일상적인 것들이었다. 안나푸르나행을 선택하게 된 이유는, 공항에서 돌아왔던 날 저녁 카메라가 고장이 나서 타멜의 카메라 수리점에 맡겨놓은 상태였고, 하루 이상 지연되면 트레킹 일정이 타이트해지며, 돌아올 때도 이렇게 지연되어 워크캠프에 참석하지 못하게 될지 모른다는 불안감 등이었다. 여행 일정에서 가장 중요하다고 생각한 것은 히말라야 트레킹이었는데, 여행을 조금 더 알차게 만들기 위해 추가적으로 하게 된 일, 예를 들면 워크캠프 일정이 그것을 결국 가로막는 결과가 되고 말았다.

가장 중요한 일들이 별로 중요하지 않은 일들에 의해 좌우되어서는 안 된다.

– 괴테

조금 무리해서라도 루클라로 가는 비행기를 탈 수 있었다면 돈은 조금 더 들고 위험부담은 컸겠지만, 스스로 정한 목표에 대한 성취감은 더 컸을 것이다. 후에 루클라행을 취소한 바로 그날, 오후에 운항이 잠시 재개되어 비행기가 간절한 트레커들을 실어 날랐다는 소식을 들었다. 날씨가 일주일째 심술을 부리다 잠시 한눈을 팔았다는 것이다. 아쉬움이 나를 흔들었다. 아쉽지, 많이 아쉽지... 포카라의 서점에서도 목전에서 이루지 못한 꿈, '칼라파타르에서 본 에베레스트' 사진만 뚫어져라 쳐다보다 돌아왔다.

포기를 합리화하는 동안 간절함을 깎아내리기도 했다. 더 높은 곳에 오르면 만족할 수 있었을까? 정말 바라던 것은 '그곳에 올랐다!'는 자부심이나 허세가 전부는 아니었을까? 하고. 사실은 그것을 정말 간절히 원한 것은 아니었는지도 모른다. 간절한 척하고 할 수 있는 데까지 해 보았다고 자위하고 만 것인지도. 너무 쉽게 현실에 굴복해 버리고 말았던, 혹은 두려워 시도조차 하지 않았던, 많은 지난 기억 같은, 원래 내 모습이었는지도.

우리는 때로 가지지 못한 것들에 열광하고 까닭 없이 열망하다가는 너무 쉽게 절망한다. 그래도 칼라파타르에 오르지 못한 절망이 그리 깊지 않았던 것은, 산에서는 작은 것이라도 하늘이 도와주어야 가능하기 때문이다. 산은 그건 하늘의 뜻이니 네 탓이 아니라고, 괜찮으니 다시 도전하라고, 지금 그렇게 내려가도 괜찮다며 아쉬움마저 포근히 안아 준다.

이유야 어찌됐건 행동에는 변명의 여지가 없다. 없을지 모를 '다음'을 기약하며 돌아섰기 때문이다. 다만 멋진 꿈은 삶을 더 아름답게 해준다는 것을 변함없이 믿는다. 더욱 간절한 열망과 꿈이 생긴 것만은 감사하다.

아마 칼라파타르에 오르는 꿈을 자주 꾸게 될 것 같다.

◎ 루클라로 가지 못한 날 카트만두로 돌아와 저렴한 게스트하우스의 도미토리에 묵은 것을 잘 했다고 생각한 것은 사람들을 만났기 때문이다. 세 침대 중 하나를 쓰던 고등학교를 갓 졸업한 어린 독일 소녀는 서양 십대들이 흔히 그렇듯 전혀 어려보이지 않았다. 티베트에서 영어를 가르치다 네팔 여행 중이라고 했다. 우리 모두의 대화는 멋진 인사 **'나마스떼(namaste: 내 영혼이 당신의 영혼에게 인사합니다)'**로 시작되곤 했다.

◎ 일본 오사카 출신 유스케는 뮤지션이다. 베이스기타를 주로 다루는데, 타멜에서는 인디안 드럼 레슨도 받고 있었다. 스무 살 때 암스테르담에서 첫 해외여행 후 그야말로 '이거다!' 싶어 여행을 많이 다니는데, 특히 3년간의 호주와 뉴질랜드 워킹홀리데이 기간은 '갭'이었단다. 그는 2년 전에도 네팔에 와서 안나푸르나도 올라보았고, 그때 만난 네팔친구와 술 한 잔하고 들어온 참이라고 했다. 우리는 네팔여인의 아름다움에 대해 이야기하며, 우리세대가 사랑한 밴드들에 대해 이야기하던 것보다 더 큰 공감대로 가까워졌다. 아름다운 것은 사람을 공감하게 하고, 하나로 묶는다. 그런 우리의 대화 속에서 네팔은 진정 '평화와 사랑은 영원하다'는 뜻(Never End Peace And Love)이었다.

◎ 일곱 시간 동안 포카라로 향하는 버스에서 본 풍경은 그야말로 authentic 자체였다. 바퀴가 굴러가는 곳마다, 위치도, 모양도 모두 다른 자연과 마을이 있었고, 그 모든 것은 그 나름의 운치가 있었다. 문화재 장인들이 한 땀 한 땀 닦아내어 만든 문화재가 아니라, 곳곳에 숨어있는 진귀한 비경과 다양한 네팔 사람들의 모습을 보는 것이 마치 사파리 투어를 하는 것 같았다.

◎ 포카라로 가는 미니버스에는 흑염소도 동행했다. 중간에 멈춘 한 사원에 제물로 바쳐질 생명이었다. 내릴 때까지 풀을 뜯어 먹었다.

◎ 평균시속 100km 정도의 박진감 넘치는 총알 미니버스는 마치 청룡열차 같았다. 마주 오는 차들도 풍경을 가로막고 불과 몇cm 거리를 두고 쏜살같이 흘러갔다. 거의 모든 길에 중앙선이 그어져 있지 않은데, 왜 굽은 길에서 자꾸 추월을 하는지, 내가 할 수 있던 일은 손잡이를 계속 부여잡는 것 뿐.

:: 포터에 대한 단상

　탄자니아 킬리만자로에도 짐을 들어주는 포터와 안내를 도맡는 가이드 제도가 있어서, 그들을 고용해야만 입산이 허락된다. 포터와 가이드들은 그 일로 생계를 유지하고, 트레커는 짐을 조금 덜어 행복을 크게 만드는 것이다.

　네팔 히말라야 입산에는 포터나 가이드 동행이 의무가 아니지만, 빠듯한 일정에 길을 헤매지 않기 위해서라도 포터를 고용하기로 했다. 포터보다 가이드가 필요했지만 포터 비용이 조금 더 저렴했다. 길 안내를 하지 않는 포터라도 적어도 잘못된 길로 들어서지는 않을 테니까. 그런데 여행사에서 소개해 준 '밀란'은 영어를 잘 했다. 그는 가이드를 해 왔고, 포터로는 내가 첫 게스트다. 알고 보니 여행사 형제의 조카다. 내 가방이 그리 무겁지 않은 것을 안 그의 삼촌이 그에게 추천해 주었으리라. 가족이라니 신뢰는 갔는데, 안쓰러운 마음도 생겼다.

　포카라에서 트레킹이 시작되는 나야풀(1070m)까지는 45km. 한 시간 걸린다는 택시는 덜 포장된 산길이어서 타멜에서 포카라로 달리던 청룡버스처럼 신나게 달리지는 못했다. 나야풀에서부터 나는 밀란의 작은 가방을, 그는 나의 배낭을 지고 걷기로 했다. 적어도 열흘은 그는 나의 가장 가까운 친구이자 가족이다. 산속에서는 그의 코스선택, 로지 결정 등 모든 판단을 믿고 따르기로 했다. 걷기를 시작하며 밀란이 어색한 침묵을 깨뜨리고 "우리는 친구"라고 말을 붙였다. 나는 그에게 "우리는 이미 가족이야. 어떤 종류의 사랑이든 사랑은 시간을 함께

보내는 거야"라고 말했다.

트레킹하며 머물던 로지(lodge)마다 포터나 가이드들이 서빙을 하고 일도 돕기에 그들이 식사를 얻어먹는 대신 일하는 건가보다 생각했는데, 알고 보니 오로지 각자 맡은 트레커를 위한 것이었다. 항상 외국인 여행자들이 식사를 마친 후에서야 포터와 가이드들이 모여 식사를 하곤 했다.

여행 나온 나와 히말라야에 여행 온 외국인을 돕는 이 친구의 차이는 무엇일까. 내 지갑에 든 것들을 제외하면 그와 이러한 계약으로 관계를 규정할 수 있었을까 생각하니 아찔했다. 하지만 이들에게 '미안하다'는 말은 하지 않았다. 그들의 삶과 일을 존중하는 방법 중 한가지였다. 인간적으로 과도한 짐은 맡기지 않되, 적어도 그와 나를 만나게 한 관계의 중요한 의미를 흐리지 않는 것. 미안함과 불편함 때문에 그와 내가 만난 이유를 외면할 수는 없었다.

첫 TIMS 체크 포인트를 지나고 한참 걸으면서도 내가 10살 가까이 어린 동생을 고용해서, 이게 무슨 짓인가 싶은 생각은 가시지 않았다. 나도 모르게 나는 더 많은 것을 가질 수밖에 없었던 운명을 가지고 태어나 저 친구와는 다르다고 나를 세뇌시키고 있었는지도 모른다. 그러면서도 우리는 그저 같은 길을 걷는 동행이라는 생각과, 내 배경을 채워주는 내 가족과 나라가 참 고맙다는 감상이 공존했다.

:: 히말라야 첫 로지

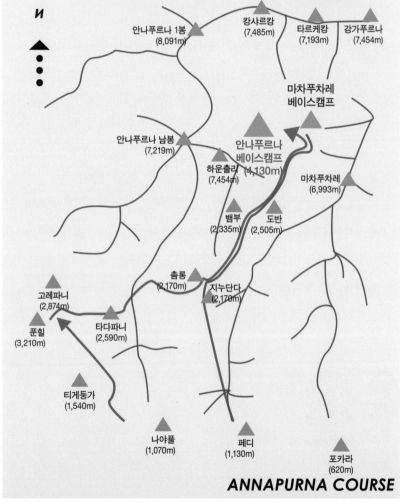

N

안나푸르나 1봉
(8,091m)

캉샤르캉
(7,485m)

타르케캉
(7,193m)

강가푸르나
(7,454m)

마차푸차레
베이스캠프

안나푸르나 남봉
(7,219m)

안나푸르나
베이스캠프
(4,130m)

하운출리
(7,454m)

마차푸차레
(6,993m)

뱀부
(2,335m)

도반
(2,505m)

촘롱
(2,170m)

지누단다
(2,170m)

고레파니
(2,874m)

타다파니
(2,590m)

푼힐
(3,210m)

티게둥가
(1,540m)

나야풀
(1,070m)

페디
(1,130m)

포카라
(620m)

ANNAPURNA COURSE

산속의 풍경은 애쓰지 않아도 쉽게 그 자리에 어울리도록 젖어들게 하는 마력이 있다. 이어진 멋진 풍경들을 지나 첫날 묵게 된 쉼터, 티게둥가의 로지에서 주인과 친하다며 밀란이 커피와 밀크티를 몰래 떠다 준다. 내일 머물 곳도 아는 곳인데, 무엇보다 그 로지 여주인이 자신의 지인을 짝사랑하기 때문에 디스카운트가 더 쉽다고 알려 준다. 돈이 곧 힘인데, 그 돈을 좌지우지 하는 사랑이야 말로 진정한 힘이 아닌가! 필요한 것이 있냐고 묻는 그의 질문에 산에 뭐가 더 필요한 게 있냐고, 심플한 것이 썩 마음에 든다고 말했더니 그 말 좋다고 했다.

로지는 자주 정전이 되었고, 그럴 때면 맥주병을 이용한 촛불이 금방 제작되어 나온다. 식사하려 모인 레스토랑에는 프랑스, 독일 등에서 단체로 온 어르신들이 많았다. 한결같이 밝고, 감사 표현도 적극적이다. 식사는 우리 돈 4000원에 배 터지도록 먹을 수 있다. 유럽에서 온 어르신들도 수프와 피자 라이스를 시키고는 그 양에 감탄했다. '닛삼 삐리리'라는 노래와 함께 댄스파티도 벌어졌다. '사람들이 아직 덜 힘든 게지'하고 생각했는데 알고 보니 흥겹게 이 밤의 끝을 잡던 사람들은 이제 하산하는 길이었다. 눈을 붙이려 방으로 들어왔을 때는 제 집인 양, 커다란 검은 개가 빨간 눈을 반짝이며 아주 편안한 자세로 방에 들어앉아 있어서 놀랐다. 하긴, 내가 잠시 빌려 쓰는 것인지도 모르지.

깊은 산속 멋진 공간, 여유로운 사람들 틈에서 밤이 지나가는 동안 거들떠보지도 않던 안나푸르나 지도가 점점 머릿속에도 떠오르기 시작했다. 안나푸르나는 '풍요의 여신'이라는 뜻이라고 한다. 이름이 어땠어도 괜찮았을 것이다. 그저 들이마시는 공기조차 좋았다.

다시는 이런 여행도 이런 길도 없을 것이다. 다음엔 다시 어떻게 해 보아야지 해도 꼭 그럴 수는 없다. 같은 길을 오더라도 나는 다른 시간의 다른 나일 것이고 주변의 많은 것도 달라져 있을 것이기 때문이다. 지금 걷는 길에 진심을 담아야 한다.

간밤엔 역시 별이 쏟아졌고,
내가 흔들리는 것인지 별이 흔들리는 것인지
여하간 별들은 분명히 춤추고 있었다.

:: God knows how long

칼라파타르에 올라 에베레스트를 보지 못하게 된 것을 실감했던 순간부터, '세계 최고봉이라고 불리는 것, 8000m에서 조금 더 높은 것, 그거 사람이 정하고 잰 거라 굳이 의미 붙이기 좋아하는 누군가가 만든 환상 속에 있는 대상은 아닐까? 그 이름과 명예가 전부인 곳은 아닐까?'라며 그 의미를 깎아내리려 했던 나를 깨달았다. 그리고 소름이 돋았다.

가지지 못하고 가보지 않았다고 그곳에 멀쩡히 살아있는 의미를 얕잡아 보는 비열함이란! 순전히 내 의지로 가지 않았으면서도. 사람이 정했든 어쨌든 가슴 속에 그것은 여전히 로망이고 꿈이었는데도. 소름 돋은 순간부터 그것을 인정 하기로 했다. 대단하고 위대한 것을 인정하면서 내 길을 사랑하는 것, 그게 더 편한 방법이라는 것을 산이 나를 가만 품고 있던 순간에 깨달았다.

안나푸르나 트레킹 둘째 날, 안나푸르나 남봉과 생선의 꼬리를 닮아 마차푸차 레라는 이름을 가진 설산이 보이기 시작하는 감동! 오르는 길이 많았고, 시간도 많이 걸렸지만 걸음마다 'fantastic', 'very nice', 'so good' 말하는 횟수가 늘 어갔다. 걸음을 내딛는 곳마다 절경이었다.

어깨가 저리고 발목이 힘겨워하는 순간에도 정신은 맑다. 나무의 향기도 구 름을 맞는 느낌도 그대로 선물이었다. 지나는 길목마다, 땀 흘리는 많은 순간마 다 이곳에 있을 수 있게 이렇게 살아있다는 것마저 감사했다. 그래서 짐을 덜어 주는 밀란이 더 고마웠다. 조금 더 가벼운 몸으로 조금 더 이곳을 느낄 수 있다 는 것은 돈으로만 살 수 없는 가치였다.

온전히 내 선택으로 가야 할 길이 길게 펼쳐진 산에서 자주 Toto의 「I'll be over you」가 맴돌았다. 내 심장이 멈출 때에야 당신을 잊을 것이라는 절절한 사 랑노래가 길고 긴 걸음의 시간에도 어울린다.

Some people live their dreams,

Some people close their eyes,

Some people's destiny passes by …

It takes some time,

God knows how long...

본격적으로 산행을 시작하며 수많은 트레커들과 '나마스떼' 인사를 나눌 수 있
었다. 동물모자와 함께 MTB 동아리 저지를 입고 다녔던 덕분에 알아봐 주는 사
람들이 늘어갔다. 혼자여서 작은 관심이 더 감사하다. 사람은 사람 사이에 있을
때 가장 사람다운 법. 가족끼리, 친구들끼리, 연인 둘이, 가이드를 대동하고 혼자
온 사람들, 여행사나 산악회 등을 통해 단체로 온 한국 여행자들도 많이 보였다.
혼자 트레킹 온 것은 충분히 매력적이었지만 함께 걷는 사람들도 부러웠다.

저마다의 페이스를 존중하며 발걸음 맞추어 걷거나.

로지에서 만나자 약속하고 자신의 속도로 걷거나.

:: 별사진의 추억

◎ 등반이 금지되어 있는 신성한 산 마차푸차레. 6993m, 7m가 모자라 7000m급 고봉대열에 끼지 못하는 것이 안쓰럽다. 그래서 처음부터 왠지 정이 갔다. 나도 진짜 멋진 산인데, 사람들은 나를 최고로 부르지 않는다고. 그래도 나는 내 자리에서 우뚝 서 있을 것이라고 말하는 것 같다. 그래서 처음 본 설산은 안나푸르나 남봉이었지만, 그보다 가슴에 먼저 들어온 친구였다.

시대의 모순을 비켜간 사람들이 화려하게 각광받고 있는 우리의 현재에 대한 당신의 실망을 기억합니다. 사임당과 율곡에 열중하는 오늘의 모정에 대한 당신의 절망을 기억합니다. 단단한 모든 것이 휘발되어 사라지고 디즈니랜드에 살고 있는 디오니소스처럼 〈즐거움을 주는 것〉만이 신격의 숭배를 받는 완강한 장벽 앞에서 작은 비극 하나에도 힘겨워하는 당신의 좌절을 기억합니다.

– 「허난설헌의 무덤에서 띄우는 엽서」, 신영복

창밖으로 마차푸차레가 보여, 설산을 처음 만난 하루의 감동을 길게 늘려 주었던 전망이 좋은 고레파니(2874m)의 로지. 고레파니에서만 머물다가 새벽 푼힐 전망대(3210m)에 올라 일출을 감상하고 하산하는 3박4일 코스도 있다고 한다. 물론 난방이 안 되어 있고 밤이 되면 저기 보이는 설산으로부터 눈바람이 창틈으로 휘몰아쳐 들어올 것 같았지만, 베리 나이스 게스트하우스.

　따뜻한 통난로가 있는 다이닝룸에서 에그 누들 수프와 살살 녹는 양파 피자를 시켰다. 저녁 로지에는 독일남 폴란드녀 커플, 미국에서 온 두 여자, 일본인 아키와 나, 그리고 우리의 가이드들이 쉬었다. 아늑하고 조용하던 다이닝룸을 일본인과 한국인이 조금 시끄럽게 했다. 사람을 좋아하는 마케터이자 사진을 좋아하는 광고 감독인 아키와 의기투합, 깊은 밤에 별사진을 찍기 위해 로지 앞마당으로 나섰다.

　흐드러지다 못해 쏟아지던 별빛 아래서 정말 멋지다고 감탄하는 아키에게 그것이 바로 내가 천문학을 공부했던 이유라고 말했다. 25초 노출을 기다리는 시간동안 나는 별자리 이야기를 했고, 그는 내게 별사진을 찍는 방법을 가르쳐주었다. 별빛이 가득 내리는 하늘에 렌즈를 대고, 별사진을 수십 장 찍었다. 처음으로 까만 밤하늘에 알알이 박힌 별들이 설산의 실루엣과 함께 그려지는 사진을 얻었을 때 "이것은 내가 찍은 최고의 사진이다!"라는 말이 튀어나왔다.

　근처 로지에 묵던, 디자이너라는 중국처자들도 카메라를 가지고 와 우리에게 배워 곧 멋진 사진을 찍어냈다. 넷이 각자의 카메라로 별사진을 찍어내고 서로 'awesome, nice, beautiful' 감탄을 연발하다가, '이걸 내가 찍었다고!' 하는 지금 이 흥분과는 별개로, 집으로 돌아가 친구들에게 보여주면 '어 그래 응', 뭐 그런 반응일거라며 웃다가, 그래도 우린 좋다며 한 시간에 걸친 미니 천문 관측회와 별사진 촬영을 마쳤다. 푼힐 일출을 보러 가는 새벽에 다른 사람들보다 더 일찍 만나 새벽별을 찍자고 약속하면서.

:: **행복**할 수 있다면 행복**하기로 하자**

푼힐 전망대에 다녀와서 아침으로 애플파이와 함께 처음으로 달밧을 먹어보았다. 네팔리의 국민음식쯤 되는 달밧은 로지에서 포터와 가이드들의 주식이다. 익숙한 네팔어도 생겼다.

"비스따리 비스따리 자웅(천천히 천천히 가자)!"

나무뿌리들이 곳곳에서 장애물처럼 펼쳐져 있는 산길이 이어졌다. 길이 어려워 힘들지 않느냐고 묻는 밀란에게 말했다.

"큰 나무 뿌리들이 우리의 걸음을 어렵게 하지만 그것이 산을 산답게 만들어 주는 걸 거야."

트레킹은 여유와 유유자적이 생명이라는 가이드북의 전언이 있다. 급하게 갈래야 갈 수 없는 먼 길인데, 숨이 턱까지 차오르기도 전에 쉴 만한 로지가 있는 마을이 나타난다. ABC Sanctuary 코스는 기간이 길뿐 하루하루의 난이도는 지리산이나 설악산보다 훨씬 낮다.

고레파니로부터 타다파니로 가는 길은 평지가 많아 달리듯 걸을 수 있다. 따뜻한 햇살과 함께. 타다파니(2630m)는 푼힐, 촘롱, 간드룩 등을 잇는 교통의 요지여서 늦게 온 사람들은 방 잡기 힘들다고 하지만, 우리는 여느 때처럼 빠른 시간에 도착했기 때문에 방을 쉽게 잡을 수 있었다. 오후 네 시가 넘으니 슬슬 기온이 내려가고, 아키와 그의 가이드 빔, 청바지를 입고 아주 작은 가방을 들고 온 중국 처자들도 도착했다.

타다파니에도 태양광을 이용한 온수샤워 시스템이 가동 중이었다. 첫날에는 1,500원 정도 아끼려고 태양열 발전으로 나오는

온수 대신 찬물로 씻었는데, 한창 비누칠 하던 중에 정전이 되기도 했다. 시리도록 차가운 물로 샤워하다가 정전이 되는 곳이라도, 작은 것 하나에 행복했던 군대시절이 오버랩 되었다. 군대에서 쓰던 헤드랜턴도 가져온 참이다. 그런 고생을 사서하기로 했던 것이다. 지리산이나 설악산에서는 온수 샤워는커녕 샤워조차 상상도 못했던 일이라 찬물이라도 감지덕지하다 생각했지만, 공포스러운 얼음장 같은 물에 샤워를 하고 나오니 군대 추억에 젖는 건 잠시, 이제 가능하다면 돈을 더 내고 온수를 쓰기로 했다. 샤워 대용 물티슈도 많이 가져왔지만 돈 몇 푼 때문에 행복할 수 있는 기회를 포기하는 것은 바람직하지 않다는 판단에서였다. 부담되지 않는 비용으로 조금 더 행복할 수 있다면, 온수로 씻고, 50네팔 루피 밀크티도 마시는, 이만한 사치는 가치가 있다.

원초적인 욕망들만 충족되면 충분히 만족스러워지는 산속의 삶 속에서 선택의 기준은 '내가 행복할 수 있는가?'가 되었다. 이 과자를 먹으면, 이 티를 마시면, 핫샤워를 하고나면, 나는 행복할 수 있을까. 이틀째 온수로 샤워에 빨래까지 하고 나니 산에 온 것 같지가 않았지만 가능한 범위에서 가능한 모든 행복을 누리기로 했다. 산에서 무슨 호사를 누리느냐며 망설인 것은 내가 정한 고정관념 때문이었다. 힘들기로 각오한 산행이었지만 굳이 행복할 수 있는 기회를 멀리할 이유는 없었던 거다.

:: 느낌 좋은 사람들의 공통점

길에서 발견한 느낌 좋은 외국인들의 특징은, 감정 표현, 특히 감사 표현이 굉장히 적극적이라는 것이다. 'awesome, very nice, so good, thank you' 등 느낌 좋은 말들을 입에 달고 산다. 언제 어디서 누구를 만나더라도 스몰토크에도 강하다. 작은 관심을 진심으로 표현하고, 다시 만났을 때는 누구나 할 수 있는 말들이 아니라 아주 개인적인 것들까지 기억하고 물어본다.

프렌들리한 그들에게선, 웃음도 빼놓을 수 없다. 힘들 때 사람은 행동이든지 습관이든지, 숨기거나 숨겨졌던 것들이 나오게 마련. 그래서 사람을 알아보려거든 산에 함께 가보라고 하는지 모른다. 포터와 가이드를 대동하고 왔던 한 유러피언 아가씨는 얼핏 품격 있어 보였었는데, 힘든 오르막에서 그녀가 쉴 새 없이 내뱉던 욕설에는 혀를 내두를 수밖에 없었다. 뒤따라 셋이서 큰 짐을 나누어 짊어지고 오르던 다른 처자들은 농담 따먹기 하며 웃고 있던데.

"젊은 사랑은 완벽을 추구하지. 하지만 나이 든 사랑은 누더기 조각들을 꿰매고 그 다채로움 속에서 아름다움을 발견해."

– 영화 「아메리칸 퀼트」 중에서

히말라야 중턱, 타다파니의 로지에서도 종종 정전이 되어서 촛불이 만들어져 들어오고, 로맨틱해졌다. 유난히 유럽 노부부들이 눈에 많이 띄던 로지에는 사람들이 일기나 편지를 쓰고 책을 읽고 있었다. 삶에 쉼표를 찍고 있는 사람들.

특히 영국에서 온 노부부는 언제 보아도 훈훈한 분위기를 연출했다. 지나던 여러 로지에서 이 부부가 햇살 아래 다정하게 식사하는 모습을 볼 수 있었다. 타다파니에 도착한 오후에는 볕이 잘 드는 곳에 앉아 일기를 정리하던 할머니가 걸어온 길을 하루하루 되새기며 할아버지와 의논하는 모습이 가슴 시리도록 아름다웠고, 주변 사람들과도 쉽게 가까워져 이곳에서 다시 만나 정말 반갑다고 인사하는 모습도 좋았다. 어디나 그들이 있는 곳은 밝아지고, 작별인사조차 발랄하다.

이 노부부는 한 달 전에 에베레스트 베이스캠프에 다녀온 감동을 잊지 못해 다시 히말라야를 찾았다고 한다. 그때 고쿄리에 눈이 와서 힘들었지만 정말 멋있었다며, 너도 거기가면 좋을 것이라고 나를 자극시킨다. '아. 저도요, 정말 좋을 것 같아요, 가고 싶었다고요!' EBC 트레킹을 하는 동안 '러블리 코리안 가이'

를 만났다는데, 가이면 가이지 러블리 가이일 것은 또 뭐람. 할머니다웠다. 나는 가족과 함께 EBC에 오르는 꿈을 품었다고 말했다. 언젠가 저 할머니가 후에 다른 한국인을 만나 내 이야기를 하게 된다면, 멋진 꿈을 가진 코리안 가이라고 말해 주면 좋겠다.

부지런히 일어나 일출을 보고 다시 짐을 꾸리는데, 아키는 간밤에 아파 별 사진을 찍지 못했다며 타다파니에서 하루를 더 머문다고 했다. 중국처자들은 내게 작은 중국 열쇠고리 기념품을 건네고는 간드룩으로 하산 했다. 그녀들 말대로 행운을 줄 것이다.

촘롱으로 오르는 길에 앞서거니 뒤서거니 캐나다인 조디를 만나 신나는 대화를 나누었다. 리액션이 좋은 비즈니스 우먼. 금세 다정한 친구처럼 내 이름을 부르던 조디는 별 이야기 아닌데도 기분 좋게 이야기 나눌 수 있는 멋진 대화의 기술을 가졌다. 가족과 여행을 다니다가 호주가 너무 좋아 얼마 전 퀸즈랜드에 정착했다는 그녀에게서 끊임없는 아이들 자랑을 들었다. 내 또래로 보이던 그녀는 두 딸과 아들 하나가 있고, 큰 딸이 열아홉이라고 했다. 젊게 살면 젊게 보이는 것이 확실하다.

:: 그림 같은 풍경

타다파니에서 세 시간 반 걸어 이른 곳은 안나푸르나 남봉과 마차푸차레가 손에 잡힐 듯 펼쳐진 믿을 수 없는 풍광을 가진, 촘롱의 아주 멋진 로지.

가져온 물티슈, 헤드랜턴, 작은 펜, 목도리 마스크, 트레킹 책, 핫팩 모두 유용하다. 그다지 필요한 것도 없다. 시계도 차지 않아 날짜와 시간, 요일감각도 모두 사라져 갔다. 시간을 칼 같이 맞출 필요가 없는 곳이다. 해 뜰 때 일어나 해지기 전에 목적지에 도달하면 된다. 구름도 쉬어 가는 산에서 쉬지 않고 올라가는 기분도 뿌듯하다.

산에는 좋은 사람이 모인다. 알고 보면 나쁜 사람 어디 있겠냐마는, 같은 곳을 보고 함께 간다는 동지애가 끈끈함을 만들어 준다. 그래서 당신이 어떤 루트로 왔는지, 어디서 왔는지 따뜻한 관심을 보인다.

◎ 모든 방에 예약이 되어 있다고 했지만 주인장과 대화하던 밀란이 날 포터나 가이드가 머무는 방으로 안내하며 괜찮겠냐고 묻는다. 조그만 방 한 칸이 제법 맘에 들었다. 방값도 받지 않겠단다. 아마 다른 사람이었으면 빈방이 있는 다른 로지로 이동했을 눈치. 나는 이 멋진 곳에 이런 방을 구할 수 있어서 다행이라고, 지금 침대 하나 있으면 됐지 더 필요한 것은 없다고 말했다.

이른 오후 촘롱에 이른 사람들과 서로 오늘의 미션 완성을 축하했다. 일찍 도착해서 한 벌 밖에 없는 바지도 빨아 널고, 발톱 단장을 하고, 뭉친 근육을 풀어주고. 오래 무얼 해도 풍경은 그 자리에 있었다. 아주 오래전부터 저 자리에 있던, 그림보다 더 그림 같은 풍경. 그림 속에서 책을 읽고, 밥을 먹고, 글을 쓰고, 수다 떨고. 이 안에서는 누구라도 착하게 살 수 있을 것 같다고 생각하게 만든다.

조디가 물었다. "행복하니?" "응. 정말" "나도 그래. 정말 행복해." 정말 좋다고, 너무 멋지다고 몇 번이나 말해도 모자란 그런 곳이었다. 서로 행복하다고 몇 번이고 되뇌었다. 처음 만난 이들이지만 이러한 감정마저 나눌 수 있어 소중한, 행복한 한때. 햇살 좋은 날, 눈앞에 마차푸차레, 안나푸르나 남봉이 버티고 있는 풍경 앞에서 평화로운 오후.

내가 아직 유럽 여행 계획을 세우지 못했다는 말에 조디는 알프스에서 스키를 타라고 조언했다. 그러자 옆에서 웃통을 벗어젖힌 헬스트레이너 조엘이 스노보드를 타라고 했다. 사람도 뱀도 아닌 것이 팔에 똬리를 틀고 앉아있고 등에는 새가 날고 있는 우락부락한 몸 앞에서 어깨 펴고 다니기는 쉽지 않았지만, 귀여운 구석이 더 많은, 입술 사이로 새어나오는 웃음이 매력적인 동갑 친구다. 그의 고객인 조디와 라빈 할머니, 조디의 회사 동료들이 일행이었는데, 그가 스키는 롤러브레이딩이나 다름없다고 하자 옆에 있던 스키 마니아 할머니들이 흥분, 티격태격 설전을 벌였다.

이 멋진 라운지에는 영화 「세 얼간이」의 친구들 같이 제각각인, 프렌치 삼형제도 있었다. 한 명은 덤벙이, 한 명은 지단 같이 생긴 넉살꾼, 한 명은 틈만 나면 책을 읽고 일기를 쓰던 인텔리였는데, 이들은 누가 봐도 둘도 없는 친구들. 그들도, 다른 트레커들도, 나도 멍하니 그 풍광을 바라보고만 있었다. 모두가 말없이 넋을 놓고. 해가 지기 전까지 열심히 눈에 담았다. 이런 풍경이 다가온 순간에는 힘든 걸음마저 즐거운 것이 된다. 이곳에 살아있다는 느낌이 좋았다. 히말라야에 들어선 순간부터 하루도 행복하다는 말을 빼놓은 적이 없었다.

사진을 찍어준 인연으로 대화를 시작한 뉴질랜드에서 온 루크와 사라는 영국 노부부만큼이나 부러운 젊은 커플이었다. 부러움은 곧 찬양이 되었다. 두 달 전 부터 여행을 시작해 한 달 전엔 아프리카를 탐험했고, 다음 행선지는 말레이시아라고 했다. 내가 유럽에 갈 계획이 있다고 하니 조디처럼 알프스에서 스키타기를 추천하면서 소개하는 글을 직원처럼 써주었다. 연락처와 함께 사인처럼 적어 넣은 서명 - 'Luke and Sarah - New Zealand' -이 눈물 나게 부러웠다. 이런 동반자라니. 이제 내려가는 길이라는 그들은 한참 동안 엊그제 올랐던 ABC의 아름다움에 대해 이야기해 주었다. 자신의 여행을 최고로 여길 줄 아는 여행자들이었다. 꿈에 대해서도 물어주고 감탄해주던 그들이 참 좋았다. 가슴을 떨리게 하는 진짜 꿈을 말할 땐 누구나 눈을 반짝이게 된다.

:: 미리 쓴 편지

그리워하는데도 한 번 만나고는 못 만나게 되기도 하고, 일생을 못 잊으면서
도 아니 만나고 살기도 한다.

– 「인연」, 피천득

　산에는, 꼬깃꼬깃 연락처 쥐어주며 꼭 다시 만나자고 수없이 약속해도 한 번
다시 생각도 나지 않기도 하고, 자꾸 보다 보니 마음에 들어와 앉아 기다리다
안 보이면 서운하기도 하고, 오래 그리움으로 남을 줄 알면서 다시 만날 기약 못
하는, 그런 인연들이 길 위에 잔뜩 뿌려져 있다.

　스물 서넛 즈음 설악산에 올랐을 때, 소청산장에서 만난 어르신들은 잠드는 시
간을 아껴 아낌없는 따뜻함을 주셨다. 산에 온 젊은이들 반갑다고 굽던 고기에
한 접시 더해 몽땅 주신 부부, 소청의 맛을 한껏 살려주신 산악회 분들과 함께한
따뜻한 추억. 실연당해서 산에 왔다고 했다가 양주병으로 맞을 뻔도 했다. 늦은
밤까지 이야기 나누다가, 한 분이 말씀하셨다. **"산에서 인연은 이걸로 끝이
지만, 기억하기만 하면 돼요."** 스쳐가더라도 인연이란 가슴에 남는 화석 같

은 것. 별이 쏟아지는 산속 조그만 산장은 항상 그 자리에 있었으나, 언어와는 상관없이 그제야 다가와 아늑하게 마음에 새겨졌다.

길 위의 인연은 언제 헤어질지도, 언제 다시 만날지도 모르는 운명을 가졌다. 반갑게 만나 기쁘게 헤어진다. 헤어짐이 슬프지 않은 이유는 흔한 헤어짐 속에도 그 잠깐 인연의 소중함이 충분히 기쁘기 때문일 것이다. 다음에 올 땐 꼭 좋은 내 사람들과 와야겠다고 생각했다. 일면식도 없던 사람들과도 이렇게 애틋한데.

초보 여행자는 길에서 만나는 인연 하나하나 모두 소중해 기록해 두고 기억하고 싶지만, 언젠가 베테랑 여행자가 되면 만남과 헤어짐에 익숙해져 그저 구름처럼 지나가는 인연일 뿐이라고 여기게 될지도 모른다. 하지만 그때도 마음에 따스함이 남아있기를, 그래서 헤어짐이 아무렇지 않은 척 해도 더 진한 향기를 낼 수 있기를.

로지에서 가이드에겐 숙박이 공짜고, 달밧도 싸다. 어쩐지 밀란은 가이드 증명서인 듯 내 TIMS 카드를 계속 가지고 다녔다. 틈만 나면 '티포유' 하면서 공짜 티를 얻어다 주는 밀란. 하드 워킹 후에 온몸에 퍼져가는 시원한 레몬티 한 잔! 출출해서 과자를 하나 샀을 때도, 50원 과자가 산에서 100루피가 되고, 외국인에겐 150루피가 되는 것을 보고는 이제 무얼 사려거든 나를 통해 사라고 한다. 고마운 녀석. 한번은 선의로 내게 퍼 준 60네팔 루피 레몬티의 흔적을 사장에게 들키고 말았다. 내가 냈다며 괜찮다고 신경 쓰지 말라던 착한 내 가이드. 그는 모든 것이 좋거나, 나쁘지 않다고 하는 내게 나와 함께할 수 있어서 좋다고, 이런 경험이 처음이라고 자주 말했다. 내게도 그랬다. 그는 더 이상 바랄 수 없는 동행이었다.

힘든 고개를 넘으며 잠깐 쉬자던 밀란이 갑자기 푸념하듯 말했다.

"형, 이 일은 참 힘든 일이야, 그렇지 않아?"

함께 네팔의 빈약한 경제기반과 혼란스러운 정치문제, 네팔 사람들은 대부분 힘들게 일해도 돈을 많이 벌기 어렵다는 이야기를 하던 중이었다. 나의 포터이자 가이드, 네팔 동생은 네팔의 최대 성장산업인 관광산업의 중심에서 수많은 세계의 트레커들을 상대하고 있는 이 나라의 희망, 새 시대 주역이다. 자신이 집안을 지켜내야 한다는 듬직한 스무 살 가장이기도 하다. 많은 네팔리가 한국에 오는 것을 꿈꾼다고 했다. 큰돈을 벌 수 있다는 것이 가장 큰 이유다.

트레킹마칠 때 그에게 줄 편지를 일정의 반을 마쳐가는 때 썼다. 종종 감사를 표해야 할 때 감사의 내용을 미처 다 담지 못하고 지나치기도 하기 때문에, 기억할 수 있을 때 기록하려 했던 것이다.

'멋진 곳에서 잊지 못할 기억을 남길 수 있게 해 주어서 고마워. … 나는 네가 더 많은 기회를 가질 수 있을 것이라고 믿고, 너의 서른엔 나보다 더 멋진 사람이 될 수 있을 것이라 기대해. 꼭 다시 만나자 친구! 넌 최고의 가이드였고, 형제였어!'

편지 말미에

'Thanks for accompanying me on my lifetime unforgettable journey.'

라고 적어 놓고서는, 밀크티를 비우고, 다시 짐승처럼 걸어야 할 시간까지 흘러내린 감성을 주워 담아야 했다.

29km/s 지구 위 여행자

조금 걷고 많이 쉬고, 많이 생각하고, 너무 평화로워 조금은 불안한 곳에서 한없이 행복감을 느꼈다. 내게는 천국 같은 곳이어서 더 이상 가지려 하는 것은 분명히 욕심일 것이다. 이렇게 유유자적하며 산에 머무는 동안에도 세상과 지구는 열심히 돌아가고 있을 것이고, 이곳에서 나의 행복을 도와주는 일을 하며 생계를 꾸려가는 이들처럼 내 사람들도 각자의 길을 잘 걸어가고 있을 텐데, 그런 순간에 훌쩍 떠나온 여행자라는 사실이 왠지 짜릿했다.

생전 처음 들어본 네팔 지명이 하루의 목표가 되고, 계획표에 네팔 이름을 적어 넣는 것에도 익숙해졌다. 반복되는 생활패턴이 군생활과 비슷해서인지 군대 생각이 많이 났고, 전역하기 얼마 전 어느 주말 아침 점호에 선임병으로서 내가 했던 조국기도문도 떠올랐다. 절실하게 나에게 하는 말이기도 했다.

오늘도 새아침이 밝았습니다.
지금 이 순간에도 우리가 서있는 이 지구는
시속 1670km로 자전하고
초속 29km로 태양 주위를 돌고 있습니다.
그렇게 낮과 밤은 누구에게나 한 번씩 찾아오고
주어진 시간은 같지만 살아가는 방식은 다릅니다.
누구에게도 부끄럽지 않은, 치열한 하루이길 바랍니다.

아침 히말라야의 게스트하우스는 항상 청소하는 네팔리들, 새 날 새 걸음을 옮기거나 어느새 높은 곳에서 내려오는 트레커들이 섞여 분주하다. 도반(2580m)의 아침은 밀크티와 달밧으로 했다. 빈둥빈둥하며 밀란이 준 네팔리티도 홀짝였다.

데우랄리(3230m) 즈음에서부터는 프렌치 삼형제와 속도를 맞추어 걸었다. 고도를 높일수록 제법 추워지는 만큼 놀라운 풍광이 펼쳐졌다. 3000m가 넘어가니 달리는 것도 쉽지 않았다. 물은 조언대로 2리터 가까이 마셨지만 조금 걸어도 숨이 찼고, 처음으로 예상 시간을 줄이지 못하고 두 시간에 걸쳐서 3700m 마차푸차레 베이스캠프(MBC, Machapuchare Base Camp)에 도달했다. 이제 잡힐 것만 같은 설산이 눈앞에 있고, 끝이 보인다.

하루 일정을 마친 후 다이닝 룸의 포근한 느낌은 언제나 좋다. 밀란이 몰래 주인장이 먹던 팝콘을 쥐어준다. 이 친구, 이제는 사랑스럽기까지 하다. 허기에

도 오른 고도만큼 모든 것의 가격도 올라 많이 사 먹을 수 없었는데, 그가 군에서 훈련할 때 건빵 나누어 먹는 전우같이 고마웠다.

사랑하는 사람과 있는 곳은 어디나 멋진 곳이 된다. 멋진 풍경에 감탄하다가도 사랑하는 사람과 왔더라면 참 좋겠다는 생각이 드는 것은, 홀로 떠난 여행자가 겪는 숙명인가 보다. MBC에서 만난 코가 크고 눈이 깊은 프렌치 아저씨 덕분에 더 외로워졌다. 그는 21년 전 처음 이곳에 트레킹을 왔다고 한다. 놀라운 것은 그때 네팔여자를 만

나 사랑에 빠져 결혼하고, 이번에는 4개월 여행 중에 와이프가 친정에 가 있는 동안 친구와 함께 트레킹을 한다는 것이다. 네팔어도 잘한다. 그는 불교 신자이며, 네팔에 머무는 동안 다닌 수도승 아카데미에서 와이프를 운명적으로 만났다고 한다. 프랑스에도 약 30년 전에 티베탄 종교가 들어 왔는데 그래서 불교를 쉽게 접할 수 있었다고. 세상엔 참 많은 이야기가, 사람만큼 사랑이 있다!

해발 4,000m에 가까운 곳, 밤이 되니 전에 없던 추위가 왔다. 잠도 오질 않아 옆 침대에 누운 밀란과 많은 이야길 나누었다.

"빅브라더, 한국에도 멋진 산이 있어?"

"그럼! 이곳처럼 크지는 않지만 아름다운 곳이 많아."

"나중에 내가 돈 많이 벌어서 한국에 가게 되면, 형을 꼭 만날 거야."

"당연하지! 너 꼭 그래야만 해. 같이 산에도 가자. 내가 가이드 해줄게."

:: 멋진 공간 ABC

달라는 만큼 더 퍼주는 달밧 두 그릇째, MBC에서 아침을 든든히 먹는 사이, 로지 창문 너머로 ABC에서 하산하는 사람이 보인다. 매일 같은 시간 누군가는 오르고 누군가는 내려온다. 정상에 다녀온 사람은 그곳의 아름다움에 대해 이야기하고 이르지 못한 사람은 그곳에 오르는 열망을 가진다. 누군가는 정상을 품고, 누군가는 꿈을 품는다.

오래전부터 산은 그 자리에 있었지만, 서로 다른 사정과 기억을 가진 사람들의 걸음이 머무는 시간과 날씨, 그것을 보는 저마다의 시선과 표정에 의해 풍경은 별만큼 많은 모습으로 다르게 나타난다. 하지만 우리는 모두 같은 꿈을 품고 만난 동행이다. 헤어지는 인사조차 나누지 못했더라도 아쉬워하지 않는다. 이어져 있는 것만 같다. 저기 이제 막 흘러 내려오는 저들과 나도.

느긋하게 ABC로 오르는 길에, 새벽같이 ABC에 올랐다가 먼저 하산하던 프렌치 삼형제, 지단이 내게 태극기를 건넨다. 어딘가에 떨어져 있었다고, 날 주려

고 들고 온 것이다. 사진 찍고, "nice journey!" 하며 헤어졌다. 잠시 스쳐 간 사이지만 같은 목표를 가졌다는 동질감만으로도 마주보고 환하게 웃을 수 있던 친구들.

　ABC에 오르는 길은 역시나 녹록치 않았다. 보폭이 1/3로 줄었고, 내리쬐는 햇볕에도 덥지 않은 고도 4000m가 넘어 가고 있었다. 슬슬 오르막을 오르니 ABC가 보인다. MBC 출발한 지 두 시간이 채 안 되어, 드디어, ABC에 도착했다. 멋진 곳이다. 방을 잡고, 사진 찍으러 달려 나갔다. 360도 파노라마, 어디를 찍어도 작품이 되었다. 빙하가 녹는 소리도 들리고, 보던 것, 듣던 것 그 이상.

　이걸 보기 위해 왔다지만 이곳에 오른 이들은 그 사이에 이미 더 많은 걸 얻었음을 알고 있다. 멋진 경치에 넋을 놓고 있다가, 터지지 않는 전화기를 만지작거리다 말았다. 멋진 곳에서 누군가에게 전화를 하든 말든, 감동은 나의 것이지 그의 것이 아니기에, 아름답게 살아있음을 확인하는 것만으로 충분하다. 그런 정상의 감동은 의외로 짧다. 정상에는 고난을 이겨낸 사람들이 수없이 드나들지만 저마다 힘든 길을 걸어 온 사람들이 같은 풍경에서 사진을 찍고, 감상에 젖었다가 곧 내려가곤 한다. 곧 차가운 바람도 분다. 내려간다면 다시 갈 길도 멀다. 완전한 행복이란 오래가지 않고 순간에 있다.

　베이스캠프에는 로지들이 옹기종기 모여 있어 한국인을 쉽게 찾을 수 있었다.

포카라에서 패러글라이딩을 하고 왔다는 친구는 하늘에서 본 설산의 풍경이 너무 멋져서 트레킹을 할 수밖에 없었더라고 했다. 티베트를 거

◎ 어느새 올라온 조엘이 신바람이 난 목소리로, 저기 위로 보이는 데까지만 올라가보자고 한다. **완전히 아니다 싶은 일이 아니라면, 할까 말까 고민될 때는 하는 게 후회도 적고 남아도 뭔가 남는다.** "좋아, 가자!"고 했다. 그곳은 곧 눈사태가 일어날 것만 같은 언덕. 그의 포터 라지도 함께였다. 등산화 젖는 줄도 모르고 신나게 올랐다. 어릴 때 듣는 하지 말라는 일. 험한 곳에서 아무도 가지 않는 곳으로, 처음 보는 위험한 외국인 아저씨를 따라가려는 중이었다. 하지만 **살짝 미치면 인생이 즐겁다.** 오르다 보니 요령이 생겼다. 30도 각도로 발을 꽂아 넣으면, 올라가는 길에 덜 미끄러지고 다음 발이 편하다.

◎ 저벅저벅 무릎까지 빠지는 눈밭을 걷다가 위를 올려다보나 아랠 내려다보나 주위 어디를 보든지 환상적이었다. 클라이밍은 이 맛에 하는 구나. 이곳에 살아있다는 느낌이다. 사실 살아있다는 느낌이 들지 않고 정신줄을 놓으면, 한방에 간다!

발자국소리, 숨소리만 들리는 시간이 조금 지나고 라지가 발이 시려 먼저 내려가겠다고 한다. 그의 신발은 등산화가 아니었다. 그러자 어울리지 않게 힘겹게 뒤따라오던 이 보디빌더는 둘이라도 끝까지 가자고 했고, 나는 좋다고 먼저 나서라고 했다.

쳐 안나푸르나 서킷 트레킹을 하셨다는 은퇴하신 선생님 한 분은 내가 그리던 하늘 호수, 남쵸 호수를 보고 오셨다. 서로의 여행 이야기 속에서 맥주 걸치는 기분이란.

한 한국인 일행 중에는 신혼여행으로 온 부부가 있었는데, 신랑이 고산병으로 중도 포기하고 내려갔다는 이야기를 들었다. 순간적으로 '역시 고산병 예방엔 잘 자는 것이 중요하다'는 확신이 생긴 난, 남자다. 잘 자고, 잘 마시고, 잘 먹고 덜 씻으라는 조언을 따르니, 4130m 고도에서 숨이 조금 차서 달리기 힘든 것만이 조금 특이한 경험이었을 뿐, 고산병이라 할 만한 것도 없었다.

◎ 그런데, 순식간에 나타난 그의 귀여운 모습에 반해 버렸다. 고작 두 발짝 앞서 가다가는, 철퍼덕 또 넘어지더니 뒤돌아보며 햇살과 함께 빛나던 귀여운 미소를 날리며, "우리 그냥 내려갈까?"

사실 충분히 더 가고도 남았지만. 그래, 나도 미끄러웠다며 그러자 하니 바로 썰매 모드로 돌입. 신나게 내려간다.

로지에 돌아와 양말과 등산화를 말리고 역시 웃통 벗고 일광욕을 즐기는 그와 함께 엄지를 추켜세우며 무사귀환을 자축했다. 환상적 경험이었지만, 내가 가이드북 저자라면 그곳은 절대 금지 구역이라 할 것이다.

Nepal Himalayas

가장 높은 곳에서 날은 유난히 일찍 저물어 갔다. 아주 작고 따뜻한 다이닝 룸, 담소를 나누고, 책을 보고 글 쓰는 전 세계 트레커들의 쉼터는 밤이 되면 포터와 가이드들의 숙소가 된다. 하나 둘 모여드는 온갖 대륙에서 온 여유로운 사람들이 옹기종기 모여 앉은, 높지만 작고 아담한 곳에서, 해가 넘어간 오후 세시부터 저녁을 기다리는 시간까지 감상에 젖어 조용히 내 이십대가 머무르던 공

간의 기억을 꺼냈다.

설산 파노라마가 펼쳐진 멋진 공간은 누구라도 볼 수 있는 것이지만 그곳의 시간을 채웠던 것은 기억 속 익숙한 공간에서 끝없이 펼쳐진 나만의 추억 파노라마였다. 도대체 어디서 멈추어야 할지 모를 만큼 끝없이 이어지던 아득한 기억 릴레이, 그 공간의 이름들을 하나하나 적어 나가다가, 팔이 빠질 것 같을 때쯤 깨달았다. 내가 살던 그곳에 정이 참 많이 들었구나. 나도 모르게 생기고 사라진 수많은 것들과 항상 그 자리에 있어도 반가운 것들. 내 청춘과 인생의 많은 기억이 있는, 눈 감고도 생생히 그려지는, 그리운 이야기가 살아있는 풍경이 있는 그곳. 실개천이 휘몰아 나가지 않아도, 그곳이 어찌 꿈엔들 잊힐리야. 그곳에 청춘이 살았던 것은 아무래도 행운이었다. 그렇게 멋진 공간 히말라야 안나푸르나 베이스캠프에서, 멋진 공간에 살던 내 이십대 아련한 추억에 젖었다.

로지 작은 방 작은 침대에 네 겹씩 껴입고 누워서는 포근한 집을 가지고 싶다는 생각을 했다. 가족이 빨리 돌아오고 싶은 아기자기하고 따뜻한 공간. 생각만으로도 한없이 포근해져서, 문득 로지 위로 하염없이 내리는 별빛만큼 행복감이 밀려들었다.

:: ABC 일출,
콧등이 **시큰**하다

　ABC 로지에서 맑은 바람을 따라 조금 더 걸으면 설산 파노라마를 더욱 가까이 마주할 수 있다. 차분하면서도 고요한 설산이 병풍처럼 둘러싼 베이스캠프 하늘, 북두칠성이 유난히 밝게 보이는 푸른 형광색 아침. 그 멋지다는 안나푸르나 베이스캠프 일출을 보고 숙소로 들어오며 콧등이 시큰했다. 일출을 맞이하는 8,000m급 설산에 조금 더 가까이에 있다가 돌아오는 길에 나를 품에 안아주는 듯 더 가득히 보이는, 멀리서 더 포근한 안나푸르나 전경을 보면서, 꿈은 멀리서 볼수록 더 아름답다는 것을 느꼈기 때문이다. 미리 알고 있었다면 더 가까이 가지 않았을 텐데.

　겨울 초입, 해발 4130m 안나푸르나 베이스캠프의 로지는 생각보다 춥지 않았고, 침낭 없이도 자는 데는 문제없었다. 바람이 새어 들어오기도 했지만 난 죽지 않았다. 전날 저녁 오래 준비하고 고대하던 여행 중이라는 한국인 부부와 일본 항공사 승무원 아유무가 한국라면을 너무 맛있게 먹던 것을 보고 아침으로 주문했다. 출발하면서 다른 로지에 묵은 조엘과 조디, 라빈 할머니, 영국 노부부 모두 다시 만날 수 있었다. 모두 다른 곳으로부터 온 사람들, 또 다시 다른 곳으로 흩어진다.

　원래 내려가는 것이 더 위험하다. 산악 안전사고의 70%는 하산길에서 발생한다고 한다. 안전도 안전이지만 잘 내려가서 잘 살아야 한다. 언제나 올라가는 이유는 내려가서 잘 살기 위함이었다. 내려가는 길부터는 밀란이 메던 내 배낭을 메기로 했다. 조금의 무게를 더 견디는 부담에도 내 짐을 내가 지고 간다는 뿌듯함을 선택했다. 알 수 없는 흥분에 바람인 듯 내려가는 길, 밀란이 말한다.

　"형 너무 빠른 것 같지 않아? 우리 달리고 있어. 형 운동선수보다 빨라. 안 그래?"

　ABC에서 내려오는 길에, MBC를 막 지나 오르던 아키를 만났다. "형 해냈구나!" 외쳤다. 죽을 뻔했다며 웃는 그가 해낸 것이 내가 다 고마웠다. 타다파니에서 그와 헤어진 후 밀란은 산을 거의 타 본 적이 없다며 힘겨워 하던 그가 결국 ABC에 오르지 못할 거라고 예상했지만 나는 내심 그도 올라와주길 바랐다. 시간은 다르지만 우리가 함께 했었고,

결국 해냈다는 느낌을 나누고 싶었다.

하산길에 며칠 전 묵었던 숙소를 처음 보듯 지나치다가 표지를 보고 소스라치듯 놀랐다. 사진도 많이 찍었던 곳이었는데 며칠 사이 까맣게 잊었던 것이다. 올라갈 때와 내려갈 때 모습이 확연히 다른 느낌이었다. 머물러야 할 곳이 지나가야 할 풍경으로 생각이 바뀌었을 뿐인데, 아주 다른 곳이 되어버렸다. 왠지 잊혀가는 과거를 무심히 보내는 느낌이 서글펐고, 순간 미안한 느낌마저 들었지만 지나온 풍경은 다 알고 있다며 늘 그래왔듯 아무 말 하지 않았다.

내가 열흘간 수없이 보고 듣고 찍은 저 높은 봉우리들도 내가 이곳에 올 생각도 하지 않던 열흘 전까지는 내게는 아무런 의미도 없었지만, 이제 서른을 축하해 주는 친구가 되었다. 지나온 풍경들이 인생의 멋진 한 장면, 오래 꺼내 볼 추억이 되어가고 있음을 느꼈다.

ABC에서 내려온 날, 무슨 요일인지도 모르고 살았다는 것을 깨달았다. 히말라야가 품은 풍경 속에 여유롭게 머물다가 처음 보는 사람들과 대화를 즐기는 것이 할 수 있는 일의 전부이지만, 한 걸음씩 걸어 나가고 한 사람씩 만나면서 기억과 욕심이 늘어간다. 이런 여행에서 비우고 버린다는 것은 거짓일지도 모른다. 뱀부(2340m)

의 작은 로지에서 끓인 물을 받아 마시면서, 저녁때를 기다리는 동안, 밀란은 드디어 하루만 더 있으면 지누(1780m)에 있는 온천에서 드디어 씻는다며 기대에 부풀어 있다. 그가 왠지 모르게 더 까맣게 된 것 같기도 하다. 빨래도 해 널고, 방에 앉아 망중한을 즐겼다. 인생에 쉼표도 이런 쉼표가 없다. 다음 행선지에서 부터는 끓인 물이 아니라 다시 미네랄워터를 사 마실 수 있다고 한다. (뱀부 정도의 고도 이상에선 환경 보호 차원에서 페트병에 담긴 물을 팔지 않는다.) 곧 다시 거리의 여행자로 돌아간 다는 것이 실감나지 않았다.

　행복에는 많은 것이 필요하지 않다. 어쩌면 그 작은 것을 가지기 위해서 아등 바등 사는 것인지도 모른다. 히말라야가 품고 있는 비 오는 산속의 고요한 로 지 안, 사람들이 카드놀이를 하고 조곤조곤 이야기 나누는 틈에서 음악을 들으 며 밀크티와 다이어리를 앞에 두고 상념에 잠겼다. 플레이리스트는 감수성 풍부 하던 시절에 들은 노래들이다. 너무 늦지 않게 네팔리들이 잠을 청하기 전에 비 켜주어야 하지만, 누구도 날 방해하지 않고, 음악을 들으며 끊임없이 밀려오는 기억들을 써 내려가는 시간 속에서 '지금을 살 수 있어서 감사하다' 는 생각으로 행복했다.

변함없이 몇 번이고 '정말이지 이곳에 있어 행복하다. 나는 행복한 사람이다.' 라고 썼다.

:: "조금만 더 가면 돼"

지겨운가요. 힘든가요. 숨이 턱까지 찼나요. 할 수 없죠. 어차피 시작해 버린 것을 … 쏟아지는 햇살 속에 입이 바싹 말라 와도 할 수 없죠. 창피하게 멈춰 설 순 없으니 … 단 한 가지 약속은 틀림없이 끝이 있다는 것. 끝난 뒤엔 지겨울 만큼 오랫동안 쉴 수 있다는 것.

— 「달리기」, 윤상

종일 흐리더니 밤새 비가 많이 내리던 뱀부의 게스트하우스의 밤에, 꿈에서 비 오는 길을 걸었더니 더 노곤해져서 늦잠을 잤다. 소담스러운 아침세트는 토스트, 통감자, 프라이에그, 밀크커피. 비 오던 깊은 밤 도란도란 이야기 나누던 사람들은 부지런히 길을 나섰다. 구름이 많이 끼어 설산은 보이지 않던 날.

뱀부에서 지누로 가는 길은 하산길임에도 오르는 길이 꽤 많아 만만치 않은 짐 무게에 힘들었다. 같은 길을 반대로 오르는 많은 세계의 트레커들을 본다. 마치 2학년 풋내기가 풋풋한 새내기보는 느낌이다. 서로 로지에서 만나 여행 이야기를 나누고, 혼자 많은 생각도 하고, 저들도 저들 나름의 추억을 만들겠지. 내겐 모두 아직 산 때가 묻지 않은 신선한 얼굴로 보인다.

하산길에 점점 구름이 많이 끼었는데, '우리는 정상에 갈 때까지 날씨가 좋아 다행이었다'는 말이 영어로 생각이 나지 않던 중, 같은 느낌이었는지 마침 함께 걷던 조디가 먼저 'We are so lucky!'라며 해결을 해주었다. '다행'보다 '행운'이

라고. 그 편이 더 전향적이다. 오를 때 묵었던 촘롱의 멋진 로지에 쉬노라니 밀란이 또 몰래 레몬티와 물을 떠다 주었다. 바꿔 멘 가방이 훨씬 가벼운지 하산 길에서 자주 노래를 부르는 내 동생. 여행이 끝나가고 있음을 느꼈다.

지누로 가는 내리막에 길에 고등학교에서 단체로 트레킹 온 학생들을 만났다. 이름표를 목에 건 귀염둥이들이 열심히 걷고 학생들 사이에서 함께 걷는 선생님들께서 인사해 주신다. 마지못해 따라온 학생도 있겠지만 분명 멋진 추억으로 남을 것이다. 어떻게 아이들과 함께 이곳에 올 생각을 하셨는지, 정말 멋진 선생님들이다. 아마 아이들이 내가 무엇을 원하는지, 나는 어떤 사람이었는지, 알고 느낄 수 있게 되길 바라셨을 것이다.

내가 그 아이들이 깨달았으면 하고 바랐던 것은 이런 것들이다. 그 시절에, 나만 몰랐던 걸까?

경쟁에서 이기는 재미

내가 선택한 길에 대한 책임감

힘든 길이 가장 빠른 길일 수 있다는 것

자연의 리듬과 나만의 페이스를 맞추어 가는 것

스스로의 힘으로 무언가 이룬 후에 얻는 휴식의 달콤함

이렇게 숨 쉬고 걸을 수 있다는 것만으로 느낄 수 있는 행복

조금 늦거나 남들과 다르다는 조바심이 얼마나 불필요한 것인지

힘들 때 불평하기보다 좋은 말을 해 보면 정말 그렇게 된다는 사실

멀리 보면 보잘 것 없을 순간의 동요가 일을 그르치기도 한다는 것

책에서처럼 하늘색은 항상 같지 않다는 사실을 알게 하는 눈부시게 푸른 하늘

온 세계에서 모인 다양한 사람들과 같은 목표를 가지고 함께한다는 짜릿한 느낌

한 걸음씩 걷다보면 결국에는 목적지에 도달해 있는 것처럼, 큰 뜻을 품되 작은 목표들을 하나씩 이루어 가다 보면 큰 목표를 이룰 수 있다는 것

조금 더 빠르고 느린 것은 자랑거리가 아니고, 누가 앞서고 뒤서는지는 생각보다 훨씬 중요하지 않으며, 자신의 리듬을 따라가는 것이 가장 좋은 방법이라는 것

"조금만 더 가면 돼요. 힘내. 조심히 가요."

땀을 닦으며 가파른 오르막을 오르던 귀염둥이들에게 새파란 거짓말을 했다. 산에서 '조금 더'라 함은 『드래곤볼』의 시간과 공간의 방과 같이 시공의 개념이 약간 다르다. 정상까지 '조금만 더 가면 된다!'며 도망치듯 하산하는 아저씨의 말에서 증명된다. 지겹고 힘들어도 반드시 끝이 있을 테니 이해할 수 있는 거짓말이다.

그렇게 아이들과 반대방향으로 지누로 내려와서는, 포근한 온천 속에서 트레커들과 따뜻한 물에 몸 담그고 가부좌를 틀고서 두 엄지를 추켜세우며 조용히 아이들을 응원했다. 힘내라 애들아!

최고의 기회는 사람을 얻는 것이다. 사람을 얻기 위해서는 기다려야 한다.
… 눈은 먼 곳에 두되 가까이에 있는 인연에 충실하다 보면, 장차 드넓은 천
지를 만나게 될 것이다.

― 『상경』, 스유엔

　히말라야 자락에 머무는 동안 해가 진 뒤면 졸리기 시작하고 일출시간쯤이
되면 눈이 뜨이는 산사람이 되었다. 자연의 일부가 된 듯했다. 하산 전 마지막
식사를 주문하며 어느새 밀란과 눈빛으로 대화를 나누고 있는 나를 발견했다.
자주 들리던 네팔 노래 「심플심플간지」가 참 좋다고 하던 내게, 음반 매장에서
노래를 찾을 수 있도록 네팔어를 써 주었다. 고마워라. 그는 포카라 근처에서
했던 번지점프가 인생의 가장 좋았던 부분 중 하나라고 했다. 그에게서 '인생의
한 부분이 정말 좋았다'라는 정말 멋진 표현을 배웠다.

　그리워하게 될 줄 알면서 보내는 시간이 있다. 이를테면 학창시절, 군대시절,
연애시절. 그런 시간 속에는 항상 사람이 있었다. 그럴 때면 나와 함께하는 사
람들이 내가 함께 있음으로 해서 빛이 나게 하고, 내 애인이 나 같은 애인 두어

서, 내 후임들이 나 같은 선임 두어서 내가 부러워하도록 만들고 싶었다. 밀란에게도 내가 동행이라서 그가 행운이라 여기게 하고 싶었다. 몸이 편한 것이 아니라 마음이 좋아지는.

하산하며 밀란과 작별할 생각을 하니, 군대에서 아끼던 후임을 이라크 파병 보낼 때 생각이 났다. 정 떼려 굳이 차갑게 대했고, 뒤돌아서 아쉬운 눈물을 흘렸었다. 어찌나 서럽던지. 밀란과의 헤어짐이 가까워오면서도 누가 잘못 건드리면 울어버릴 것만 같았다. 저 인생 저가 알아서 나보다 훨씬 잘 살아 나가겠지만, 산속에 품고 있다가 이제 막 험한 사회로 내보내는 마음처럼 안쓰럽고 불안했다.

빠른 속도로 처음 예정보다 하루 더 일찍 내려와, 포카라의 분위기 좋은 한식집에서 푸짐한 식사를 하고 밀란과 이별을 고했다. 돼지 구이를 맛있게 먹어주어 고마웠다. 헤어지며 팁은 적지도 많지도 않게 주었다. 아무리 더 주었더라도, 나는 너무 좋은 여행을 했고, 그가 내게 준 것이 훨씬 많아서 부족하다고 느꼈을 것이다. 열흘 동안 동고동락한 네팔 동생. 내일 아침에 무얼 언제 먹을 것인지 메뉴판을 들고 다가와 물어주던 착한 가이드, 눈빛으로 대화하게 된 친구. 믿음을 주는 듬직함을 가진, 힘든 시간에도 미소를 잃지 않는 동행. 덕분에 완벽한 시간을 보낼 수 있었다. 어떤 길이든 함께 걷는 누군가가 중요하다. 각자 삶의 방식은 달랐을지 몰라도 우리의 조화는 완벽했다.

헤어지며 그가 말했다.

"형처럼 밝고 친절한 사람은 처음이었어. 당신은 정말 좋은 사람이고, 헤어지게 되어 너무 아쉬워. 많이 그리울 거야."

함께하는 사람으로부터 인정받는 것은 정말이지 멋진 일. 내 오래된 꿈은 내 여자와 내 아이들에게 존경받는 남자가 되는 것이다. 그래서 열흘간 동고동락한 가족 같은 이로부터 들은 "당신과 함께한 시간이 정말 행복한 시간이었다"는 말이 가슴 저리도록 행복했다. 최고의 날이었다.

꿈이었을까. 돌아오니, 변한 것들은 아무것도 없고, 나는 무엇을 기대하고 있었는지. 평생 잊지 못할 여정을 끝내고, 그를 보내고 왠지 모를 아쉬움에 정처 없이 걸은 포카라 레이크 사이드 거리에서 허전함이 밀려오는 동안 앵무새처럼 한없이 되뇌었다.

"함께해 줘서 고마워"

:: 하늘을 날다. 멀미하다.

히말라야의 감동과 여운 때문에, 한동안 내려왔다는 것이 실감이 나질 않았다. 산속에서 걸음을 옮길 때마다 짜릿했던 느낌을 잊을 수가 없었고, 오토바이 냄새에 반응하는 감각마저 비현실적이었다. 히말라야 품속에 있던 행복한 꿈을 꾼 것만 같았다.

포카라에서는 아담한 게스트하우스에 며칠 머물렀다. 인상 좋은 주인아저씨는 영어가 유창하지 않아도, 따뜻한 의사소통에 대한 절박한 마음만 있으면 충분히 훌륭한 커뮤니케이션이 가능하다는 것을 보여주었다. 내가 열흘 산에 다녀왔다고 하니, 힘들었겠다며 "trekking ten days, very very long, 5 days ok"라는 식이다. 진심 어린 미소도 함께. 간단한 화법과 친근한 말투가 나에게만 정겨운 것이 아니라 누구에게나 웃음을 주고 진심을 통하게 했다. 아저씬 영어를 정말 잘하는 건지도 모른다.

게스트하우스를 통해 패러글라이딩 신청을 했다. 30분 탠덤 플라이트, 내가 운전하는 기구는 아니지만, '하늘을 난다'니. 하늘을 날고 싶은 꿈이 직업이 된다는 것은 정말 멋진 일일 것이라고 생각했었다. 아무리 동경하고 꿈꾸던 일도, 그것이 밥벌이 수단이나 의무가 되면 힘들어진다고 하더라도 그 접점을 찾을 수 있는 곳에 있다면 조금 더 행복할 수 있을 것 같았다. 시력 때문에 진작 포기했었지만.

하늘을 나는 날, 페와 호수가 만든 짙은 아침 안개는 해가 높이 오르자 확 개었다. 포카라의 일출 감상 포인트 중 하나인, 이름이 참 예쁜 사랑고트. 날기 시작한 후 30분으로 예정된 비행시간이 반쯤 지나자 멀미가 났다. 날이 맑지 않아 설산 파노라마는 감상할 수 없었다. 처음 하늘에 떠 있던 기분은 좋았지만, 생애 최고로 환상적이었다거나 아름다운 경험이었다거나 하지는 않았다. 살면서 한 번쯤 해 볼만하다는 감상과 패러글라이딩 취미를 가져볼까 하는 생각 정도를 남겨주었다. 못 이룬 파일럿의 꿈을 대신하는.

　자전거를 타고 찾아간 포카라 티베탄 난민촌, '티베탄 따실링 캠프'는 하늘을 날아 본 것보다 훨씬 더 가슴 따뜻한 기쁨을 주었다. 마을 입구에서 구멍가게 주인 청년에게 히말라야 중턱에서 만난 서남씨의 이름을 보여주며 "이분을 찾아왔다"하니 전화를 하며 자전거를 끌고 집까지 안내해 주었다. 금방 먹은 망고 주스를 그 가게에서 또 집어 들었다. 마음이 열리면 지갑도 열린다.

    티베탄 서남씨와의 인연은 촘롱에서 그가 운영하는 기념품 가게가 있어 '프리 티베트' 팔찌를 산 것이었다. 가게에 잠시 와 있던 그도 그 팔찌를 차고 있었다. 내가 티베트에 가보고 싶었더라고 했더니, 그곳에 가보았자 패키지 여행은 재미가 없고, 중국의 돈벌이 수단일 뿐이라고 했다. 포카라에 오면 연락하라고 연락처를 적어주며 따실링 캠프에는 형이 운영하는 레스토랑도 있고, 자기 집에 묵어도 좋다고 했었다.

    며칠 만에 재회한 그와 함께 티베탄 캠프를 둘러보았다. 작은 마을에서는 독일 한 단체의 지원으로 건설했다는 아동 센터가 눈에 들어왔다. 말로 하는 관심이 아니라 행동하는 진짜 관심. 그와 함께한 저녁엔 티베트 망명정부가 있는 인도의 다람살라로 가는 방법을 생생히 들을 수 있었다. 달라이라마의 설법을 듣기 위해 곧 인도를 방문할 계획이라던 그는 나에게 '나만 행복하기보다, 남들을 행복하게 해 주는 것이 진짜 의미 있는 삶'이라는 그분의 말씀을 들려주었다.

:: 억울하다. 내 여행도 최고였는데!

Nurture your mind with great thoughts, for you will never
go any higher than you think.

- Benjamin Disraeli

포카라는 평화롭고 조용한 마을이다. 빌린 자전거를 타고 레이크사이드 거리
를 쏘다니고 자주 댐사이드 파크의 한적한 벤치에 앉아 망고 주스를 마셨다. 여
유가 어울리는 도시에서는 대단한 일정이 없어도 충만함이 느껴진다.

해발 4000미터 고지의 추위에도 잠은 잘도 잤는데, 포카라의 게스트하우스
에서는 모기 때문인지 자주 깼다. 겨우 잠들어 또 다시 일출 시간 즈음 일어나
니, 산이 그리웠다. 다이닝룸에 앉아 식사를 기다리며 음악을 듣고, 아무 데나
대고 셔터를 눌러도 사진작품을 만드는 예술가가 되는 일상이 불과 며칠 전 인
데도 벌써 오래된 것만 같이 가슴 깊이 자리 잡았다. 함께했던 사람들의 얼굴이
설산 파노라마처럼 흘러가곤 했고, 장엄했던 풍경만큼 마음에 여유의 공간이

생긴 것 같았다.

　부족함 없이 사 먹고, 뭐든지 마음 내키는 대로 할 수 있는 일상으로 돌아왔다. 내 생각이 아닌 주변 사람이야기를 머릿속에 채우고, 인터넷 기사를 읽고 사람들의 반응을 보며 같은 뉴스를 같은 언어로 똑같이 생각하는 나를 다시 발견했다. 한동안 산에서 내려온 것을 믿고 싶지 않게 만든 것은, 다시 주변 이야기에 매몰되어 진짜 내 생각이 무엇인지 모르게 될 것이라는 불안과 히말라야에서처럼 내게 더 집중하는, 영혼이 충만한 시간을 쉽게 찾기 힘들 것 같다는 아쉬움이었다.

　매일 밤 게스트하우스 옥상에는 약한 럼주와 안주거리를 둘러싸고 한국인 친구들이 옹기종기 모여들었다. 그중 안나푸르나 산자락을 따라 돌았다는 '여행

남매'의 라운딩 이야기는 정말 매력적이었다. 한 마을에서 머물며 그곳 사람들과 어울리고 떠나올 때 '우리가 행복한데 꼭 떠나야 하느냐'며 섭섭해 하던 마을 사람들, 당나귀 다섯 부대 지나가는 산길, 험한 오르막 후에 펼쳐지던 마을의 신비로움, 보통 트레커들은 잘 모르는 오스트렐리안 캠프의 절경, 시장에서 장 보다가 현지인들과 친구 되기, 네팔리들 사이에 샌드위치가 된 마을버스 탑승기, 가이드북 없이도 현지인들과 멋진 기억을 남길 수 있었다는 이야기들 모두 매력적이었고, 그들은 그렇게 표현하는 재주도 있었다.

내 여행도 완벽하다고 생각하지만 다만 부러웠던 것은 내 여행을 다른 사람들도 최고라고 여기게 만드는 능력이었다. 나는 내가 느낀 감동들을 그들처럼 멋진 것으로 말할 수 있는지 자문해 보았다. 내 인생과 이 여행을 소중히 여긴다면, 사람들이 혹할 만큼 매력적인 이야기를 진심 어린 똘망똘망한 눈으로 전함이 마땅하지 않았던가! 내 여행도 정말 최고였는데, 억울했다.

◎ '이 것 또 한 지 나 가 리 라.'

:: 원래 **힘**들고, 가**끔** 즐겁다

히말라야는 젊고 높은, 쉬지 않는 산이다. 매년 2mm씩 높이 자라고, 20mm씩 티베트 쪽으로 북극방향으로 이동 중이다. 그래서 히말라야는 가장 불안하고 민감한 지형 중에 하나다. 히말라야의 불안함은 지형학적 연약함에서 기인한다.

— 「히말라야 생성과정」 中, 포카라 국제 산악박물관

안나푸르나 관문 도시, 포카라 구석에 자리 잡은 국제산악박물관은 번쩍이지 않는 소박한 '국제' 박물관이었다. 제각기 이름이 붙은 세계 고봉들과 첫 등정의 영광을 가진 사람들의 역사가 담긴 전시가 가득했다. 첫 등정의 위대함과 높은 산의 위엄은 히말라야에 올랐다고 뿌듯해하던 내게 네가 자랑스러워하는 그 트레킹은 소풍이라며 더 낮아지라고 말하는 듯했다.

시간 가는 줄 모르고 산악박물관에 젖어들었다. 히말라야의 생성과정에 대한 설명을 보다가, 히말라야는 불안정한 곳이고 조금씩 커지며 이동하는 지형이라는데 가장 깊은 감명을 받았다. '가장 높은 곳이 가장 불안하다'는 말이 좋았던 것은 '외로우니까 사람' 같은 말을 인정하고 싶지 않았으면서도 마음에 와 닿았던 것과 같았다. 높은 자리에 오르는 것이나 경쟁에서 이기는 것은 단연코 행복한 일들 중에 하나이고, 자아실현과 자존감 충족뿐 아니라 인정과 사랑을 받는 것도 행복의 충분조건이다. 다만 경쟁에서 지는 숫자가 더 많기 때문에 많은 자랑과 찬양보다 더 많은 위로가 필요하다. 그래서 왠지 히말라야가 가장 불안하고 연약하다는 사실이 내심 반갑고 또 고마웠던 것이다.

나는 스무 살에 처음 지리산에 오른 이후 산의 매력에 빠져, 매년 꼬박꼬박 지리산, 설악산 종주에 나섰다. 군대에서는 외출을 써서 오전에 토익 시험을 치르고 오후에는 치악산에 오르기도 했다. MTB 페달에 발을 걸고부터는 북악산 힐클라임 대회에 참가하고 한라산 1100고지에도 올라보았다.

얼키설키 뒤얽힌 나뭇가지들과 툭 튀어 나온 바윗덩이들이 모여 제멋대로 생긴 것 같아도, 산의 품속으로 들어가면 리듬을 느낄 수 있다. 그 리듬을 타고 산과 호흡하는 느낌은 경이롭다. 산은 또 아등바등 살기에는 아까운 시간이 존재하는 것을 보여줌과 동시에 산길을 벗어나 기계가 놓은 아스팔트를 밟는 순간 더 아등바등, 치열하게 살 것을 주문한다. 산에는 향기도 있다. 목표 하나만 보고 분주히 준비하고, 묵묵히 걸어가는 아름다운 사람들이 있는 그곳에 어찌 향기가 나지 않을 수 있겠는가.

사실 산에서는 항상 후회한다. 왜 굳이 사서 고생하고 있나. 원래 힘들고 가끔 즐거운 곳이다. 누가 시킨 것이 아니라 내가 선택한 걸음이라면, 사서하는 고생은 그렇게 괴롭지 않다. 산에서 내려와 얼마 지나지 않으면 산이 나를 부르고 있음을 알게 된다. 들어서면, 끝을 내야한다. 오를수록 정상으로 갈 수 밖에 없다. 돌아가기 더 힘드니까. 안에서는 고통스러운 시간도 많지만 언제나 산은 다시 내게 오라 했고 나는 따라갔다. 후회한 적은 없다. 떠날 때는 가슴 설레었고 집에 돌아와 방문을 열었을 땐 어떤 안도감과 기쁨이 교차했었다.

산에 왜 오르느냐는 질문을 받을 때면, 나도 폼 잡고 싶었던지 어디서 주워들은 말로 앵무새처럼 '산이 거기에 있기 때문에 오르는 것'이라고 말해 왔다. 재미없는 삶 살지 말라고 설파하는 김정운 교수는 『나는 아내와의 결혼을 후회한다』에서 산에 오르는 이유는 감탄하기 위함이고, 인간은 감탄하기 위해 산다고 말한다. 식욕과 성욕은 인간만의 욕구가 아니지만, 감탄하려는 것은 음악을 하고, 그림을 그리는 것과 같이 먹고사는 것과 상관없는 다양한 인간의 행위를 가능케 함으로써, 인간을 인간답게 만들어 준다고 한다.

내가 산에 올랐던 이유는 힘들고 숨차던 중에도 바랐던 '인정'이었는지도, 힘들게 여행하고 목적지에 도달했을 때 들리던 '다른 사람들의 감탄'만을 즐기고 있었는지도 모른다. 힘든 건 감탄해 줄 이들이 아니라 나였는데도 짧은 감동의 순간을 양보해 왔다.

글쎄 '인생은 히말라야에 오르기 전과 오른 후로 나뉜다!'는 말도 할 수 있는, 이제는 억울해서라도 내가 내게 더 감탄해야겠다!

:: 네팔, 안녕!

◎ 이른 아침, 포카라 버스 정류장에는 트레킹을 마치고 떠나는 트레커들이 하나 둘 모여들었고, 버스 뒤편에 멀리 보이는 설산이 히말라야 마지막 추억을 남기도록 배경이 되어주었다.

카트만두로 가는 '럭셔리' 투어리스트 버스에서는 맨 뒤편 가운데 자리에 앉았다. 편하지는 않았지만 그 자리에 앉은 것은 멋진 행운이었다. 스마트폰으로 이북을 보는 나에게 관심을 보이시던 따뜻한 미소를 가진 옆자리 아주머니와 금세 친해졌다. 예쁘고, 똘똘한 열일곱 딸이 중국의 의대에 진학하게 되어 카트만두 공항으로 배웅하려 함께 가는 길이라시며 카메라 속 화목한 가족사진과 포카라를 벗어나는 버스 창문 밖으로 정원이 있는 이층집도 보여주었다. 들어가 보지 않아도 사랑스러운 가족.

어머니의 포카라 자랑, 딸 자랑에 이어 딸이 포카라의 정치인이라는 어머니 자랑을 시작한다. 서로 자랑하는 모녀라니! 서로 서울 브라더, 포카라 시스터라 부르기로 했다. 어머니는 포카라 마더. 아침 휴게소에서는 블랙티, 점심 휴게소에서는 밀크티를 함께 마셨고, 네팔에 또 오면 포카라 집에서 지내라고 몇 번이고 당부하셨다. 내 가족 사진을 보여드리니 우리 가족 구성과 같다고 해피 패밀리라며 "나는 아들을 사랑해, 나는 엄마를 사랑해"를 네팔어로 가르쳐 주셨다.

카트만두로 들어와 비릿한 공기에 머리가 아파져 올 때쯤 포카라 어머니와 동생이 먼저 내렸고, 서울 아들은 다음에 또 만나자며 짐을 내려다 드렸다.

여덟 시간여 버스를 타고 다시 돌아온 타멜 거리. 마치 익숙한 서울 거리처럼 길에서 트레킹을 마치고 돌아온 아는 얼굴이 드문드문 보이는, 카트만두도 이쯤 되면 더 이상 외롭지 않은 도시다. 히말라야에서 함께 돌아왔다는 동질감만으로도 모두 친구가 된 것만 같았다. 혼잡한 타멜 거리를 걸어 여행사를 찾아 인사했다. 맡긴 짐을 찾고, 게스트북에 완벽한 여행을 하게 해주어 고맙다고 썼다. 진심으로.

떠나기 전에 묵었던 게스트하우스 도미토리로 다시 돌아와 같은 방에서 만난 영국인 다렌은 그야말로 리얼 여행생활자 중 하나였다. 여행으로 일상을 보내고 여행이 생활이 된 사람. 그는 가본 곳 중에서 인도, 아르헨티나, 뉴질랜드가 가장 좋았단다. 최근까지 스웨덴에서는 오랜 기간 머물면서 칵테일 바에서 일해 돈을 모았고, 이번 여행에서는 2년 만에 인도를 다시 찾는데, 날이 밝으면 네팔의 인도 국경 지역인 소나울리에서부터 버스를 타고 바라나시로 들어간다고 했다. 설렘을 감추지 않던 인도 마니아는, 인도는 물가가 싸서 머물기에도 좋고 사람들도 친절하며, 적어도 외국인에게는 합리적인 시스템을 가져서 여행하기 좋은 나라라고 말했다.

네팔에서 인도 비자 받기를 기다리는 동안에는 EBC에 다녀왔다고 했다. 이미 오래전에 ABC 라운딩 경험도 있던 그는 짐을 13kg로 만들어 열하루 동안 혼자 걸었다. 계속 흐리다가 베이스캠프에 이르는 마지막 날부터 날이 밝아져, 에베레스트를 볼 수 있었단다. 사진을 보여주었는데, 에베레스트! 그렇게 그리

던 곳이 그의 작은 카메라 속에 있었다. 나는 잊고 있던 욕심이 다시 차올라 "ABC도 너무 좋았지만 나는 진정 이곳에 가고 싶었어!"라고 부러워했다. 내 여행이 완벽했던 것과 별개로 숨어있던 진심이었다.

네팔을 떠나는 날, 다렌은 "Nice Journey!" 인사와 미소를 남기고 새벽같이 먼저 떠났다. 게스트하우스에는 간밤 정전 이후 계속 녹물이 나왔지만 빨래와 샤워는 급하지 않았기에 극히 저렴했던 방값을 감안하면 나쁘지 않았다. 하루 하지 않아도 죽지 않는 것들이다.

여전히 산속에 있는 듯 날짜 감각이나 요일 감각은 잘 돌아오지 않았다. 산의 여운을 간직한 채, 비현실적인 매연 냄새를 지나, 택시를 타고 트리부반 국제공항으로 돌아왔다. 수하물 무게를 보고 산에서 밀란이 메고 올라간 배낭 무게를 계산해 보니 12kg정도로 많이 무겁지는 않았던 것 같다. 나도 어떻게든 더 무거운 짐을 지고 끝까지 갈 수는 있었을 것이다. 하지만 나는 분명히 그 친구 덕분에 더 행복할 수 있었다. 네팔 여행, 남은 것은 아무래도 설산보다 사람이다.

같은 꿈을 꾸며 산에서 함께 걷던 친구들은 지금쯤, 어떤 꿈을 꾸고, 어디를 향해 걷고 있을까?

Love Your Way!

; 인도 자원 활동

India Voluntary Work
◎ 델리 ···› 뭄바이 ···› 벵갈루루 ···› 함피 ···›
벵갈루루 ···› 델리

다람살라

델리

India

뭄바이

함피

벵갈루루

:: 세계문화유산 노숙기

우리는 지나치게 낙관하여, 존재에 풍토병처럼 따라다니는 좌절에 충분히
대비하지 못하기 때문에 분노한다.

– 『공항에서 일주일을–히드로 다이어리』, 알랭 드 보통

카트만두에서 델리로 가는 비행기에서는 환상적인 설산 파노라마를 볼 수 있
다. 사람들이 오른쪽 창가에 붙어 연신 셔터를 눌러대고 있었다. 멀리서 보아도
장관이었지만 나는 묵묵히 책만 뒤적였다. 실은 히말라야의 여운은 인도가 현실
로 다가온 비행기 탑승 순간에 내려놓았다. 자유로웠던 히말라야 품 안에서도 걱
정하던 인도 여행이다.

인도에서 네팔로 넘어왔던 한 여행자는 인도 델리의 공기는 최악이어서, 카트
만두 타멜 거리 그 혼잡한 곳에서 무려 청량감을 느꼈다고 했다. 도둑맞은 이야
기를 듣다 보니 튼실한 자물쇠도 하나 구해야 할 것 같았다. 왜 굳이 걱정하면
서까지 인도에 가야하는지, 이구동성으로 모르겠다고 했다. 두려움 반 기대 반
을 갖게 하는 인도라는 나라도 참 대단하다.

카트만두 트리부반 공항에서 인도 항공사를 처음 본 순간부터 이상했다. 출
발부터 당돌하게 한 시간 넘는 딜레이. 델리 공항에서 델리–뭄바이 편으로 환
승해야 했는데, 이미 떠난 환승 항공편을 다시 예약하려 찾은 항공사 부스에서
티켓을 확인하는가 싶더니 내 일 아니라는 듯 "당신이 탔던 비행기가 정말 지연

◎ 티켓을 새로 끊어주던 직원은 쉴 새 없이 전화를 받으며 연신 키보드를 두드리고 기다리는 사람들은 줄 개념이 없어 새치기를 해야만 일을 볼 수 있는, 답이 없던 풍경.

◎ 안데리에서 CST기차역까지는 교외전철로 한 시간이 채 걸리지 않는 거리. 길가에서도 플랫폼으로 들어올 수 있고, 표 검사창구도 없어 무임승차가 대부분일 듯하다.

되었나?" 하는 직원의 말에 발끈했다. 왠지 모를 적대감에 그랬는지도. 어디서나 있을 수 있던 착오였는데 왜 하필 인도였을까. 한껏 긴장하고 있던, 처음부터.

커다란 델리공항에서 한참을 걸어 티켓카운터, 슈퍼바이저, 체크인 부스를 번갈아 서너 번씩 오간지 거의 두 시간 만에, 겨우 티켓을 받아 뭄바이행 비행기를 탈 수 있었다. 계획보다 네 시간 늦은 출발로 뭄바이에서 맞을 까만 밤은 어떻게 보내야 할지, 첫날부터 예상치 못한 시나리오가 펼쳐졌다. 여유가 넘쳐흐르는 체크인을 기다리다가도 한숨을 내쉬며, 착해지기 위해 착한 노래를 들었다.

아침에 일어나 멍하니 먼 산을 보노라면 다가온 밀란이 "how was night?"하면 내가 "very nice, how about you?"하고, 밀란이 "good"이라며 웃고, 음악에 취하고 글을 쓰면서 아침 식사를 기다리던 산에서의 하루는 갔고, 그 설산이 늘어선 네팔도 이미 지나왔다.

내 한 몸 싸게 건사하면 성공이라는 여행자로 산 지 한 달이 다 되어간다. 델리 공항에서의 혼란을 극복하고 이런 감상에 젖는 것도 잠시, 비행기 창밖으로 보이는 아름다운 붉은 노을을 보다가 현실을 마주했다. **'아뿔싸. 밤에 인도 땅을 밟게 되다니.'**

여행 일정에 맞추어 국제워크캠프기구에서 운영하는 워크캠프에 참가하기로 했다. 긴 여행 중 쉬어갈 마음의 집을 가지고 싶었기 때문이기도 하다. 사람 많은 도시보다 정감 있는 시골마을에서 하는 봉사가 더 의미 있을 것이라는 기대감에 주저 없이 여행자에게 'middle of nowhere'에 가까운 쿤다푸르(Kundapur)에서 열리는 워크캠프를 신청했었다. 뭄바이행 항공편을 예약해 두었던 이유도 쿤다푸르로 가는 기차를 뭄바이에서 타야 했기 때문이었다. 그런데 느지막이, 신청자가 하나도 없다는 쿤다푸르 대신 대도시 벵갈루루(뭄바이의 식민시대 이름은 봄베이, 벵갈루루의 옛 이름은 방갈로르) 워크캠프에 참가하는 것이 좋겠다는 연락을 받았다. 항공편은 새로 구하지 못했지만 벵갈루루로 가는 미션이 생겨 심심하지는 않게 생겼다. 살다보면 인생에 나쁘기만 한 상황은 없다.

후덥지근한 뭄바이 공항에서 일단 Prepaid 택시를 타고 근처의 안데리역으로 가기로 했다. 택시 정류장에 갔더니 기대한 대로 수많은 인디언 무리가 주위에 몰려들어 무언가 따지듯 물어대거나 가까이 서서 짐을 빤히 바라본다. 경찰에게 표를 보여주었는데도 몰려드는 사람들을 제지할 생각도 없이 두리번거리기만 한다. 무슨 문제 있냐고 물으니 그가 손가락 두 개를 펼쳐 보였다. 소란 속에서 그의 말은 들리지 않았고, 나는 눈이 휘둥그레져서는 두 가지 문제가 무엇이냐며 소리쳤다. 생각해 보면 2분만 기다리라는 이야기였다. 얼마나 황당했을까.

결국 경찰이 잡아준 택시에, 고맙다 말하고 뒤도 돌아보지 않고 타려던 찰나, 누군가가 가방 들어주는 시늉을 하더니 닫으려는 택시 문을 잡고 팁을 요구했다. 나는 또 버럭 소리를 질렀고, 경찰은 그가 문에서 떨어지도록 도와주었다. 젊은 운전기사는 노래를 흥얼거리며 '성질 사나운 외국인을 태우고 안데리까지 가네'라는 것 같은 전화를 했다. '내가 너무 유난을 떨었군' 생각하는 동안 차창밖으로는 듣던 대로 '느리지만 멈추지 않고' 차와 사람 사이를 횡단하는 동물들과, 네팔 사람들과는 조금 다른 느낌을 가진 얼굴들이 흐르고 있었다. 그들을 보며 '나도 행복하지도 않고, 이 사람들 행복하게 해 주지도 못하는데 왜 여행을 하고 있을까?', '나를 만난 중국, 네팔, 인도인들이 행복했을까?' 하는 생각 때문에 조금 씁쓸해졌다. 내가 행복해지기 위해 하는 여행인데, 누군가를 행복하게 해주지 못한다는 사실도 조금은 고통스럽게 느껴졌다. 고된 여행의 일부라고나 할까.

　뭄바이 CST(Chatrapati Shivaji Terminus) 역. 세계문화유산으로 지정되었다지만 그보다 사람문화유산이라고 하는 것이 어울릴 만큼 노숙하는 사람, 표 구하는 사람, 대기하는 사람이 엉켜있어서 사람 피해 걷기 바빴다. 일단 창구로 나온 뒤, 벵갈루루로 가는 표를 알아보았지만 구할 수 없었다. 네팔에서 인터넷으로 예약하려 했을 때도 가장 작은 대기 번호 순서가 수십 번 대여서, 혹시나 현장에서는 다를까 했지만 역시나 다를 바 없었다. 그래서 일단 비행기에서 생각해 둔 대체 루트, 중간 지점 마르가오로 가기로 했다. 그런데 그마저 새벽 끄트머리에 출발하는 1등석(A1 Class) 밖에 남아있지 않았지만, 표 사정이 이렇게 좋지 않은데 구하지 않을 이유가 없었다. 가난한 배낭여행자이기로 했지만 사람이 끔찍하게 많은 이 역에서 다른 표가 생기길 기다리는 것은 무리라고, 이곳을 한시라도 빨리 탈출해야만 한다고 생각했다.

　비싼 표를 예매했는데 호텔에서 짧은 밤을 보내는 호화를 누릴 수는 없는 일.

◎ 과연 반달이 뜬 하늘 사이로 드러난 유네스코 지정 세계 문화유산 건물의 위용은 볼만했다.

India

◎ 뭄바이 역에서 머물렀던 것은 탁월한 선택이었다. 서너 시간 정도 바닥에 자리를 펴고 눈을 붙였다.

노숙하기로 했다. 그래서 자릴 찾아 배회하다가 역 입구에 무장하고 긴 총을 들고 위엄 있게 앉아서는 딴생각하는지 눈이 풀린 경찰에게 갈 길을 물었다. 역 안에 식당이 하나 있다는 관성적인 대답을 듣는 동안, 지나가던 멀쑥한 청년이 끼어들어 회의를 하더니 역 2층에 1등석 여행자를 위한 대합실이 있다는 멋진 뉴스를 들려준다. 청년은 멋있게 검색대를 통과하며 으쓱한 표정으로 눈인사를 했다. 투어리스트를 위한 방도 있다지만 어떤 방이든 감지덕지. 사람도 적고 이름도 적고 들어가니 분실도난 위험도 적고 공항에 내리자마자 느낀 후덥지근한 공기를 피할 수 있어 꽤나 맘에 들었다.

잠시 짐을 내려놓고 푹신한 의자에 멍하니 앉아 있노라니 술 취한 아저씨가 말을 걸었다. 히말라야에서 얼굴이 조금 탄 내게 네팔리냐고 묻는다. 코리언이라니까 그 발전된 나라에서 왔냐고, 인도에 대한 인상이 어떠냐며 끝없이 말을 걸었다. CST 건물 사진을 찍고 싶어 밖으로 나갈 참이라고 했더니 유서 깊은 이 건물에 대한 설명을 늘어놓던 그는, 다시 돌아와 보니 함께 앉아있던 긴 의자에 철퍼덕 누워 자고 있었다.

안나푸르나 트레킹을 위해 비옷으로 산 비닐과 작은 담요는 훌륭한 침상이 되었다. 기차역표 햄버거와 망고주스를 사서 들어와 화장실에서 손을 씻는데, 빨간 것이 흐르고 있었다. 각종 수험생 시절에도 일 년에 한 번 터질까 말까했던 코피였다. 인도 온 지 만 하루도 안 되었는데⋯. 깊은 잠은 들지 못했는데, 중간에 물도 한 병 사고 티켓 확인하려 오르락내리락 하다가 잠결에 코피가 한 번 더 터졌던 것 같다. 다이내믹 인디아, 첫날부터 심상치 않았다.

:: 벵갈루루 가는 길
so fa, so good!

　아주 옛날 시골 기차역 같던 간밤의 대합실에서 아침이 올 때쯤 대학 시절 도서관에서 시험기간에 숙식할 때처럼 세면대에서 머리를 감고 양말을 빨았다. 열차시간 30분 전에야 샤워실을 발견하고는 다른 옷 빨래까지 마치고 후다닥 열차를 탔다. 아침의 세계문화유산을 찍으려 계획했었지만 촬영보다 중요했던 것은 사흘간 씻지 못한 몸을 정갈하게 하는 것과 열두 시간이 걸리는 열차를 늦지 않게 타는 것이었다. 그림 같은 힌디어는 해독조차 어려워서 물어가며 겨우 열차에 오를 수 있었다.

　쾌적한 침대칸. 에어컨이 가동되고, 호스텔처럼 베개와 깔개, 담요도 준다. 내 한 몸 뉘일 수 있는 것과 같은 행복의 작은 조건들만 갖추어 진다면 종종 상상만으로도 행복해지기도 한다. 적당히 덜컹이는 침대에서 간밤에 못 잔 잠을 아주 잘 잤다.

　자리가 생기고 몸이 편해지니 친절한 인도인들이 하나 둘 떠오르며 인도가 점점 마음에 들어오고 있었다. 처음부터 품었던 경계심과 달리 길에서 만난 인도인들은 부담스러우리만치 친절했다. 열차에 오르는데도 내가 타는 것까지 지켜

보고서야 떠난 인디언 덕분에 무사히 탔다. 기차는 칸과 칸이 막혀있어 출발할 때 잘못 타면 이동할 수 없는 구조이다. 칸마다 탑승자의 이름도 붙어있다. 안내 방송을 해주지 않아 묻지 않으면 어디쯤 왔는지 알기 어려운 것이 문제다.

같은 칸에는 잭, 바바우가 타고 있었다. 잭은 보름 전부터 인도를 여행하고 있는데, 내게 낙타 사파리와 그곳에서 쏟아지는 별을 볼 수 있다는 자이살메르를 추천해 주었다. 낮잠을 자는 사이에 그는 먼저 떠났고, 폴란드에서 온 컴퓨터 프로그래머 서른넷 바바우씨와 여유롭게 시간을 보냈다. 영어로 진행된 우리의 대화는 대부분 공학도의 대화가 그렇듯 길게 이어지지 못했고, 인도 기차에 어울리는 침묵이 길었지만 불편하기는커녕 편하고 푸근했다. 어떤 IT회사인지, 3주간 시간을 낼 수 있다니. 무엇보다 고아를 포함한 남인도 3주 여행을 왔다는 그는 아주 작은 배낭을 짊어지고 있었다. 여유의 힘을 아는 회사의 여유로운 직원이다.

열네 시간의 이동시간 끝에 늦은 밤 도착한 마르가오. 이 남인도의 아름답다는 도시를 둘러볼 생각도 하지 못하고 벵갈루루로 가는 차편을 찾아야 했다. 에어컨 침대칸에 한참 적응한 뒤 만난 날씨는 뭄바이보다 한층 더 후덥지근했다. 오토릭샤가 생각보다 비쌌던 탓에 20kg 짐을 짊어지고 버스 스탠드 방향으로 무작정 걸었는데, 후회는 빨리 찾아왔다.

지쳐서 흐르는 땀을 닦으며 쉬는데, 오토바이를 타고 지나가던 허스키한 아저씨의 제안으로 함께 달리게 되었다. 땀방울을 시원하게 바람에 흩날리며 달리다가 기름이 떨어져 발로 밀며 주유소에도 들렀다. 가득 채우는데 80루피. 시원한 야간 질주 중에 문득, 출국 전에 인도 여행을 걱정해주던 선배로부터 들은 '인도

◎ 고마운 아저씨는 조심히 가고 좋은 여행하라며 사람 좋은 인사를 전했다. 그는 기름값도 안 되는 돈을 벌고 행복했을까? 그보다 15배를 내고 버스를 타는 마음이 편치 않았지만 기분 좋은 그의 미소는 오래 남았다.

에서 영문도 모르고 그저 소식이 끊겨 찾지 못한 사람 이야기'가 생각이 났다.

섬뜩하게 무서운 만큼 신났다. 버스스탠드까지 가서는, 자신의 표를 구하듯 물어준 그 덕분에 곧 근처에 정차하는 벵갈루루행 심야 침대 버스 막차 표를 구할 수 있었다.

기차역에서 내가 오토릭샤와 흥정하던 걸 보고 뒤쫓아 왔을 그를 조금만 더 늦게 만났다면, 처음부터 오토릭샤를 탔다면 일정이 힘들어질 뻔했다. 누구에게나 그 시간 그 시기 그 장소에 필요한 인연이 있다. 그와 내가 딱 그렇게 만났다.

심야 침대 버스의 덜컹이는 리듬은 금세 익숙해졌고, 음악 덕에 잠들지 못하는 일은 없었다. 옛 노래, 전주만 들어도 온전한 노래의 느낌이 금방 스쳐 지나가는 내 음악들. 연주곡 「길에서 만나다」는 인사도 제대로 못하고 헤어진 수많은 길 위의 인연들, 굳이 집착할 필요도 없었던 그런 인연들을 떠오르게 했다.

모든 것이 지연되고 느리다는 인도에 별 준비 없이 왔지만 목적하는 것이 정해지자, 다른 여러 걱정들과 문제들이 대부분 사라졌다. 다이내믹한 시간에 몸을 맡기기만 하면 되었다. 오래도 달린 버스가 벵갈루루 도심으로 들어오자 어느새 밝아진 아침, 환해진 창밖으로 소파 광고가 대신 말했다.

"so fa, so good!"

BEAUTIFUL SMILE

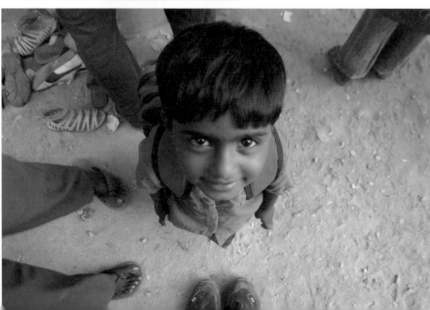

:: 워크캠프!

    보름간의 봉사활동은 체험에 불과할지 모른다. 봉사지역 당사자도, 프로그램 운영 측에서도 큰 변화를 기대하지는 않을 것이다. 그럼에도 불구하고, 따뜻한 마음을 나누는 순간들은 짧더라도 특별한 것이고, 작은 경험들이 나비효과처럼 후에 어떠한 변화를 가지고 오게 될지 모르는 일이기 때문에, 단기 봉사도 충분히 가치 있는 일이다.

    캠프 장소는 벵갈루루 중심가에서 그리 멀지 않은 슬럼가. 캠프리더까지 10명의 친구가 모였다. 스태프 인디언 발라, 스위스인 패트릭, 프렌치 친구 둘 니코와 샘, 한국인 세 여학생 루시와 헤일리와 제니, 독일인 리나, 아메리칸 엘린, 네덜란드에서 막 날아온 헨케. 얼핏 보아도 적극적이고 긍정적인 젊은이들. 첫 해외여행이라는 엘린을 제외하고는 모두에게 워크캠프는 긴 인도 여행의 일부였다.

    첫날, 숙소가 생각보다 터프해서 적잖이 당황해 다른 생각을 할 틈이 없던 데다 피곤했던 탓에 금방 곯아떨어졌다. 침실 가까이 붙어있고 문이 없는, 물이 나오지 않는 화장실, 콘크리트 바닥... 이에 비하면 히말라야의 로지들은 별 다

섯 호텔 급이었다. 이곳에서 죽지는 않겠지만 산에서보다 못한 숙소가, 곧 익숙해져 버릴 것이라고 생각하고 말았다. 기본적인 욕구들에 대한 불편함을 참고 지내는 시간이 부디 무탈하게만 지나가게 되길 바랐을 뿐, 우리를 신기해하는 아이들이 귀여웠고, 일은 그다지 힘들지 않을 듯했다.

죽은 듯이 여덟 시간을 자다 깬 아침, 까만 밤에 니코가 큰 벌레가 내 팔에서 방황하는 것을 발견, 잡았다고 하는데 나는 꾸지 않던 꿈에도 몰랐다. 샘은 간밤에 숙소에서 쥐를 보았다고 했다. 이튿날에는 총괄 스태프 마리아에 의해 워크캠프 오리엔테이션이 이어졌고, 도심으로 가서 인권 컨퍼런스에도 참석했다. 한낮에는 아이들과 함께 그림을 그리는 지역 프로그램에 참여하여 아이들이 그림 그리는 것을 도와주었다. 정확히는 그들의 그림 솜씨를 지켜보고 칭찬해 주는 것.

이 워크캠프를 마치고 나면, 무엇을 얻고 어떤 생각을 하게 될까 상상하던 그림은 곧 흔적조차 없어졌다. 일단 이 험한 환경에 적응해야 했다. 역시 상상과 실제 부딪히는 것은 다르고, 경험이란 것은 생각만으로 얻을 수 있는 것이 아니었다. 동일한 언어로 표현될지라도 행동하는 문장은 가슴을 울리게 하는 힘이 있다.

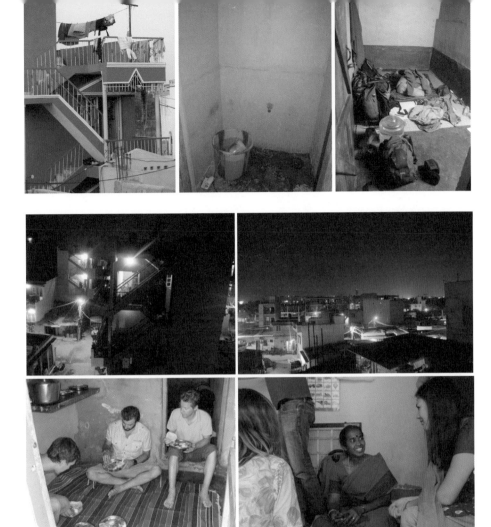

행복하다면, 그렇게 해

:: 난데없는 허영심 발견!

Familiar acts are beautiful through love.

- Percy Bysshe Shelley

사흘째는 터프했던 집을 정리하고 옥탑으로 이사를 했고, 우리에게 매일 세 끼 식사를 만들어주는 릴리 아주머니 댁의 가재도구를 우리가 묵었던 곳으로 옮기는 작업도 했다. 우리가 새로 묵게 된 집은 별다를 것 없이 시멘트 바닥에 돗자리 깐 수준이었지만 청결도, 분리된 화장실을 포함한 모든 면에서 훨씬 나 았다.

본격적으로 일을 시작한 우리에게 주어진 미션은 건물 부수기. 대못과 망치로 벽돌 깨기가 주 업무였다. 처음으로 힘든 일을 했지만, 휴식시간이 길었고, 밀크

티도 꿀맛이었다. 망치질이 할 수 있는 일의 전부였지만 모두가 팔 걷어붙였다.

거의 모든 것을 우리 손으로 진행해야 했는데, 시간이 지날수록 손발이 맞아 가던 캠프 멤버가 괜찮은 조합이라는 생각이 들었다. 최고의 조합이란 처음부터 정해지는 것이 아니라 살아있는 시간과 공간 속에서 만들어져 가는 것이 아닐까. 저마다 희망이 있고, 함께 행복하려는 바람이 있다면.

부수는 건물은 릴리 아주머니 집이었다. 망치질을 하다가 뒤늦게 그 자리에는 아이들과 여자들을 위한 센터와 자원봉사자들을 위한 숙소가 생길 것이라는 계획을 들었다. 실은 영문도 모르고 기계처럼 망치질로 집을 부수는 동안 내심 이 일이 어떤 의미를 가질까 궁금했었다. 그 말에 벽돌을 깨어 부수는 어깨에 힘이 들어가는 마음이 조금 거북했다. 그 거북함은 '얼마나 더 위대한 작업을 해야 내 허영이 채워질까?' 생각한 데서 비롯되었다.

이 일이 수백 년 된 독재정권의 잔해나 잔혹한 홀로코스트의 잔재를 쳐부수는 일이었다면 난 더 뿌듯할 수 있었을까? 자부심에 넘쳐 평생을 자랑하고 다녔을까? 명분이나 허영은 알게 모르게 삶의 큰 부분을 차지하고 있다. 시시한 삶에 대한 위안거리와 자랑거리를 위해서. 그래서 나도 세계에서 가장 높다는 봉

우리에 가고 싶어 했고, 모든 여행자의 로망일 법한 인도나 유럽을 별다른 고민 없이 목적지로 잡은 것이기도 했다. 삶을 아름답게 만드는 욕심만 가지면 참 좋을 텐데 그게 참 어렵다.

이곳에서도 처음엔 어디서 왔는지도 왜 왔는지도 몇 살이나 먹었는지도 모르던 사람들, 불과 며칠 전만 해도 함께 이런 곳에 모이게 될 줄 상상도 못했던 사람들 사이에서 서열을 생각하고 자존심을 세우고 나를 내세우려는 욕심을 발견했다. '낮추려 할 때 오히려 더 높아진다'는 말은 잊어버린 채. 유치한 욕심을 줄이고 낮은 곳에 임할 때 비로소 관계가 정확히 보인다는 믿음은 배신한 적이 없었다. 이곳에서 내가 어떻게 살아온 사람인지, 어떤 존재인지 납득시키는 것이 무슨 소용이란 말인가. 내 한 몸 건사하는 것과 관계를 좋게 만드는데 많은 것이 필요하지는 않다.

유감스럽게도 나는 마음에 품은 생각에 의한 것이 아니라, 표현하고, 행동하는 것으로 설명될 수 있었다. 내 몸 하나 건사하는 것이 유일한 목표가 되며, 소속이나 지위 없이 사람 대 사람으로 만나는 이곳에서 절실하게 깨달았다. 어떤 표현으로든 한 문장으로 나를 규정할 것이 아니라, 나는 모든 순간 행동하는 모습으로 설명되어야 한다는 것.

:: 여행과 봉사 사이

일을 하니까 요일 감각이 생겼다. 주말엔 쉬어야 하거든. 문득 달력을 보니 무려 7년 전 그날 나는 누구에게나 역사적인 이등병 100일 위로휴가를 하루 앞두고 있었다. 그땐 얼마나 설레던지. 아찔하기만 한 그때처럼, 많은 것을 바라지 않으면서 내가 가졌던 것들보다 조금 덜 가져도 행복할 수 있다는 것을 온몸으로 느끼고 있었다. 어쩔 수 없이 그리 지내게 되면서 알게 된 것들이다.

점심을 먹고 일을 하기 전의 비어있는 시간에는 주로 몸을 정갈하게 했다. 하루는 여학생들이 모두 현지 옷 쇼핑을 간 사이, 숙소에 남아 몸과 옷을 씻고서 히말라야의 오후에 밀려오던 것과 같은 행복감을 느꼈다. 햇살이 뜨겁고 바람도 살짝 불어 빨래 마르기 최적의 조건이라는 것조차 기쁨이었다. 음악 들으면서 일기를 쓰면 세상이 내 것 같다. 원래 내 것인데, 가끔 자각하는 시간이 필요하다. 평화로움 속에서 문득 인생 너무 많은 욕심 부릴 필요 없다는 생각을 했다. 욕심이 습관이라면, 그 욕심에 맞는 준비를 해야 한다. 아마 대체로 고통스러울 것이다.

사실 내가 노동자가 아니라 여행자였다는, 새삼스러운 자각은 나를 강제하던 어떤 굴레로부터 자유로워진 것 같은 느낌을 주었다. 짧은 시간 나를 옭아맨 세뇌의 힘은 내가 벽돌 깨는 일을 하기로 애초부터 정해졌던 것처럼 그것을 생각하게 하고, 그러지 않으면 불안하게 하고, 무의식적으로 그런 방식으로 살아가도록 적응하게 만들었다.

오전에 건설 노동을 하고, 오후에는 하교한 아이들과 영어 공부를 했다. 처음 만난 귀여운 아이, 시라칸트는 내성적이고 말 잘 듣는 전형적인 착한 아이였다. 첫날에는 학교 영어 숙제를 함께 했고, 두 번째 날에는 날 기다리다 쪼르르 달려와 앉아서는 함께 그림을 그렸다. 필통에 그려진 산타 그림을 그려 달라기에 좀 그려 주었고, 옆에서 물끄러미 쳐다보던 다른 아이는 "우와!"하면서 공책을 내밀며 똑같은 것을 그려 달라고도 했다. 그 녀석에게는 마시마로와 크리스마스 트리를 그려 주었다. 엉망인 내 그림을 좋아하면서, 색칠도 하고, 친구들에게 자랑해 보이는 모습에 뿌듯했다. 한편에선 또 다른 아이가 그림을 그려 달라고 하

고, 한편에선 장난꾸러기들이 사진 한 장만 찍어 달라고 조르는 통에 쉴 틈이 없었다. 아이들에게 필요했던 건 그림이나 카메라가 아니라 관심과 눈길이 아니었을지.

하루는 아이들과 함께 여러 나라 출신 선수들이 팀을 꾸려 동네 학교 운동장에서 축구를 했다. 다시 어린 날로 돌아가 공 차던 무리에게 시합을 걸고 해가 저물어 공이 보이지 않을 때까지 뛰었다. 스포츠의 매력은 함께 땀 흘린 뒤 샘솟는 우정이다.

좁지만 아늑한 오피스에 모두 함께 모여 하루의 감상을 나누는 저녁의 데일리 미팅 전에도, 일과를 마치고도 아이들과 함께하느라 쉴 틈이 없었다. 하루는 함께 축구 했던 학생 집에 초대받았는데, 그들 가족은 식사 대접을 하고 싶어 했지만 우리는 정해진 일정 때문에 어렵게 거절하고서 돌아왔다. 오며가며 우리를 보던 마을 주민들은 부끄러워하거나 물끄러미 쳐다보는 사람들이 더 많았지만 때로 집에서 차 한잔 하고 가라며, 따뜻한 미소를 주었다.

:: **행복**의 조건; **함피**에서

함피는 한때 남인도를 호령하던 비자야나가르 왕조의 수도였으나 현재는 과
거 수도였다는 사실이 믿어지지 않을 정도의 철저한 폐허가 펼쳐진 곳이다.
… 문명이란 때로는 얼마나 하찮은가? 곳곳에 널브러진 문명의 잔해 속에
서, 인간의 역사란 얼마나 보잘 것 없는가?

– 『프렌즈: 인도·네팔 편』, 전명윤, 김영남, 주종원

대단한 유적에는 이미 존재하는 대단한 감상이 있다. 앵무새처럼 그 감상을
반복하게 될지언정, 유적지에서 느끼는 개인적 감상이란 대단하기가 힘들다. 알
면서도 단지 가이드북의 몇 문장에 끌려서 꼭 가보고 싶던 함피. 마침 캠프 친
구들과 뜻이 맞아, 금요일 밤에 함피로 주말 소풍을 가게 되었다.

야간 침대 버스의 같은 칸에 오른 패트릭이 버스가 취침 소등을 하면 미리 사
놓은 맥주가 있는 니코와 샘의 칸으로 가자고 했다. 고등학교 시절 야자시간에
튀어서 노래방에 가자는 친구의 달콤했던 유혹에 비근한, 몰래하는 기쁨이 섞

인 눈빛으로. 나는 피곤해서 곧 잠들 것 같다며 가지 않았고, 버스가 다시 멈출 때까지 한 번도 깨지 않았다.

아침 여섯 시도 채 되지 않은 시간에 함피에 들어와 짐을 풀고 쿤다푸르에 산다는 워크캠프 직원 디네샤를 만났다(인도 FSL 워크캠프는 벵갈루루, 쿤다푸르, 함피, 첸나이, 다람살라 등 여러 곳에서 열린다). 얼마 전 쿤다푸르 워크캠프에도 참석한 리나가 그를 알고 있었고, 그는 마침 함피에서 또 다른 워크캠프 프로그램을 준비 중이었다. 나를 보곤 한국에 자신이 주관한 봉사프로그램을 거쳐 간 2000여 명의 한국친구들이 있다며 자랑했다.

금세 친해진 디네샤와 함께 오토바이를 빌려 투어를 시작했다. 함피의 풍경은 기대만큼 굉장했다. 곳곳이 제국의 흔적이어서 멀쩡히 서 있던 커다란 나무들이 오히려 생경했다. 사방엔 돌산이고, 폐허가 관광지가 되어 그로써 생계를 유지하는 사람들이 모여 도시가 생명을 유지하고 있다. 현지인의 삶과 여행자의 일상, 폐허가 된 옛 영광과 관광지의 혼잡스러움이 엉켜 있는 함피. 힌두의 나라 인도, 이틀간 세 번이나 찾은 식당에는 비슈누신이 아닌 달라이라마 사진이 걸려 있었다.

저녁에는 친구들과 함께 루프탑 레스토랑에서 11년 만이자 7년 후에나 다시 있을 개기월식을 감상했다. 월식이 아름다워 눈물이 난 것도 같은데, 짧은 잠이 들었고 깨어났을 땐 다시 달이 점점 차올랐다. 보름달이 돌아오자 모두 힌두력에서의 새해 축제를 보기 위해 근처 호수로 갔다. 많은 관광객들과 주민들이 나와 있었다. 코끼리가 등장하고 인디안 음악이 울려 퍼진다. 고여 있는 검은 저

물에! 아이들이 수영을 하는 호수, 그 위에 번쩍이는 보트가 동동 떠서 천천히 돈다. 기대하지 않았던 것보다도 훨씬 별 것 아니었다. 숙소에 들어오자마자 누

워 천장을 보다가 나보다 먼저 숙소에 살고 있던 도롱뇽 부부를 만났지만 인사조차 못하고 잠이 들었다.

이튿날도 오토바이를 타고 달렸는데, 카메라 셔터 누르던 손가락이 피곤했을 만큼 길마다 비경이 펼쳐졌다. 고개를 돌리거나 눈에 초점을 맞추는 것조차 힘들어질 때면, 한적한 사원에 멈추어 한참을 앉아 있다가 빙 둘러 걸었다. 부지런히 달리다가도 어디든 멈추어 쉬기 좋은 동네였다. 빌린 오토바이가 고장이 나서 길을 걷기

도 했다. 강가 돌덩이에 앉아 쉬노라니 내가 신기한지 다가와 함께 사진 찍자던 아이들, 일몰의 고즈넉함이 있던 이름 모를 사원에서 공부하던 아이들도 함피의 풍경이었다.

함피의 상징, 비루팍샤 사원으로 들어가니 나들이 캠핑이 아닌 노숙 가족이 가득했다. 돌바닥에 거적을 깔고 잠들 준비를 하던 사람들이 카메라를 보고 자주 웃어주었다. 디네샤는 그들이 행복해 보인다고까지 했다. 나는 그들의 생활을 굳이 행복이란 잣대를 들어 평가할 자격도 명철도 없지만, '지금' 내게 행복을 위해 없어서는 안 될 것들은 무엇일까 생각해 보았다. 그러다 꼭 필요한 최소한의 조건들이 아니라 내가 가진 모든 것들을 떠올리게 되었다.

무너진 왕국과 문명의 허망함을 보여주는 폐허 사이를 지나오는 동안에는 내가 너무 많이 가졌다는 것을 알고 있지만, 그것이 없이는 행복하지 않을 것 같은 어리석은 생각과 함께, 새삼 가방끈을 부여잡았다.

    행복하기 위해서 많은 조건이 필요한 것은 아니지만 가지고 있는 것없이 설명될 수 있는 것도 아니다. 행복할 수 있다면 그 조건들은 추구할 만한 것이고, 적당한 욕심과 그에 이르는 여정 중에 얻을 수 있는 것들은 행복에 이르게 하는 멋진 도구가 된다. 가진 것에 비례해서 행복이 커지지는 않더라도 어떤 삶의 조건들은 나를 나답게 한다.

우리는 필요에 의해서 물건을 갖지만, 때로는 그 물건 때문에 마음이 쓰이게
된다. 따라서 무엇인가를 갖는다는 것은 다른 한편 무엇인가에 얽매이는 것,
그러므로 많이 갖고 있다는 것은 그만큼 많이 얽혀 있다는 뜻이다.

— 『무소유』, 법정스님

'무소유의 행복'의 행간에 담긴 의미는 간절히 가지고 싶은 것을 포기해 버렸
을때 느끼는 후련함 같은 것이 아니다. 더 가지지 못해 안달하는 욕심에서 불행
이 싹트는 것이지 욕심 없이는 더 행복할 기회도 없고, 여유도 가진 중에 온다.
단지 '내가 가진 것이 더'가 아니라, '내가 가진 것도 충분히' 좋다고 종종 누가
말해주면 좋겠다. 너무 자주 그게 어렵다.

행복의 조건이란 무엇인가 다시 한 번 생각하게 해 준 함피. 떠나오는 버스 안에서도 친구들처럼 나 역시 함피를 떠날 준비가 아직 안 되었다고 말하고 있었고, 마음은 끝없이 펼쳐진 허망한 풍경 사이로 달리던 덜컹거리는 이륜차위에 있었다.

:: 우주에서 보면 국경은 없다

"우주에서 보면 국경 따위는 어디에도 없고 국경이란 인간이 정치적 이유로 마음대로 만들어 낸 것이고 원래는 존재하지 않았던 것이다. 여기 이외에 우리들이 살 수 있는 곳은 아무 데도 없는데도 불구하고 그것을 사이에 두고 서로 대립하고 전쟁을 일으키고 서로를 죽인다. 이건 정말 슬픈 일이다."

– 『우주로부터 귀환』, 우주비행사 월터 쉬라 인터뷰 中, 다치바나 다카시

함피에서 야간 침대버스를 타고, 새벽 어스름이 걷히던 아침, 우리의 스위트 홈으로 돌아왔다. 닷새밖에 지내지 않았고, 고작 이틀 잠시 소풍 다녀 온 것인데 꼭 집에 돌아온 것 같은 느낌이 이상했다. 심지어 침대버스보다 잠들기가 힘든 이곳이 포근하다고 하기엔 불편함이 컸지만, 그저 봉사활동 때문에 잠시 머물렀다고 하기엔 눈뜨면 곁에 있는 이미 가족 같은 사람들과 정이 많이 들었다.

물이 없어 빨래나 샤워는 하지 못해도 불편함은 느끼지 못했는데, 그게 새삼 놀라웠던 날 오후에 '코리안 프레젠테이션'을 하게 되었다. 워크캠프 프로그램 중 하나인 '자기 나라 소개'였다. 다양한 나라의 참가자들과 문화 교류는 워크캠프의 중요한 부분이다. 'awesome!' 극찬을 받은, 프레젠테이션의 귀재 한국 참가자들의 의복과 한글, 지형, 지폐, 대통령, 음식 소개 등에 이은 내 마지막 멘트.

"보셨듯이 한국은 두 부분으로 분리 되어 있습니다. 남한과 북한이죠. 우리는 우리 세대의 평화를 위해 해야 할 일이 아주 많습니다. 달에서 우리 지구를 보게 된다면, 국가, 종교, 피부색 등 모든 것에 대한 경계가 없다는 것을 알 수 있

습니다. 굳이 우주에 가지 않고 한
발짝만 물러서서 보면 그렇습니다.
우리는 모두 이 아름다운 행성의 아
름다운 사람들입니다. 이것이 아주
아름다운 나라, 한국에서 전하는 마지
막 메시지입니다."

발표 후 쏟아진 질문은 북한과의
관계와 관련된 것이 대부분이었다.
북한 사람들을 한 번도 보지 못했다
는 것이 신기한 일이라는 것을 새삼 깨달았다. 여행하면서도 외국인들이 한국
에 대해 가장 큰 관심을 보이던 것은 항상 북한과의 관계였는데, 우리의 현재와
미래에 대해 자세히 말해주지 못하고 얼버무린 무지가 부끄러웠다.

:: "If you're **satisfied**, it's **ok!**"

Every moment in front of another human being is an opportunity to express our highest values and to influence someone with our humanity. We can make the world better, one person at a time.

- 『The secret letters of the monk who sold his Ferrari』,
Robin Sharma

이 슬럼가에는 아침과 저녁에 한 번씩 물이 나오는 시간이 정해져 있어, 그 시간에 물을 받아 놓지 않으면 반나절은 깔끔한 생활이 어렵다. 어느 아침엔, 히말라야에서 내려온 뒤 여전히 해가 뜨면 잠이 오지 않는 자연인 같은 나와, 잠들어 있던 패트릭, 니코와 샘의 정갈한 생활을 위해 덜렁덜렁 물통을 들고 내

려갔더니 매일 보는 앞집 아주머니께서 뜨던 물
통에 물을 가득 다시 담아 부어주셨다. 서로의
언어를 이해하지 못해 말은 할 수 없지만 감사하
다는 말로도 부족한 감사함을 많이 받는다.

어느 저녁에는 그런 소중한 물을 따르다가 물
바구니 손잡이를 그만 부수어 버렸다. 물 나오는
시간이 얼마 되지도 않고, 동네 주민들 물통이
줄지어 서있는 곳에. 다시 뜨려는데 주민들, 아
이들이 도와준다. 다음 날 아침에는 부서진 물
통에 물을 뜨는데 눈 한쪽이 불편한 아이가 옥
상까지 함께 옮겨주었다. 큰 힘은 되지 않는 작
은 손이 고마웠다. 누군가를 돕는다는 느낌을
가질 때 행복해진다는 비밀을 아는 듯한, 그 손.

하루는 오전 건물 부수는 일을 쉬고 한 사립
여학교에 견학을 갔다. 아주 반갑게 맞아주던 선
생님과 아이들. 학생 수도 많았고, 학교에는 생
기가 흘렀다. 두 명씩 짝지어 한 반씩 들어가 아
이들과 이야기를 나누었다. 나는 곧 선생님이 될
엘린과 중학교 1학년 아이들이 공부하는 작은
교실에 함께 들어갔다. 학교는 좋은 곳이라고 말
하는, 자신의 일을 사랑할 준비가 된 예비 선생

님은 초롱초롱한 눈빛들과 율동을 함께 했고, 나는 마지막 인사로 행복한 삶을
위해 이를 잘 닦으라는 말을 하고 나왔다.

작은 변화들이 모여 생각지 못한 변화, 큰 행복을 준다. 갑작스럽게 결혼식에 가게 된 것은 우리의 요청에 의한 결정이었다. 처음의 '소망상자', 우리의 건의사항에 들어있던 것 중 하나였는데, 학교 교사들을 통해서 결혼한다는 커플을 알게 된 것이다.

결혼식에서도 우리는 누구에게도 초대받지 못한 손님이었지만 갑작스런 방문에도 아주 반갑게 맞아주던 식장의 주인공들과 가족들. 일면식도 없던 관광객으로서 우리가 받은 그토록 감동적인 환대는 인도가 아니면 어디에서 가능했을까. 결과적으로 모든 대원들이 이구동성으로 결혼식 참석을 아주 좋았던 경험으로 꼽았다.

종일 친절한 인도인들이 마음속으로 들어왔다. 오전에는 끝까지 쫓아와 하염없이 손을 흔들어 주던 아이들, 오후에는 결혼식장에서 영어를 못한다면서도 끝까지 곁에서 머물며 우리의 움직임에 민감하게 반응하던 순박한 눈빛의 어르신. 끊임없이 무언가 챙겨주려고 하던 그가 우리에게 궁금했던 것은 몇 살이냐는 것과 같이 소소한 것들이었다고 한다. 격한 환대에 몸 둘 바 모르던 우리에게 한 친척이 말했다.

"If you're satisfied, it's ok, our pleasure"

모두가 그렇게 말하는 듯한 표정으로 우리를 환영했다. 우리가 준비한 것은 작은 꽃다발과 여자들이 사리 입는 법을 배워가는 등 옷을 단정하게 입고 간 것뿐이었는데. 내가 상상할 수 있는 보통 결혼식에서는 없었던 색다른 감동이었다. 신부화장을 받던 신부와 하객들에게 인사하던 신랑이 함께 사진도 찍어주었다. 여자들은 신부방에서 화장하는 것을 지켜보았는데, 친척들이 머리에 장미도 꽂아

주고, 장신구도 여럿 챙겨 주었다.

　결혼식장에 다녀오면서 생긴 여학생들의 반짝이는 장신구들과 옷을 보면서 발라는 인도 이 나라에는 여자들을 위한 것이 많아 남자들에게 해줄 것이 없다며 미안해했다. 그것은 딱히 인도라서 그런 것은 아닌 것 같다. 여하간 우리 소박한 남자대원들은 그저 음식만으로도 'amazing!'을 연발했다. 인도에 들어와 어느 곳에서도 볼 수 없었던 먹을거리가 넘쳐났다. 결혼식에 다녀온 뒤 발라가 말했다.

　"저도 모르는 사람 결혼식에 참석한 것이 처음이에요. 친척들 모두가 우리를 환영해주고, 무언가 더 주려고, 먹을 것도 더 주고 더 보여주려고 하는 통에 저도 행복한 경험이었습니다."

　인도의 결혼식은 이틀에 걸쳐 벌어진다. 그 감동적인 환대를 받은 다음 날에도 새벽에 깨어나 아침의 '진짜 식'에 참석하고, 저녁에는 댄스파티에도 다녀왔다. 이틀간 같은 장소, 같은 결혼식을, 같은 교수님의 다른 수업들을 같은 강의실에서 듣듯이 세 번이나 다녀온 것이다. 모두가 화려한 파티와 만족스런 음식에 도취되었기 때문이다. 갈 때마다 화려한 다른 의상, 행복한 같은 표정으로 미소 짓던 신랑 신부는 물론 우리를 따뜻하게 맞아주신 하객 어르신들도 그대로였다.

:: **Action** is power

Action is the real measure of intelligence.

- Napoleon Hill

슬럼가에서 결혼식장, 번화가 MG로드로 가는 길에 스태프 발라와 함께 오토 릭샤에 탔다. 늦을까 걱정하던 내게 그는 '이곳은 인도'라며, 모든 것이 늦을 수 있다는 것을 감안해야 하고, 결혼식이든지 공사든지 언제 어떤 이유로 지연될지 모른다고 한다. 인디언에게 직접 듣는 그 말은 색다른 느낌이었다.

발라와 깊은 이야기를 나누는 동안 새삼스레 그를 존경의 눈으로 바라보게 되었다. 사람 문제가 가장 힘든데, 세계 각지에서 온 까다로운 사람들 관리하랴, 요구사항 들어주랴, 미션 관리하랴, 문제 해결해주랴, 어디로 튈지 모르는 사람들 사이에서 삶을 꾸려가는 모습에 보이지 않는 힘이 느껴졌다. 워크캠프에서 이루어질 모든 것을 준비 단계부터 기획하고 전체적 관리 후 마무리까지 하느라 프로젝트 하나를 끝내면 녹초가 되고 월급도 적은 일이다. 그래도 '이 일을 사랑하니까 나는 행복하다'고 말하는 진정 멋진 사람.

이리저리 흔들리던 내 삶이 몹시 부끄러워졌다. 아름다운 그의 피앙세가 반할 만하다. 사람이 달라 보인다는 것은 말로만으로는 설명이 힘든 어떤 이의 진가를 발견할 때 나오는 효과다. 자기 할 일 잘하고 볼 일이다.

사회 경험이 많은 패트릭으로부터도 많이 배웠다. 이직하는 사이에 여행 중이던 그는, 팔을 다쳐서 공사 일은 못했지만 지붕을 뜯어 페트병에 물을 담아 끼우는, 좋은 아이디어로 낮에도 어두컴컴한 집들에 불이 들어오게 만들었다. 한 사람의 행동한 생각이 여러 가족의 생활을 바꾸게 된 것이다.

그에게는 상대방의 눈을 바라보며 경청하는 것과 분위기를 밝게 만드는 '스몰토크' 라는 강한 무기가 있었다. 누구나 가질 수 있지만 누구나 가지지 않았기에 힘이 된 힘이다.

자기 전문 분야에서 남달리 성공한 사람, 유대관계가 깊고 카리스마를 지닌 삶의 진정한 승자들을 보면, 자신을 숨김없이 드러낼 수 있는 능력이 있고 또한 자신이 아닌 다른 사람인 척하는 데 시간과 에너지를 낭비하지 않는 사람들이다. 진정한 자신이 가장 매력적이다. 개성이 힘이다. 우리는 자연스럽게 대화를 이끌어 갈 수 있는 재능을 나름대로 다 타고났다.
대화를 잘 나누는 최선의 방법은 잡담에 그치는 대화를 하지 않는 것이다. 그것은 과학까지 담겨 있는 하나의 예술이다.

－『혼자 밥먹지 마라』, 키이스 페라지, 탈 라즈

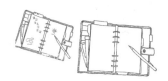

리나는 친절하고, 작은 것을 챙길 줄 아는 따뜻한 사람이다. 사소한 관심이 얼마나 감사한 것인지도 안다. 망치질을 하다가 나도 모르게 손을 살짝 한 번 찍었는데, 어떻게 알았는지 며칠 후에 걱정해 준 유일한 친구였다. 서울에서 인턴을 했다가 한국에 반해 버렸다는 남자친구에게 한국말로 '사랑해'라는 말을 해주기 위해 몇 번이고 연습하던 사랑스러운 여인이기도 했다.

틸은 독일정부의 IJFD 국제 청년 봉사활동 프로그램을 통해 벵갈루루에 배정받아 장기 봉사를 하고 있던 독일 청년이다. 우리와 함께 식사하고, 일정을 함께 하며 도움을 주었다. 한 달에 5000루피씩 지원받는다. 한 달 12만원으로 생활이 되는지 물었는데, 이곳에서는 욕심 부릴 일도 없고, 화려한 도심에 자주 나오지 않는다면 충분하다고 했다. 말도, 행동도 어른스러워 보였지만 며칠 후에 스무 살 생일을 맞는 꽃다운 나이. 왜 하필 이곳에서 이런 생활을 하게 되었는지 물어보니, 진지한 목소리로 이왕이면 넓은 세계의 색다른 곳에서 봉사활동을 하고 싶었고, 독일 시민으로 만족하는 것이 아니라 세계의 시민이 되고 싶었다고 말한다. 이곳에는 다시 돌아가면 그리울 매력, 그를 행복하게 하는 사소한 것들이 넘친다고 했다. 대학 진학도 미룬 그에게서 굳이 말하지 않아도 보이지 않는 힘이 느껴졌다.

행동은 힘이다. 선택하지 않았어도 흘러가는 시간 속에서, 내가 선택한 걸음이 쌓여 나의 운명이 되고, 그 운명이 나를 설명해 주는 무언가가 된다. 처음 품었던 생각 그대로, 혹은 그보다 더 멋진 의미로.

Just leave it, no problem.

– 마리아가 자주 하던 말

:: 슬럼가 비망록

'내려두기, 놓아두기'

인도가 말없이 주는 가르침이다. 모든 순간 내 한 몸 간수해야 하는 골목과 거리마다 오만 가지 생각이 다 들지만, 그 모두를 들고 있기에는 가진 것이 너무 많았다. 스쳐가는 생각 모두 아쉬워 어쩔 줄 모르는 나는 그 가르침이 아직 버거웠다. 하지만 인도는 그런 생각조차 놓아두라고 한다. 속도를 내면 정신없이 흔들리면서도 불과 몇 센티미터 차이로 다른 릭샤들을, '쌩'—단 한 글자 이상의 효과가 있는 4차원의 의태·의성어—하고 지나가는, 오토릭샤 안에서 든 생각이다.

이제는 보이지 않는 벽에 대해서는 포기가 빨라졌지만, 이십대 초반 참여했던 사회운동들은, 내가 마치 의식 있는 사람이 된 것 같다는 느낌이 필요했었을 뿐, 간절히 바라던 것은 아니었다는 생각에 종종 혼자 부끄러워하곤 했다. 나는 항상 번뜩이는 논리를 지니지는 못했고, 한쪽의 의견만을 듣고 부화뇌동하며 분노했던 날들도 있었다. 이제는 이해집단이 대립하는 문제에서는 좀 더 신중해졌지만, 점점 옅어지는, 촛불을 들고 행진하던 그날들의 열정이 아쉽다.

　견학 간 공립학교 상황은 가히 충격적이다 못해 슬플 만큼 처참했다. 전날 견학한 사립학교와는 완전히 딴 판. 정부 운영 학교에 출석하는 학생들은 집에 돈이 없는 학생들일 것이다. 선생들은 다 어디로 마실 나갔는지 보이지 않고, 칠판은 얼마나 오래전에 썼던 것인지, 시간표가 존재하는지, 아이들이 책은 가지고 다니는지, 출석이란 개념이 있는지, 화장실은 어디 있고, 식사는 어떻게 하며, 도대체 생활이 가능한 건지, 무얼 보고 듣고 배우는지, 배울 게 있을지. 지나가는 풍경은 슬럼가, 옥상 위에서 보이는 전망은 허물어져 가는 건물들. 이 작은 동네에 그런 학교마저도 가지 않고 길에서 나뒹구는 아이들은 또 얼마나 많은지. 부패한 인도정부와 답이 보이지 않는 이 시스템 때문에 더 안타까웠다.

　교육에서부터 빈부차이가 이렇게 심하면 이 격차는 고착화될 수밖에 없다. 부패했다는 정부와 교육 시스템에도 모두 커다란 변화가 필요해 보였는데, 두 달 전 큰 데모가 있었다고는 한다. 변화는커녕 꿈쩍도 없었으리라 예상되나 작은 위안은 되었다.

　작은 정책과 사회의 시스템이 많은 인생의 방향을 결정하게 된다는 것에 새삼

소름이 돋았다. 시스템은 사회의 모습보다 먼저 한 사람의 삶을 만든다. 정치와 사회를 둘러싼 우리 주변의 모든 이야기들에 한 사람 한 사람의 작은 관심이 필요한 이유다.

공립학교 견학 후에 방문했던 곳은 슬럼가 중의 슬럼가. 옹기종기 모여 있는 집들은 아무리 보아도 살기보다 버티어야 할 환경이었다. 콘크리트 바닥에, 방음 방충은 전혀 안되도록 널빤지가 불규칙적으로 쌓아올려진 벽들 위에 걸쳐져 있었고, 전기가 전혀 들어오지 않는 낮에는 칠흑같이 어두워 촛불을 켜야 한다. 방문했던 한 가정은 그곳에 벌써 4년째 살고 있다고 했다. 모든 것이 지연된다는 인도에서 재건축의 희망도, 더 나은 집, 좋은 삶에 대한 의지도 찾아보기 힘들었다. 그들은 그저 아픈 아이가 건강해지길 기도만 하면서, 가족들이 하루하루 건사하는데 만족하며 사는 것 같았다. 그럼에도 갑작스런 우리의 방문에 환하게 맞아주고, 어서 들어오라며, 사진도 찍어달라는 그들의 모습에 마음이 포근하면서도 아

렸다. 다만 진심이 담긴 미소가 편안하게 보인다는 것이 위안이었다.

　정부라면 살 곳과 먹을 것을 제공해 주는 일은 고사하고서라도 나아질 것이라는 희망이라도 보여주어야 할 것이 아닌가. 새삼 우리나라가 복지정책으로 옥신각신 하는 중이라는 것마저 고마워졌다.

　그때 알았지, 인간의 영혼은 저 필라멘트와 같다는 사실을. 어떤 미인도 말이야... 그게 꺼지면 끝장이야. 누구에게라도 사랑을 받는 인간과 못 받는 인간의 차이는 빛과 어둠의 차이만큼이나 커. … 누구나 사랑을 원하면서도 서로를 사랑하지 않는 까닭은, 서로가 서로의 불 꺼진 모습만을 보고 있기 때문이야. 그래서 무시하는 거야. 불을 밝혔을 때의 서로를... 또 서로를 밝히는 것이 서로서로임을 모르기 때문이지. 가수니, 배우니 하는 여자들이 아름다운 건 실은 외모 때문이 아니야. 수많은 사람들이 사랑해 주기 때문이지. 너무 많은 전기가 들어오고, 때문에 터무니없이 밝은 빛을 발하게 되는 거야. … 인간은 참 우매해. 그 빛이 실은 자신에게서 비롯되었다는 걸 모르니까. 하나의 전구를 터질 듯 밝히면 세상이 밝아진다고 생각하지. 실은 골고루 무수한 전구를 밝혀야만 세상이 밝아진다는 걸 몰라. 자신의 에너지를 몽땅 던져주고 자신은 줄곧 어둠 속에 묻혀 있지. 어둠 속에서 그들을 부러워하고.. 또 자신의 주변은 어두우니까.. 그들에게 목표를 던져. 가난한 이들이 도리어 독재정권에 표를 주는 것도, 아니다 싶은 인간들이 스크린 속의 인간들에게 자신의 사랑을 헌납하는 것도 모두가 그 때문이야. 자신의 빛을... 그리고 서로의 빛을 믿지 않기 때문이지, 기대하지 않고... 서로를 발견하려 들지 않기 때문이야. 세상의 어둠은 결국 그런 서로서로의 어둠에서 시작 돼.

　　　　　　　　　　　　　　　　　　－ 『죽은 왕녀를 위한 파반느』, 박민규

새벽 어스름이 지나간 아침에 일찍 잠이 깬 나와 함께 옥상에 앉아 있던 새가
날아가는 길을 바라보다가, 슬럼가 너머에 오래전부터 있었을 많은 나무와 푸른
숲을 발견했다. 아, 이곳에도 그런 곳이 있었구나. 참혹한 현장을 목격했던 날
며칠 뒤에, 차분히 옥상에 앉아보니 이곳의 일출도 꽤 멋지다는 사실을 알았고,
허름한 건물들 저편에 숨어 있던 아름다운 수풀들과 새벽부터 바지런히 아침을
준비하는 움직임 속에서 마을의 호흡이 느껴졌다.

이곳에는 살아 숨 쉬는 희망이 있다. 아이들이다. 아이들이 있는 곳에는 늘
어떤 종류이든 희망이 있고, 그래야만 한다. 자신이 가장 큰 희망인지도 모를
이 맑은 눈의 아이들이 처참한 환경을 대물림 하지 않기를.

:: "Study hard, ok?"

소수의 사려 깊고 헌신적인 사람들이 세상을 바꿀 수 있다는 것을 의심치
마라. 역사는 실제로 그런 소수에 의해서만 바뀌어 왔다.

- Margaret Mead

캠프 마지막 날. 슬럼가를 벗어난 편한 생활에 대한 기대와 한편으로는 무언
가 일을 덜 마친 것 같은 느낌이 섞여 시원섭섭하기도, 새로운 생각과 이야기들
이 은은한 향기가 되어감이 뿌듯하기도 했다. 이따금씩 생각나서 행복해질 기
억을 만드는 일은 참 멋진 일이다.

음악과 춤은 시간과 공간을 정말 멋지게 채워 준다. 조금 일찍 일어나 마을이
가득히 보이는 옥상에서 음악을 듣는 아침이 제법 행복했다. 오피스에서 여느
때처럼 시라칸트와 그림을 그리고 있을 때는 뚱뚱하고 듬직했던 마을 아이들의
대장 아이가 진지하고 빛나는 강렬한 눈빛으로 'Let's dance!'라며 손을 잡아
끄는 통에, 열흘 동안 콘크리트 바닥에서 자느라 아프던 허리도 잊고 아이들과

춤도 추었다.

　오후에는 아이들과의 공부시간 대신 마지막 날을 기념하는 동네 미팅이 열렸다. 우리의 추억과 감상을 돌아가며 말하는 자리에 동네 꼬마들과 우리와 인연을 맺었던 사람들, 멀리서 물끄러미 우리를 지켜보기만 하던 동네 주민들도 모두 함께 둘러앉았다. 우리는 한결같이, 자원봉사자로 온 우리에게 오히려 더 베풀어 주었던 주민들과 스태프들에게 감사를 표했다. 나는 소회를 밝히는 동안 눈시울이 붉어졌지만 참아냈다.

　"안녕하세요, 한국에서 온 Juno입니다. … 아무래도 이곳에 있었던 시간을 제 인생의 가장 좋았던 부분 중 하나로 기억하게 될 것 같습니다. 우리에게 보여주신 환대와 미소, 절대 잊지 않겠습니다. 이곳에서 보냈던 시간, 모든 부분에 감사합니다."

　서로에게 기념품을 전달하고, 따뜻하게 안아 주고 사진 찍는 와중에도 친구들에게 내가 그려준 그림들을 자랑하던 꼬마, 시라칸트는 모두 함께 인사를 나누던 틈에 내게 다가와 악수를 청하고는, 항상 하던 인사를 했다.

　"see you tomorrow"

　나는 더 이상 그 말 하지 못한다. 작은 두 어깨를 붙잡고 말했다.

　"study hard, ok?"

　끄덕끄덕 한다. 오늘 나는 떠난다고 하는데, 우리가 언제 다시 만날 수 있을지

아는지 모르는지, 내게 작은 손을 흔들며, 예의 그 반짝이는 착한 눈으로 끝까지 내일 보자며 자꾸 뒤돌아보던 통에 먹먹해서 혼났다.

같은 장소와 시간에 있었으면서도 누군가는 가졌는데 나는 미처 상상조차 하지 못했던 것들에 대해 이따금 놀라곤 한다. 갑작스레 가지게 된 신비로운 경험들에 대해 놀라는 것보다 더. 같은 것을 경험하고도 저마다 색다른 시각으로 또 다른 가르침을 주었던 개성 강한 열 명 친구들과의 마지막 데일리 미팅을 하던 옥상에서, 워크캠프가 끝났다는 것을 실감했다. 마음을 나누려 했던 우리의 진심을 느꼈는지, 스태프들은 전에는 없었다는 멋진 증명서도 만들어 주었다.

저녁에는 멤버들 모두 함께 시내로 가 같은 호텔에서 묵기로 했다. 리나와 함께 오토릭샤를 타고 오던 시내 풍경을 보며 그 슬럼가에서 조금만 나와도 이렇게 다른 풍경이 펼쳐지는 것이 얼마나 놀라운지, 우리가 얼마나 혹독한 환경에서 숙식하며 지냈는지, 참혹해 보이지만 삶을 이어 나가는 슬럼가의 사람들이 얼마나 맑은 눈빛을 가졌는지에 대한 이야기를 나누다가, 결론을 내렸다.

"우리는 그래도 희망을 보았어. 우리 떠나던 뒷모습을 하염없이 바라보던 착하고 똑똑한, 미소를 잃지 않는 아이들!"

:: 진짜란 무엇인가; 벵갈루루 안녕

우리나라 백화점이나 큰 빌딩에 가 보면 주차장 입구에 발권기가 있잖아요.
그 옆에 사람이 서 있습니다. 젊은 여성이 서서 뽑아 줘요. 사실 발권기는
그 젊은 여성을 해고하려고 만든 기계인데, 그 기계와 젊은 여성이 함께 서
있는 거예요. 이건 아주 희한한 일입니다. … 기계와 사람이 함께 서 있는
모습은 우리나라가 후진국과 선진국 사이의 어떤 중간 단계에 와 있다는 것
을 상징하는 것입니다.

　　　　　　　　　　　　　　　　　　　　　－『쾌도난마 한국경제』, 장하준 인터뷰 中

　슬럼가에서 나온 다음 날, 캠프 친구들과 전망 좋다는 식당이 있는 큰 빌딩
에 가서 엘리베이터를 탔는데, 버튼을 눌러주는 소년이 있었다. 취미라면 놀라
운 일이겠지만, 그는 핸드폰으로 시간을 때우고 있었다. 빌딩에서 고용한 것임

이 분명하다. 신흥 도시 벵갈루루에는 그런 혼란스러움을 종종 경험할 수 있었다. 빌딩 건너편의 판잣집 같은.

벵갈루루는 인도에서 세 번째로 큰 도시다. 내가 가난하게 다녔을 뿐, 가난한 나라라고 규정할 수 없는 구석이 더 많았다. 이를테면, 벵갈루루 중심가 MG로드에는 유명 브랜드 간판이 늘어서 있고, 저녁이 되면 치장한 젊은이들이 웅성댄다. 보통 인도를 떠올리면 스쳐가는 영상과는 다른 모습이지만, 이 도시도 진짜 인도다. 인도 사람이 사는 곳이 인도이고, 이 땅에 있는 것, 이곳의 관광 상품, 이 나라가 뒤를 돌아보거나 앞을 내다보는 것, 모든 것이 인도다.

뭄바이의 기차역에서 밤을 한번 보내 보았으니 공항에서도 한번 밤을 지새워 볼 겸 델리에 오후 열한 시 넘어서 도착하는 벵갈루루발 가장 늦은 국내선 저가 항공을 예매했다. 그런데 늦게 떠난다고 공항 가는 길 만만히 보았다가 큰코다칠 뻔했다.

결과적으로는 호텔에서 잡아준다던 택시를 타고 공항으로 가는 것이 합리적인 선택이었지만 비용을 조금이라도 아끼고 싶어서 공항 셔틀버스를 타기로 했다. 하지만 인도에서 길 찾아 가는 것을 너무 우습게보았다. 친절한 인텔리, 스마트 가이들 덕에 일이 좀 잘 풀리나 싶더니, 버스 정류장이란 곳에 왔는데 셔틀버스는 올 생각을 하지 않았다.

한갓 버스를 기다리면서 마음을 달래려 '기다리지 않아도 올 것은 온다'고 되뇌었다. 그런데 기다려 봐도 오지 않을 것은 오지 않더라. 오더라도 내겐 의미 없었을 것이다. 기다림도 제 위치에서 해야 했다. 길에서 버리는 시간이 길어지고, 선

◎ 갓 개봉한 애니메이션 「Puss in boots 2」. 인도 영화관에서는 중간 휴식시간도 있고, 관객들은 마치 공연처럼 반응한다. 남에게 보여주기 위한 감탄이 아니라 감정을 솔직하게 표현하는 진심이다. 최고의 순간은 장화신은 고양이와 그의 친구들이 탄 마차가 절벽 아래로 떨어지다가 날개를 펴고 솟구칠 때 쏟아지던 인디언들의 함성과 환호와 박수였다. 그 순간 나도 얼마나 가슴 졸였는지 안도의 탄성을 내뱉을 수밖에 없었다.

◎ 일요일 폭탄 세일이라는 서점에서 Robin Sharma의 『"Who will cry when you die?"』를 샀다. 외로웠던 내게 '죽은 뒤 누가 울어줄까?'하는 물음은 '너 외롭지?' 묻는 확인사살과도 같았다. 이때는 몰랐다. 이후 두 권이나 더 구입한 그의 책들이 여행에 훌륭한 영감을 주게 될 줄은.

◎ 벵갈루루의 HAL 항공우주 박물관 가는 길. 보통 5km 정도 되는 거리는 나침반을 들고 걸어 다녔지만, 이날은 유럽 여행 계획을 세우면서 인도에서는 왕처럼 살 수 있는 비용으로 몇 가지 예약을 한 뒤라서 2000원 정도하는 릭샤 삯을 목에 핏대 세우고 흥정해서 깎는 일은 하지 않았다.

택의 시간이 점점 다가왔다. 300루피 아껴보자고 나선 걸음이 몸과 마음을 이렇게 피곤하게 할 줄이야. '10분 만 더 기다리다 릭샤를 타야겠다'고 생각하길 수차례, 마지노선에 가까운 시간이 되어 결국 기다리지 않기로 했다. 어딘가로 한참 달려 막 출발하려하던 공항 셔틀 버스 앞으로 돌진, 버스를 세워 나를 태워 보낸, 벌벌 떨리는 심장으로 쳐다본 뒷모습만 기억에 남은 그 오토릭샤왈라가 아니었다면 비행기 놓친 이야기를 쓰게 될 뻔했다.

천신만고 끝에 공항으로 가는 셔틀버스를 타고 평화로운 버스 차창밖을 보다가 문득 내 카메라를 두고 서로 찍어 보고 싶어서 신경전을 벌이던 슬럼가의 귀여운 녀석들 얼굴이 떠올랐다. 불현듯 싸우지 말라고, 'Your people are your life!' 이 말해줄 걸 하는 생각이 들었는데, 사실은 내게 하고 싶던 말이었다. 사람 없이 이게 다 무슨 소용이란 말인가. 걱정거리가 줄어드니 사람이 그리워졌다.

벵갈루루 공항은 현대적이었고, 슬럼가와는 사뭇 다른 인도 풍경이 있었다. 커피 한 잔을 옆에 두고 노트북을 들여다보거나 책을 읽는, 단정히 차려입은 인도인들 모습에 왠지 모를 어색함과 안도감이 겹쳤다. 화장실 칸에는 휴지와 세수대가 함께 놓여 있다. '인도' '국제' 공항답다.

벵갈루루 안녕. 슬럼가와 도시의 중심 MG로드의 거리 풍경이 눈을 감으니 손에 잡힐 듯했다. 워크캠프가 끝나고 벵갈루루에 머물렀던 며칠간 고통스러웠던 물갈이 때문에 몸이 좋지 않아 생각하는 것도, 움직이는 무엇도 어려웠다. 쉬기로 작정한 기간에 아파서 다행이란 생각도 했다. 어쩌면 아프도록 내버려 두었던 마음의 문제였는지도. 그래도 아픈 것은 이별을 조금 더 쉽게 만들어 준다. 떠나야 할 곳을 떠나야 할 때 미련이 덜 하도록.

내게 아파하느라 수고했다 말해 주었다. 아프게 이별하느라 고생 많았다. 이렇게 아팠든 저렇게 아팠든, 스물아홉 난 참 많이 아팠다.

© Nico&Sam

:: 얘들아 호객 행위 해야지

◎ [Doing stitch in Delhi Airport AM 3:30]
김정은(28, 평양)이 깊은 슬픔 속에
자신과 국가의 운명을 고민하고 있고,
정준오(28, 서울)는 밤늦게 도착한 델리 공항에서
떨어진 바지 단추와 찢어진 윈드재킷을 꿰매고 있다.
비교할 것 없다.
이것도 인생이고, 저것도 인생이니까.
앗! 한 올이 빼져나와 모양이 이상해졌다.
속상하다. 하지만 괜찮다.
이것도 옷이고 저것도 옷이니까.

자정이 가까운 밤에 도착한 십이월의 델리는 남인도 벵갈루루에 비해 많이 쌀쌀했다. 내 나라가 김정일 사망으로 시끌벅적한 때, 지하철이 다닌다는 시간까지 델리 공항에서 여섯 시간을 보내야 했다. 짐을 펼쳐 놓고 잠들 수도 없었다. 공항 노숙의 로망으로 일부러 늦은 시간에 도착하는 비행기를 선택했던 것인데, 실수였다. 국제선과 연결되어 있지 않은 국내선이었고, 돈 먹는 자판기만 덩그러니 놓여있었다.

하릴없이 의자에 앉아 짐정리도 하고, 벼르던 바느질도 하고, 이북도 하나 보고, 이 모든 걸 다! 해도 시간이 한참 남았다. 사람들은 나와 함께 기다린다는 무언의 합의를 무시하고는 전화를 받으며 하나 둘 떠나고, 조는 사람들 몇 명만이 남았다. 화장실도 문을 닫았다. 불도 끄는 통에 널어놓은 빨래를 걷어가며 이리저리 옮겨 다녔다. 마지막에 잡은 자리마저 불이 꺼지면 딱히 갈 곳도

없었다. 이럴 때 둘이 하는 여행이 그리워진다. '이것 좀 보고 있어!'하고 샤워할 수도 있고. 배고프면 '배고프지? 내가 과자 사올게' 할 수도 있고.

새벽 다섯 시가 지나 공항에서 나와 짐을 지고 낑낑대며 지하철을 타고 뉴델리 지하철역으로, 또 티베탄 콜로니로 가기 위해 비단샤바역으로 갔다. 하지만 거리에는 아무도 없었다. 기대했던 델리가 아니었다. 해도 안 뜬 까만 새벽, 릭샤왈라, 장사치 모두 출근은커녕 곤히 자고 있을 시간에 나왔으니, 외로운데 내게 관심을 보일 누구도 없었다. '얘들아 호객 행위 해야지'라며 그들을 불러 모으고 싶은 생각마저 든 델리와의 황량했던 첫 만남.

안개 자욱한 티베탄 콜로니를 거닐며 하루는 쉬어 갈 숙소를 찾았지만 호텔 알바조차 곤히 잠든 새벽부터 머물 곳을 찾는 것은 좋은 아이디어가 아니었다. 울며 겨자 먹기로 아침 일찍 문을 연 버스 티켓 판매소에서 다람살라로 가는 야간 버스표를 예매했다.

말로만 듣던 사이클 릭샤를 처음 타 보고는 미안한 마음이 앞섰다. 나의 무게와 함께 변속 기어도 없는 자전거를 끄는 것이 얼마나 힘든 일일지는 생각만 해도 알 수 있는데, 온몸에 퍼지는 진동으로

그의 고통이 전해졌다. 저러다 무릎이 나가지 않을까 하는 걱정마저 드는데도, 야윈 릭샤왈라는 중간에 한 사람 더 태우고도 노래를 흥얼거렸다.

통상 20루피(약 500원) 거리에서 100루피를 주었더니 나이 많은 그가 눈치를 보며 10루피 더 챙겨 70루피를 거슬러 주기에 모르는 척 받았다. 고작 250원에, 무릎이 쑤셨을 그가 왜 죄인 같은 눈빛을 가졌어야 하는가. 그저 감상 섞인 동정이었을까. 음식보다 적응되지 않는 것은 사람을 쓰는 일이었다.

:: "티벳은 지금 울고 있어요"

> 1백만 이상의 티베트인이 1949년 이후 공산주의 중국의 손에 죽임을 당했다. 일반적으로 알려진 것보다 훨씬 더 많은 무장투쟁, 처형, 노동농장과 감옥에서의 죽음, 기아와 고문이 있었다는 사실이 명백해졌다. … 티베트가 공식적으로는 '자치구'로 활동하도록 고안되었음에도 불구하고 그렇게 활동하도록 허용되지 않았다. 행정부는 모든 층 위에서 중국인에게 지배당했다. … 티베트 민족은 중국에 의해 문화적 압살을 당하기 일보직전이다. 한두 세대가 지나면 그들은 고유 언어, 고유 문화, 국가 정체성을 지닌 하나의 민족/종교적 집단으로서 더 이상 존재하지 못할 것이다.
>
> — 『티베트—말하지 못한 진실』, 폴인그램

'티벳은 지금 울고 있어요.'

히말라야 가는 길을 물었던 내게 티베트를 통해 육로로 네팔 가는 길을 알려준 후배의 메일에서, 가슴을 울린 한마디였다. 그때 사정없이 흔들린 마음이 티베트 여행을 로망으로 만들었고, 북인도 여행 중 가장 먼저 티베트 망명정부가 있는 다람살라로 나를 이끌었다. 상하이에 있는 우리 임시정부는 기대보다 훨씬 큰 망치로 가슴을 두드렸었다.

델리에서 다람살라에 가기 위해 저녁 일곱 시부터 열두 시간이 걸리는 버스에 올랐다. 하나 남은 빈자리에 앉았는데 마침 옆자리는 한 달째 인도 여행 중이던 한국인이었고, 쉽게 그와 동행이 되었다. 같은 버스를 타고 온 여섯 한국인

◎ 맥그로드간즈와 아래쪽 다람살라 사이에 있는 티베트 망명 정부는 생각했던 대로 크지도 않았지만, 아주 초라하지도 않았다. 역사가 된 상하이 대한민국임시정부와는 달리, 정부 각 부처들이 아기자기하게 모인 그곳은 살아 숨 쉬는 현재였다.

들. 모두 방학 중인 대학생들이었는데, 우리는 여행자의 거리라기에는 한적했지만 없는 것도 없는 마을, 쌀쌀한 아침에 사람들이 분주히 하루를 시작하는 풍경 속에 있었다. 그때까지는 우리가 맥그로드간즈의 가장 많은 외국인 여행자, 흔한 한국인일 줄 몰랐다.

맥그로드간즈는 다람살라라고도 부르는(엄밀히는 '위쪽' 다람살라를 맥그로드간즈라 부르는데, '아래쪽' 다람살라가 더 큰 마을이지만 맥그로드간즈가 티베탄들이 모여 사는, 여행자들이 주로 찾는 곳이다.) 산 중턱의 매력적인 마을이다. 영국 식민지 시절에는 휴양지로 이용되었던 곳이라고 한다. 이 길로 달라이라마가 걸었고, 이 길 위에 티베트가 숨을 쉬고 있다고 생각하니 산중 마을이 가지는 독특하고 묘한 분위기가 특별하게 느껴졌다. 울고 있는 티베트 땅보다는 따뜻하겠지만, 이곳도 춥다.

작은 마을을 거닐며 한국 사람을 많이 보았다. 내가 티베트에 대한 연민에 이끌려 왔던 것처럼 이곳은 한국인을 매혹시키는 무언가가 있다. 가장 독특한 친구는 인도에 세 번, 맥그로드간즈에 네 번째 왔다는 여학생이었다. 지난봄에는

달라이라마 티칭에도 참석했는데 마침 그가 정치에서 손을 뗀다는 발표를 한 때였다고 한다.

숙소, 식당, 슈퍼마켓, 카페 어느 곳에도 달라이라마의 사진이 걸려 있다. 아쉽게도 도착하기 전날 이곳에서 열린 그의 설법이 끝나 있었고, 새해를 맞아 불교성지 보드가야로 이동해 가르침을 전하는 달라이라마와 함께하기 위해 많은 티베탄들이 떠나서, 문을 연 곳이 많지도 않았다. 다람살라에 가면 티베트 망명정부를 볼 수 있을 뿐 아니라 달라이라마를 만날 수 있는 좋은 기회라는 이야기에 설레었었는데. 하지만 만나지 못하더라도 괜찮다. 만난 것처럼 영감 받은 듯 살면 되니까.

서서히 다람살라에 젖어들었다. 넓지 않아 한 번 걸어도 지도가 머릿속에 들어온다. 작은 마을에서도 걷기 여행이 계속되었다. 남갈 사원에 들어가 부처님께 인사도 드리고 달라이라마의 거처를 둘러싼 코라 길을 둘러 산책했다. 그는 노을이 참 예쁜 곳에 지내고 있었다.

조그만 티베트 박물관에서는 티베트 망명자 이야기를 다룬 다큐를 보았다. 목숨 걸고 히말라야를 넘어 고향을 떠나는 이야기에 가슴이 시렸고, 중국이 저지르고 있는 만행들이 일제가 우리에게 자행했던 모습과 흡사해 일부만 보아도 처참함이 그려졌다. 노트에 'Free Tibet!'만 썼을 뿐인데도 3년 징역형을 받은 18세 대학생, 운동에 가담했다는 이유로 스물넷부터 서른일곱까지 인생의 가장 멋진 날들을 감옥에서 보낸 사람, 모두가 떨고 있었다. 이러다 티베트 땅에서 말

도, 문화도 사라지고 중국화될 것이라는 우려가 절절하게 들렸다. 다큐는 몇 년 전 영상이었고, 이미 그 우려는 현실이 되었다고 한다.

우리나라를 할퀸 역사의 아픔이 지금 다람살라에는 현재 진행형이다. 그들의 운명이 된 슬픈 역사, 흩어진 핏줄, 모든 것을 받아들이고 삶을 꾸려가는 가족과 친구들이 있는, 하늘빛이 아름다운, 살아있는 동안 기억하게 될 그들의 어쩌면 진짜 고향.

내가 만난 티베탄은, 그 착하다는 네팔리보다도 더 순박하고 해맑은 웃음을 가졌다. 그런 그들은 어떤 희망을 품고 있을까 궁금하던 차에 한국인이 주로 찾는 아늑한 카페를 운영하며, '티베트희망센터'라는 NGO를 이끌어가는 쿤상을 만났다. 젊은 그를 보면 인도 땅에서 티베트의 심장이 약동하는 것이 느껴진다.

스물일곱 티베탄, 그는 우리를 불쌍히 여기지 말아 달라고 했다. 티베트가 힘겨워하는 것은 나라가 가진 문제일 뿐 개인이 동정 받을 문제가 아니라며. 그러면서도 작은 카페의 밤은 슬픈 그의 나라에 대한 소회로 깊어 갔다. 자신은 다만 티베탄으로서 누군가에게 도움을 줄 수 있는 일이 하고 싶었단다. 그렇게 누구보다 사랑하는 자기 나라에 대한 철학을 가지고서 자기 일을 사랑하며 자기 인생 자기 몸짓으로 춤추듯 걷는 멋진 젊은이였다. 그가 말한 어떤 꿈과 계획들도 가식적이거나 위험해 보이지 않았다. 그는 행동하는 청춘이니까.

　소박한 작은 마을에서 만난 한국인들 중에는 이곳에 머물며 티베트 언어를 배웠었고, 몇 년 만에 또 다시 찾아 왔다는 여행자도 있었다. 그녀가 『티베트-말하지 못한 진실』이라는 책을 추천해 주었다. 과연 알려지지 않은 진실은 참혹했다. 나는 그것에 대해 가슴 아파할 준비는 되어있을지언정 그들의 과거와 현재에 대해 제대로 알고 있는 것도 없었다. 우리나라는 티베트와 관련된 문제에 있어서는 중국의 눈치를 보아야 하는 소심한 나라 중 하나이고, 나는 무지한 소시민이었다. 내 관심이 그저 영화 같은 것을 보고 느낄 수 있는 보통 연민일 뿐은 아니었는지, 부끄러웠다.

:: 누군가를 돕는다는 것

크리스마스가 다가왔다. 그날의 따뜻함은 봉사로도 가질 수 없는 무엇이 있었다. 언제부터 크리스마스가 커플의 날이 되었는지, 이런 신드롬은 그 기원도 알 수 없지만 외로워지는 현실은 인정해야만 했다. 여행하면서는 크리스마스는 가족과 함께 보내는 것이 가장 자연스럽다는 것을 알았다. 네팔에서 만난 독일 소녀도, 히말라야의 훈훈한 커플 루크와 사라도, 인도에서 만난 엘린도 크리스마스가 오기 전에는 가족이 있는 집에 돌아갈 것이라 했다.

맥그로드간즈의 거리에는 크리스마스여서 느껴지는 특별한 분위기는 없었다. 무슨 대단한 것을 바라지도, 그리지도 않았기에 까닭 없는 아쉬움은 상상이 만들어낸 괴물이었다. 이러나저러나, 외로운 이들을 더 심란하게 만드는 이런 날은, 빨리 지나가 버리는 것이 낫다.

하릴없이 여행을 선택한 나는, 봉사할 거리를 찾으려 이곳의 희망, 아이들이 공부한다는 TCV(Tibet Children's Village)가 있는 'Dal Lake'로 걸었다. 하지만 걷기 좋

은 숲길을 오래 걸어 도착한 곳에는 봉사거리는커녕 사람들도 보이지 않았다. 맑은 눈의 아이들은 방학을 즐기고 있을 터. 그렇게 그저 예뻤던 산책길에 만족하며 돌아왔다. 누구도 원하지 않았던 봉사는 나만 가진 욕심이 아니었나. 기억을 억지로 만들어 내어 그럴듯하게 크리스마스를 보내고 싶었던 욕심을 아무래도 부인하기 어려웠다. 이런 심보를 눈치 챘는지 한 여행자가 말해주었다.

"남을 위해 산다고 해도 그것은 결국 너를 위한 일이야. 누군가를 도와준다는 것은 쉽게 할 수 있는 말이 아니야."

돕는다는 미명하에, 나를 위한 궁리와 핑계를 숨기고 봉사를 너무 쉽게 말하고 있지는 않았던지. 그것이 좋은 포장거리가 될 것이라고도 생각했던 것이 부끄러웠다.

　크리스마스에는 트리운드 트레킹을 다녀오기로 했다. 종교인은 아니지만 숲속의 작은 성당 미사에도 들렀다. 동행 신욱이는 전역한 지 얼마 안 된 건강한 대한민국 예비군이었음에도 트리운드는 우리 모두에게 생각보다 꽤 멀고 힘든 길이었다. 가보고 싶었으나 가격의 압박에 포기했던 명상센터를 지나, 다람고트를 넘어 열심히 걸었는데, 오르막이 계속 이어졌다. 그래도 일단 들어섰다면 꾸역꾸역 오를 수밖에 없는 산의 매력. 쉬어 갈 만한 중턱의 휴게소는 많지도 않았고, 화려하지 않고 소박한 길이었지만 히말라야 트레킹을 떠올리게 하는 정상 2895m의 풍광은 굉장했다.

　트리운드에서 내려가는 길도 올랐던 길만큼 길었다. 다리에 힘이 거의 풀릴

때쯤 함께 가지 않았으면 위험했을 으슥한 길로 어둠과 함께 내려왔다. 가기 전에 트리운드 트레킹이 그토록 멀고 긴 오르막을 가졌다는 사실을 알았다면 가기를 두려워했을 것이다.

산에서 내려와 늦은 밤 옹기종기 모인 한국인들과의 오붓한 크리스마스 파티에 참석했다. 벽난로가 있는 식당, 따뜻한 작은 카페. 그곳에서 만난 형은 회사를 그만두고는 인도로 와서, 여행자들이 여행 중 필요 없게 된 물건들을 내놓고 싼 가격에 필요한 중고 물건을 사갈 수 있는 여행자용 중고가게를 운영 중이었다. 처음 이곳에 가게를 열었을 때 누구나 상상할 수 있는, 혹은 상상도 못한 모든 어려운 문제들과 많은 이야기들이 있었다고 했다. 그가 말했다.

"몰랐기 때문에 할 수 있었지. 이리저리 재고 걱정했으면 시작조차 하지 못했을 거야."

:: "Love your way!"

참으로 한 사람을 사랑한다면, 모든 사람을 사랑하고, 세계를 사랑하고, 삶을 사랑하게 된다.

– 『사랑의 기술』, 에리히 프롬

'Love your way!'

크리스마스 선물처럼 이 문장을 보았다. 맥그로드간즈의 조그맣고 아늑한 카페에서 한 여행자가 여행자에게 주는 글이었다. 스티브 잡스가 어린 시절에 좋아하던 책에 적혀있던 말 'Stay hungry, stay foolish(늘 갈구하며, 우직하게 나아가라.)'를 잊지 않았던 것처럼, 이 말이 어깨 너머로 보이던 공간의 기억은 흐릿하지만 이 문장이 가슴에 새겨진 그 순간만큼은 선명하다. 생각할수록 마음에 들어와 내 것이 되었다.

이 말을 되뇌며 내가 내 길을 사랑하라 하니, 정말 사랑하게 된 것 같았다. 이 길이 맞는가, 옆에 보이는 저 길이 낫지 않은가 끊임없이 비교하고 되돌아보곤 했는데, 놀자고 온 여행길에서도 이 길이 더 좋을까, 저 길이 더 좋을까 많은 생각에 잠겨있던 중에 느낀 감격이었다.

내 길을 사랑하게 되면 어떻게 걸어야 하는지 누군가 말해줄 것만 같다. 다 알면서 스스로 믿지 못하던 것들과 뒤늦게 깨닫게 된 것들을 말로만 하지 말자고. 내가 가는 길을 내가 가장 아끼는 방식으로, 내가 날 기억하는 가장 멋진 방식으로 걷자고. 자꾸 비교하고 돌아보며 나를 더 괴롭게 만들지 말고, 내가 가는 길과 내가 만난 사람이 최고이고, 내가 있는 풍경이 걸작이라고 믿고 가자고. 자신의 삶과 여행을 즐겁고 좋은 것으로 소중하게 여기는 사람은 행복하거나, 적어도 그렇게 보이기라도 할 테니까.

멋진 경구를 옮겨 적던 공간에 당당하게 손이 이끄는 대로 이렇게 적었다.

지금 이 길을 사랑하면,

길 위의 풍경들과,

길에서 만난 사람들과,

그 길에 선 이 삶을 사랑하게 된다.

행복해야 청춘이지

; 인도 기차 여행

India Train Journey

◎ 델리 ···› 자이살메르 ···› 자이푸르

···› 아그라 ···› 바라나시 ···› 델리

델리
자이살메르
아그라
자이푸르
바라나시

India

:: 첫 사기록

"여행 잘 다니고 있어? 지금 박지원의 『열하일기』를 읽고 있는데, 박지원도 조선시대 때, 중국에서도 아주 내륙인 열하까지 가느라 그 덩치 좋고 힘 좋기로 유명한 사람도 굉장히 고생했대. 압록강 주변의 엄청난 폭우에도 강을 건너서 일정에 맞춰야 했고 같이 중국 황제를 위한 방물을 짊어지고 가는 짐꾼들이 나자빠져서 박지원이 그 짐을 짊어지며 짐꾼까지 돌봐야 했다지 뭐야. 하지만 결국에 목적지에 도달하고, 온갖 특이한 인간들, 몽고, 위구르, 티베트 등 중국변방의 이민족들, 코끼리, 낙타 같은 각종 기이한 동물들과 마주 했지. 말도 잘 통하지 않는 중국 사람들과도 늘 호탕하게 즐겁게 지낼 수 있었던 까닭에 대해, 우정을 나누는데 필요한 건 언어능력이 아니라 마음을 열고 있는 그대로를 보는 것, 또 그러기 위해선 언제든 웃음을 만들어 낼 수 있어야 한다고 했어.

어디에 있건, 우선 고된 여행에서 잘 자고, 잘 먹고, 그리고 많이 웃도록 해. 아무래도 늘 조금은 긴장을 하고 다녀야 하는 게 해외여행이잖아. 1780년, 부도 명예도 없이 우울한 심경으로 40대를 보내던 연암 박지원도 체력적, 정신적으로 고통에 가까운 굉장한 여정에도 늘 농담을 달고 살았다는 것 잊지 말고!"

— 친구의 메일

인도 여행, 느긋하게 생각할 시간이 많은 것과 별개로 인터넷 키를 구입해 어디서나 인터넷을 이용할 수 있게 된 이후에는 한국 뉴스에 관심을 돌려놓고 그에 대한 사람들의 반응을 둘러보게 되었다. 정부가 북한 독재자의 사망에 조의를 표하는 방식에 대한 문제와 프로야구 스토브리그에 들리는 소식들과 내 여행의 상관관계가 뭐라고 눈앞에 놓인 것들보다 그 문제를 골똘히 생각했던 걸까.

욕심은 모든 순간 새로 태어난다. 페이스북 타임라인을 보다가도 왜 이렇게 업데이트가 안 되냐며 보이지도 않는 친구들을 소리 없이 닦달하고, 북한 독재자의 후계자가 탈북자 3대 멸족을 지시했다는 뉴스에 분노하는 사이, 한국에 있는 것과 다름없어졌다. 인터넷은 어김없이 익스플로러 창 여닫기를 반복하게 해서 고귀한 여행을 방해하곤 했다. 그 창 하나 더 열 시간에 사기꾼에게라도 마음의 문 한쪽 여는 것이 진짜 여행일 텐데. 돌아갈 준비가 되지 않았다는 방증일 것이다. 그대로 돌아가면, 예전과 똑같이 내가 아닌 주변만 돌아볼 것이 틀림없었다.

델리에서 처음으로 해야 했던 중요한 일은 남은 인도 여정을 만들어줄 기차표를 예매하는 것이었다. 기차표 예매 사이트에서는 대도시행 기차표를 예매하기가 하늘의 별 따기였는데, 가이드북에 따르면 뉴델리 기차역에는 외국인 전용 예매 창구가 있어 쉽게 표를 구할 수 있고, 외국인들과 같은 칸에 머물 가능성이 많아 안전하기도 해 일석이조라고 한다.

아침도 먹기 전 이른 시간에 뉴델리 기차역에서 외국인 전용 매표소를 찾아 헤맸는데, 한 인텔리한 직원이 내게 다가왔다. 그는 여기가 아니라 여기서 오토릭샤로 5분 거리에 있는 코넛플레이스에 정부 운영 예약 사무소가 있다며 친히 기차역 앞 오토릭샤 주차장에 대기하던 릭샤왈라에게 날 인계했다. 어벙한 여행자였던 나는 코넛플레이스의 그 '정부 운영' 사무소에 들어가 한참 설명을 듣고 생각보다 비싼 가격에 한참 고민하다가 좀 더 생각해 보고 오겠다며 나오기까지, 한 시간 동안 상황파악을 하지 못하고 있었다.

우유부단함 덕에 지갑을 열기 전에 빠져나와 패스트푸드점에서 햄버거를 먹으며 곰곰이 생각하다가 비로소 무슨 일이 벌어졌는지 알았다. 기차역에서 수

첩과 펜을 들고 멀끔한 복장으로 날 이끈 사람은 사기꾼 앞잡이였고, 정부 운영 기차표 예매 사무소라는 곳은 구하기 힘든 기차표 예매와 안전을 보장하는 호텔 예약 등을 포함한 패키지 투어라며 터무니없는 가격을 제시하는 사설 여행사였다. 외국인 전용 예약사무소는 뉴델리 지하철역 쪽이 아닌 건너편, 빠하르간즈 쪽에 있는 뉴델리 기차역 정문에 있던 것인데 나는 엉뚱한 곳에서 헤매다 '얼씨구나 먹잇감이다!' 했을 사기꾼에게 걸렸던 것이다.

정말 내가 사기 당할 줄 몰랐다. 아차 하는 순간에 누구나 눈 뜨고 당할 수도 있다는 것을 실감했다. 순식간에 인디언에 대한 신뢰와 시간과 마음을 잃었고, 사기꾼과 마주 앉아 이야기를 나눈 생생한 기억이 끔찍해졌다. 코넛플레이스를 걷다가도 사근사근 말을 걸어 어디론가 날 데려가려 하는 인디언도 둘이나 만났다. 듣던 대로 길 가는데 말을 거는 사람들은 모두 꾼들이었다. 해가 중천인데 왜 바쁜 길 안 가고 나를 도와주려 하겠어.

친절하고 유머 넘치던 사무소 직원은 '델리 ⋯→ 자이살메르 ⋯→ 자이푸르 ⋯→ 아그라 ⋯→ 바라나시 ⋯→ 델리'의 일정을 원하는 날짜에 원하는 클래스의 좌석으로 맞추어 주기 위해 빛의 속도로 검색하고, 가이드북에 밑줄까지 그어가며 안내해

주었다. 사기꾼 여행사에서 제시한 가장 낮은 가격의 10%에도 미치지 않는 가격에 줄줄이 뽑혀 나온 기차표가 짜릿했다. 그렇게 북인도 기차 여행 보름 일정이 만들어졌다.

◎ 다시 돌아온 뉴델리역에서 멀쩡한 외국인 전용 예매 사무소를 찾아 속 시원하게 기차표를 구했다. 전화위복! 사기꾼 매니저와 상담했던 덕분에 도시 간 이동스케줄과 여행 포인트를 깔끔하게 잡을 수 있었다.

화양연화?
花樣年華 인생에서 가장 아름답고 행복한 순간

그러니 떠나야 했다. 길을 나선 여행자에게 특정한 지역에 대한 집착이란 얼마나 불경스럽고도 위험천만한 일인가. 그것은 그동안 많은 여인들을 만나고, 사랑하고, 열병에 걸렸다가 빠져나오면서 자연스럽게 터득한 이치이기도 했다.

나는 방으로 돌아와 두 눈을 질끈 감고 짐을 꾸렸다, 샨티 샨티.

– 『떠나는 자만이 인도를 꿈꿀 수 있다』, 임헌갑

새해 설법을 위해 보드가야로 떠난 달라이라마를 따라서 다람살라의 티베탄들이 함께 떠나던 마을의 대이동 때문에, 괜찮은 버스표가 없어 울며 겨자 먹기로 탄 델리행 디럭스버스. 자꾸 창문이 열렸고, 닫아 놓아도 자꾸만 열리는 통에 찬 바람 그대로 쐬다가 잠도 편히 잘 수 없어 힘들게 델리까지 '운반'되었다.

잠들기가 어려워 깨어있는 시간에는 '정신일도 하사불성'을 되뇌었다. 그렇게 델리로 돌아온 날부터 다시 꿍꿍 앓았고, 걷기도, 먹기도 힘들어 아무것도 하지 못했다. 아픈 것도 여행이라고 우겨보아도 몸이 아프니까 청춘이고 여행이고 뭐고 없었다. 돌아가는 상상도 해 보았다가 돌아간 다음 날 눈을 떴을 때 많이 후회할 것이 분명해 차마 그 생각을 다시 꺼내지도 않았다. 잘 가지 않던 한국 식당도 자주 찾게 되었다.

　몸 상태를 보아 델리에서 쉬고 싶은 마음도 일었지만, 하루 만에 다시 떠나는 고행을 선택했다. 물론 그 자리에 쭉 머물렀어도 나름의 여행이 이어졌겠지만 여행자의 의무라는 착각 때문일지라도, 덜컹거리는 기차에서 태어날 때부터 날 위해 존재하지는 않았던 자리에 몸을 맡기고 '내가 지금 어디로 흘러가고 있나?'하는 질문을 던지는 편이 나았다.

　자이살메르로 가는 기차를 타고 다시 여행이 시작되었음을 느꼈다. 기차가 달리는 동안 이 시간쯤 어제 저녁을 함께했던 친구들은 서울 가는 비행기에 올랐겠지, 생각했다. 이렇게 사람을 만나고 알아가게 되면, 생각의 폭이 생생하게 넓어지고 풍요로워진다고도. 두어 달 인도 여행을 마치고 돌아가던 두 여학생은 얼굴만 알고 지내던 고등학교 동창 사이였는데, 각자 여행 중에 우연히 만난 후 함께 다니며 아주 절친한 사이가 되었다고 했다. 여행에서 얻은 것을 물으니 망설임 없이 '친구'라는 답이 돌아왔다.

> 잊으려고 하지 말아라. 생각을 많이 하렴. 아픈 일일수록 그렇게 해야 해.
> 생각하지 않으려고 하면 잊을 수도 없지. 무슨 일에든 바닥이 있지 않겠니?
> 언젠가는 발이 거기에 닿겠지. 그때, 탁 차고 솟아오르는 거야.
>
> — 『기차는 7시에 떠나네』, 신경숙

'기차는 일곱 시에도 달리네.' 아침 일곱 시, 기차는 달리는데 나는 10시간 넘도록 잘 잤다.

날이 밝아 오는 중에 아래 위 옆자리 모두 외국인들이 잠들어 있었다. 앞자리 아주머니는 열두 시간을 깨지 않고 주무신다. 깨어봤자 할 수 있는 일이 없을 것을 잘 아시기 때문이리라.

열한 시 도착 예정이던 기차가 20분 연착해서 자이살메르에 도착했다. 인도 기차에서 20분은 연착되지 않은 것과 마찬가지. 역에 내리자마자 한국인이 많다는 게스트하우스의 픽업차를 타고 시내로 들어왔다. 아담한 것이 썩 마음에 들었던 숙소에 짐을 풀고 시내를 걷다보니 길에서 얼굴이 익숙한 여행자를 많이 만났는데, 몇은 따로 보았지만 일행이 되어있기도 했다. 맥그로드간즈에서 자이살메르로 넘어오는 코스는 특히 한국인들이 많이 찾는 루트였다.

'네 생의 가장 소중하고 아름다운 날들이길 바란다.'

자이살메르성 안의 한 루프탑 식당에 가만 앉아 있다가 어머니께서 보내 주신 안부 메시지를 보았다. 내가 꿈꾸던 여행을 온 만큼, 인생에서 가장 빛나는 한 때를 보내고 있어야 함이 마땅하다는 생각이 들면서도 '이렇게 유유자적한 시간을 보내는 것이 잘 살고

있는 건가?', '나는 왜 지금 미소가 떠나지 않는 순간을 매일 만끽할 만큼 행복하지 않지?' 자문했다. 행복할 조건이 다 갖추어진 것처럼, 꿈을 따라 사는 것처럼 보여도 내면은 그게 아닐 수 있다. 욕망의 굴레 때문일 수도, 알고 보면 누구나 가진 틀에 박힌 환상에 그저 몸을 밀어 넣었을 뿐일 수도 있다.

　욕심이 줄어 버린 여정의 한복판. 하루를 알차게 다녀야 한다는 일종의 사명감은 진즉 사라졌고, 인도 여행은 흘러가는 대로 내버려 두어도 나쁘지 않았다. 쉬는 것이 일이었고 쉬다 지치면 노는 것이 일이었다. 여행자의 삶이 익숙해지고, 떠들거나 명상하는 것이 일상이 되는 생활을 하고 나니 돌아가 이런 생활을 하고 싶지는 않았다. 여행하면서 비로소 내가 치열하고 바쁜 척이라도 해야 행복하다는 것을 깨달았다. 그렇게 이미 내겐 좋은 것이 좋은 게 아닌 것이 많았고, 남들이 좋다거나 부러워하는 것들과 내가 진실로 좋아하는 것들을 구분해서 받아들이게 되었다.

　그래서 내게는 지금이 가장 빛나는 시간이 아닐 수도 있다고 생각했다. 내가 만든 일정조차 마음에 들지 않을 때가 있었고, 자발적이지 않은 것과 비할 바는 아니었지만 모든 순간이 행복하지만은 않았다.

> 아마 사랑이 없어서일지 모른다.
> 어차피 인생 조금 더 많은 의미를
> 가지려고 사는 것인데.
> 사랑 없이 무슨 의미가 더
> 있단 말인가.

:: 사막에서 새해맞이
;아프니까 청춘이라니, 행복해야 청춘이지

그대, 좌절했는가? 친구들은 승승장구하고 있는데, 그대만 잉여의 나날을
보내고 있는가? 잊지 말라. 그대라는 꽃이 피는 계절은 따로 있다. 아직 그
때가 되지 않았을 뿐이다. 그대, 언젠가는 꽃을 피울 것이다. 다소 늦더라도,
그대의 계절이 오면 여느 꽃 못지않은 화려한 기개를 뽐내게 될 것이다. 그
러므로 고개를 들라. 그대의 계절을 준비하라.

– 『아프니까 청춘이다』, 김난도

'아프니까 청춘이다'라는 하나의 신드롬, 수백만 부 팔린 초대형 에세
이는 초대형 위로만큼이나 위험하다고 생각했다. 그 말에 매몰되어 위로만 받고
나아가지 못하는 것, 그런 말로 안심하고 아픈 걸로 그치는 것은 더 아프고 나
쁜 일이기 때문이다.

청춘은 원래 다시없을 아름답고 행복한 시절이라고 배웠다. 하지만 그러기 힘

들어서 아픈 건데, 아픈 게 당연하니 과정이라 여기지 않고 힘든 것을 포기해 버리면 그 자리에 맴돌 뿐 아닌가. 청춘에게 기꺼이 손을 내민 저자가 의도한 바도 그런 것이 아니었겠으나 나 역시 전면적인 위로에 카타르시스를 느끼다가도 어딘가 꺼림칙했다. 유난히 청춘이 위로받고 있던 해가 흘러가고 있었다.

기억하기 좋은 날에 좋은 기억 만드는 것은 멋진 일이다. 특히 새해는 누구에게나 특별한 순간이기 때문에, 더욱 특별하다. 어떤 날이든 사랑하는 사람과 따뜻한 것이 제일이지만, 사막에서 맞는 서른의 새해 역시 특별하리라 기대하고, 사막에서 낙타를 타다가 하룻밤 자고 오는 낙타사파리를 가기로 했다.

깨끗함은 잠시 안녕. 인도 여행이 길어지면 점점 위생의 경계가 흐려진다. 조금 덜 지저분하면 성공이다. 사파리 가기 전날 한국인 숙소에 방이 없어 옮긴

숙소는 충격적이기로 기념비적이었다. 남자 셋이 작은 더블베드에 웅크려 잤고, 물이 잘 나오지 않아 아침엔 쫄쫄 나오는 끓인 물을 호호 불어가며 물을 묻히는 웃긴 꼴로 씻고 나왔다.

새해맞이 낙타사파리는 한국인 스무 명이 함께 가게 되었다. 멍한 표정을 가진 낙타. 게으름 부리지 않고 질겅이며 잘 걷는다. 낙타를 타는 동안은 심심한 시간이 더 많았고, 들던 대로 20분 정도 타니 힘들어졌다. 떨어질까봐 마음 놓고 졸 수도 없었다. '낙낙타'한 사례도 직접 들은 터였다. 낙타를 타면서, 워크캠프 중 속 깊은 리나가 함피에서 관광 상품이 된 코끼리를 만지고 사진 찍으며 느꼈다는 죄책감과 비근한 느낌도 있었다.

생각보다 지루하고 길었어도, 참을 수 없는 행복도 느꼈다. 굳이 낙타를 탈수 있는 이곳에 있다는 사실 때문이 아니라, 방구석에서도 느낄 수 있는 그런종류의 행복이었다. 살아 있어서 행복하다는 것. 그저 낙타는 걸었고, 나는 함

◎ 한 해의 마지막 일몰을 함께한 청춘들 ©경빈

께 덜컹이고 있었다. 모래가 끝없이 펼쳐져 있고 허름한 바람막이가 있는 곳에 떨어뜨려지고서는 왜 돈 내고 사막에서 극기 훈련인가 싶기도 했지만, 행복하기로 선택한 순간부터 굳이 분주하게 애쓰지 않아도 충만한 시간이었다. 쏟아지던 별들 때문만은 아니었다. 사막 모랫결조차 의미 있었던 것은 그곳에 사람이 있었기 때문이다.

인도 북서부 라자스탄주 자이살메르 근처 타르사막 어디쯤. 저녁으로는 갓 잡은 염소고기, 구운 닭과 감자도 먹었다. 고운 모래로 설거지를 했고, 짜이는 끼니마다 거르지 않았다. 캠프파이어에서 술잔을 기울인 친구들은 행복할 준비가 되어있는 청춘들이었다. 산이 없고, 달이 내려가니 별을 볼 수 있는 하늘이 넓어졌다. 나는 물어보지도 않은 별자리를 가리키며, 천문우주학과에서 별자리를 배우지는 않지만, 석사 노릇을 했다.

다른 누구도 듣지 못하는 우리 이야기만 가득했던 사막의 모닥불 앞에서는 진솔한 이야기들이 자연스레 흘러나왔다. 새해 첫날, 조금은 달뜬 시간에 내 스물아홉의 선택에 대한 이야기를 들어준 동생들이 고맙기도, 부끄럽기도 했다. 그 나이 또래를 방금 지나온 내가 치기 어린 충고로 동생들의 진로에 대해 이래라저래라 할 만큼 훌륭한 이십대를 보내지는 않았다는 생각이 들어서, 훈계보다 내 솔직한 경험을 이야기했다. 다만 나를 반면교사 삼아 서글픈 절망은 겪지 않았으면 하는 바람이 있었다.

기꺼이 젊음에게 손을 내민 '청춘 멘토'들을 존경해 마지않더라도 '언제고 인생이 쉬운 적 없었다'는 시각은 분명히 필요하다. 그간 후배들에게 쉽게 희망을 이야기하지 못하고 솔직하게, '네가 생각한 것과 현실은 생각보다 더 다르다'고, '이상이 아름다울수록 좌절하기 쉽다'고 말해 온 것도 그래서였다. '물이 반 밖에 안 남았네'라고 생각하는 것이 부정적이어서 좋지 않다는 말을 다시 생각해 볼 필요가 있다. '물이 반이나 남았다'며 만족할 것이 아니라, 부족한 부분을 다시 채울 생각을 하게 될 수 있으니까.

또래 동생 경빈이와 '아프니까 청춘'이 아니라 '행복해야 청춘'이라고 함께 고래고래 소리도 질렀다. 인생 누가 책임져 주는 것은 아니라고. 행복도 셀프서비스여서 행복하기로 선택하면 된다고.

꿈과 소원을 나누고 축복해 주는 것만큼 새해에 어울리는 것은 없다. 길 위에서 만난 인연이어서 서로의 배경도, 마음도 잘은 모르지만 모두에게 좋은 새해가 되기를 서로에게 몇 번이나 축원했고, 두런두런 서로의 사연을 나누며, 별이 쏟아지는 사막에서 멋진 새해를 함께 맞았다. 한 동생과 모래 언덕을 올라 이용한 별빛 내리던 넓디넓은 화장실에서는 온 우주를 다 정복한 돈키호테 마냥 벅차기도

했다. 술에 취한 채 '우리 만나서 고맙다'는 이야기를 수차례 했던 것 같다. 길 위의 소중한 인연들 한 명 한 명의 소중한 꿈과 바람들이 이루어져가고 있기를, 멋진 이야기가 하나하나 잘 쓰이고 있기를 바라본다.

작은 바람막이 안으로 옹기종기 모여 고운 모래 위에 담요를 한 장씩 깔고 침낭 속으로 들어가 몸을 뉘였다. 침낭을 가득 덮고 얼굴만 내놓고 있으면, 작은 움직임마다, 침낭 밑에 놓인 얇은 담요 한 장 아래로 고운 모래가 민감하게 반응하는 것이 느껴진다. 밤하늘에는 아름다운 별잔치가 펼쳐져 있다. 별똥별도 여러 번 보았다. 소원이 모자라지 않을 만큼.

서른이다. 웅대한 꿈이나 환골탈태, 사랑 쟁취 같은 원대한 야망도 외치지 않은 새해맞이였다. 다만 눈부시도록 아름다웠던 별밤에 눈앞을 스쳐간 별똥별에 기댄 소소한 소원들이 영화처럼 이루어져 가기를!

:: 우리는 그저 서로에게 감탄하면 된다

자이살메르의 인터넷 사정은 좋지 않았는데, 오히려 그것이 매력이었다. 아담한 한국인 숙소 옥상에서는 아침부터 저녁까지 매일 도란도란 반상회가 열렸다. 자이살메르에 오면 성과 함께 한 번씩은 들른다는 호수도 보지 않았지만 이곳이 기억에 오래 남게 된다면 사람이 있는 풍경 때문일 것이다.

사람과 사람이 있는 곳에는 이야기가 생기고, 말없이 함께한다는 느낌만으로도 과거와 미래가 이야기된다. 내가 사막에서 돌아온 날에도 어김없이 언제 어딘가에서 길에서 우연히 만나 일행이 된, 막 새로 들어와 사파리를 기대하며 옹기종기 모여 음식을 나누어 먹고 두런두런 자주 두서도 없고 가끔 내용도 없는 이야기를 나누던 예쁜 청춘들의 모습이 귀엽게 보였다.

◎ Make your girl friend more beautiful

◎ 'Make your boy friend less ugly',
'No need for VIAGRA! Magic bed sheet'

　여행지에서 낯선 여행자와 나누는 속 깊은 대화는 군이 꾸밀 필요도, 잘 보일 필요도 없기 때문에 가식 없는 진짜 대화다운 대화가 되기도 하고 전에 없던 공감의 스펙트럼을 넓혀 주게도 한다. 어떤 이야기는 본의 아니게 판타지가 되어 여행의 시간을 신비롭게 채워 주기도 한다. 진심 어린 대화는 어떤 때는 답을 발견하게 하기도, 어떤 시간엔 공간을 가득 부드럽게 만들기도, 두꺼운 책보다도 짜릿한 깨달음을 얻게도 한다.

　낙타사파리에서 돌아와 자이살메르를 떠나는 날까지 방을 함께 쓴 현진 형은 사막에서 맞은 아침에 가장 편한 자세로 가장 오래 고운 모래를 느끼던 여행생활자였다. 조각을 전공한 아티스트였고, 떠나온 지 두 해째 거의 모든 대륙을 거쳐 온 그가 즐겨 읽는다는 쇼펜하우어의 『인생론』은 너덜너덜했다.

　대화로 생각을 공유하는 것은 언어가 공기를 가르고 진동으로 변했을 뿐인데 색다른 느낌을 준다. 사람을 잘 파악하고, 어떤 말도 경청하며, 어떤 주제로도 이야기를 풀어내는 재주를 가지고 있던 여행생활자와의 깊은 밤 대화는 입 밖으로 내본 적 없던 생각까지 정리해서 말하도록 만들었다. 아브락사스를 향해 날아가려는 새가 알을 깨고 나오며 태어나는 것까지는 아니었더라도, 적어도 자주 잊고 지내는 내 존재의 진짜 모습이 있다는 정도는 느끼게 해 주었다. 내가 생각하던 내 모습과 내가 보이는 모습은 분명히 달랐다. 내가 외로움이나 열등감을 극복해 왔던 방법은 내가 바라는 모습으로 나를 착각하거나 가지지 않은 것에 대한 허영이나 허세로 나를 속이는 일이었는지도 모른다.

그는 여행하며 만난 사람들 대다수가 '나를 만나기 위해 왔다'고 말하면서도 남들에게 보이는 나의 모습을 중시하면서, 남에게 보이기 위해 여행하는 것 같았다고 했다. 남들이 어떻게 나를 생각하게 될 것인지를 고민하면서 말이다. '길을 찾기 위해 여행을 떠나왔다'는 사람들에게는, 여행길에서 조용히 앉아 생각하는 것이 아니라 직접 부딪혀야 길이 생긴다는 말을 해 주고 싶다고 덧붙였다.

누구나 자랑하고 인정받고 싶은 마음을 품고 있고, 종종 그것이 인생의 목표가 되기도 한다. 목표는 대개 거창해야 그럴듯하게 들린다. 그래서 차라리 거창한 포장을 하지 않았다면 별다르지 않았을 알맹이를 치장하는 것이 목적이 되어버린 일상이 만들어지곤 한다. 아마 세상에 존재하는 많은 꿈들은 적당히 포장된 다른 모습의 같은 내용물이 아닐까.

자이살메르 기차역으로 현진 형과 경빈이가 함께 마중 나와 주었다. 언제 다시 만날지 모르지만 함께 있는 것만으로도 좋은 인연.

"형, 알프스에서 보드 탈 거라고 했죠? 진짜 멋있겠다. 너무 부러워요!"
이 말에,

"왜, 너도 재밌는 여행 중이잖아!"
대답하면서 핀트가 엇나간 것을 직감했다. 그는 나의 여행이 그의 여행과 비교해 좋지 않아서 그랬던 것이 아니라, 그저 내 계획을 감탄한 것뿐이었는데. 그저 나도 따라 내 여행에 대한 기대를 말하는 편이 나았을 것이다. 너와 나의 길은 모두 대단하다. 우리는 그저 서로에게 감탄하면 된다.

:: 이미 **환상**은 **박살나** 있다

우리는 여행의 현실이 우리가 기대하는 것이 아니라는 생각에 익숙하다. 물론 염세주의파는 현실이 반드시 실망스럽다고 주장한다. 그러나 일단 현실은 기대와는 다르다고 이야기하는 것이 진실에 좀 더 가까울 수 있고, 또 좀 더 보람도 있을지 모르겠다.

– 『여행의 기술』, 알랭 드 보통

인도 거리 어디서나 들을 수 있던 **빽빽대는** 경적 소리에 익숙해지기 힘들었다. 처음에는 그 소리가 안전을 위한 신호라는 것을 알고 그들이 건네는 인사인 것만 같아 나쁘지 않았는데, 인도를 떠날 날이 가까워 오면서 곱지 않은 시선으로 변했다. 무분별하게 울리는 경적은 기본적으로 내가 지나가니 비키라는 이기적인 신호였고, 어떤 자제력도 없이 질러대고 보는 운전자들이 길바닥에 이기심들을 쏟아 버리고 다니는 것 같아 꼴사납게 들렸다.

워크캠프에서는 사람을 만났고, 어떤 활동을 했기 때문에 좋은 기억으로 남아있지만 그것이 인도여야만 가능했던 것은 아니었다. 인도에도 좋은 점이 많지만, 내게 인도 여행 기간은 적절한 환상을 적당히 깨어 부수어 준 시간들이었다.

인도에서 만난 한 한국인 사업가는 기행문과 문학적 상상을 통해 인도에 대해 품어왔던 환상들에 대해 의심을 가져야 한다고 말했다. 나도 인도를 영혼의 나라로 각인시켜 준, 사기 당한 이야기까지 아름다워지는 여행기를 롤 모델로 환상을 품어왔던 순수한 시절이 있었다. 미화된 인도의 모습이 오히려 두려움을 주는 여행기도 있다. 직접 만난 여행자들로부터 얻은 여행 조언에는 '조심해야 한다'는 경각심이 더 많았는데도.

　사실 사기 당하고 합리화하는 것과 영적 깨달음을 얻는 것은 종이 한 장 차이다. 나도 적절한 환상 속에 인도를 찾았지만 인도는 인도라서 가능한 어떤 특별한 깨달음도, 감동도 주지는 않았다. 많은 이들이 오랜 기간 머무르는 것은, 물가가 싸서 왕처럼 살 수 있기 때문이다. 무언가 찾지 못하고 시간은 그저 흘러갈 뿐, 자주 떠나는 날을 기다리게 되었다.

　그렇게 인도에 대한 환상은 이미 박살이 나있었다. 인도 여행이 재미없다던 한 여행자의 말처럼, 지저분하지 않은 곳을 찾기 힘들고, 식당도 위생 개념이 없는 곳이 많고 음식은 대체로 우리 입맛에 맞지 않는다. 사람이 많다보니 집요한 악질들도 만나기 쉽다. 그러면 왜 나는 굳이 그런 곳에서, 저들의 삶을 탓하며 즐기지도 못하는 바보짓을 하고 있었던가.

　쉽게 한 나라를 한마디로 재단하는 것 또한 위험한 일일지 모른다. 길 위에 버려진 쓰레기들만큼 자꾸 불만을 흘리는 나도 돌이켜 보면 이곳이 좋았더라고 찬양하게 될지 모르는 일. 인도는 볼 것도 할 것도 많고, 땅덩어리도 넓은 멋진 나라다. 배울 점이 많은 멋진 정신도 존재한다. 불쾌한 감정을 느끼면서도 한편으로 즐기고 있는 묘한 감정의 부침조차 인도가 주는 어떤 매력이었다. 이곳에서 만족하고, 행복한 여행자가 더 많다. 언제나 들리는 말들과 내가 느끼는 바는 엄연히 다르고 내가 숨 쉬며 느끼던 감상과 기억하게 될 추억은 다른 색깔일 것이다.

　어차피 어떤 여정이든 적절한 환상과 이미 만들어진 문장에 현실을 맞추어가는 과정이 많다. 앵무새처럼 가이드북이나 후기들에 나오는 감상을 꺼내어 내듯 내뱉은 아이들의 감상에 문득 놀라곤 했다. 이미 그걸 본 나도 같은 언어로 비슷한 생각을 하고 있었거든.

:: 이야기는 믿는 대로 만들어진다

자이푸르. 핑크시티라기에 핑크를 떠올리며 거리를 걸었는데 도저히 핑크와는 매치되지 않는 건물들만 보였다. 굳이 핑크를 보려한 것은 아니었지만, 핑크도시에 핑크가 보이지 않으니 도시의 이야기가 사라진 느낌이었다. 오래된 천문대인 잔타르만타르에서는 가이드를 대동한 다른 여행객들 틈에서 해시계 보는 법에 대한 열강을 듣다 말고 돌아왔고, 오페라 하우스를 방불케 한다며 궁금증을 일으킨 힌디 영화관은 낮잠을 자다가 영화 시간을 놓쳐 들어가 보지 못했다.

좋았던 점이라면 혼잡한 시장 바닥에서 여러 인디언들의 많은 미소를 보았던

것과 오래도록 기억될 라씨를 맛본 것이었다. 여행자들과 가이드북에서 인도 최고라는 극찬을 받은 '라씨 왈라'의 플레인 라씨의 맛은 진짜였다. 남들이 맛있다고 하니 앵무새처럼 되뇌는 것인지도 모르겠으나, 자이푸르에 머문 하루 동안 오며가며 넉 잔을 벌컥벌컥 들이켰다. 종일 그 맛이 생각나면서, 그 느낌을 저장

해 두고 싶었다. 예전에 향기는 왜 기억장치가 없을까하고 쓸데없는 고민을 한 것에 비하면 현실적이고 간절한 바람이었다. 청각을 위한 녹음기처럼, 미각을 위한 기억장치가 있다면! 전혀 다른 메커니즘을 가진 감각들이지만 멋진 상상은 이루어져 왔으니까, 언젠가는.

잠시 숙소에 들어와 잠시 낮잠을 자다가 밤이 와버렸다. 영화 볼 시간을 놓친 아쉬움에 정처 없이 밤거리로 나섰는데, 한 릭샤왈라가 말을 건다. 여느 장사치와 다름없는 시작이었지만 대화는 달랐다. 라주는 먼저 내 동물 모자에 관심을 보이면서 유쾌하게 농담 따먹기를 시작했다. 경계는 풀지 않았지만 별다른 할 일도 없었기에 함께 웃으며 길에서 시간을 보냈다. 원래 뮤지션인데, 저녁에는 릭샤왈라가 된다는 그. 인도 여느 거리처럼 그곳도 릭샤 수요보다 공급이 넘쳐났기에 그도 할 일이 없었다. 시간이 괜찮으면 친구 아주와 함께 맥주를 한잔하러 가자고 한다. 한잠 자고 일어난 후라 컨디션도 나쁘지 않아 그러자고 하고 함께 릭샤를 타고 따라 간 곳은 인도인들이 가득한 흔한 동네 호프였다.

그는 진심이 느껴지는 눈빛과 말투, 말로 사람을 홀리는 재주를 가지고 있었다. 그의 입에서 종종 내 생각이 흘러나왔다.

"멋진 곳에 사랑하는 사람이 함께 없다면 그 의미가 덜해"

"인생은 아름다워"

"돈보다 사랑이지"

"사랑 없는 인생은 너무 보링(boring)해!"

"음악은 정말 좋은 거야!"

라고 말하는 유쾌한 친구. 게다가 내게 행복하라고, 행복을 빌어주는 친구!

그에 비해 아주 조용했던 아주는 그의 종교에 따라 한 주에 한 번 금식과 금주를 하는데, 그날이었다. 라주가 집 구경을 시켜 주고 싶다기에 아주가 모는 릭샤를 타고 라주의 집으로 갔다.

중심가에서 멀지 않은 곳, 길거리에 그의 집이 있었다. 다 허물어져가는 천장만 겨우 덮은, 집은 그저 '공간'이었다. 그의 누나와 작은 조카, 그의 부모님이 반겨주었다. 그 '공간' 뒤편 창고 같은 그의 방은 하늘을 다 덮지도 못했다.

방 거적 위에 앉아 있으니 찢어진 봉고로 연주를 들려주고 인형극을 보여주었다. 코끼리 인형을 만들어 파는 그의 누나는 낡은 앨범을 꺼내어 10년이 다 되어가는 동생의 프랑스 공연 사진을 자랑했고, 라주는 코끼리 가족 인형을 친구의 선물이라며 주었다.

그는 돈보다 사랑과 우정이 소중하다는, 걱정되는 유형의 로맨티스트다. 음악을 하지만 릭샤를 몰아 가족을 부양한다고 한다. 릭샤로 많은 돈을 벌기 힘들다. 낮과 저녁 번갈아 가며 빌린 릭샤를 쓰고 100루피씩을 렌트 비용으로 낸다고 했다. 손님 구하기도 힘들어 보이던데, 적지 않은 돈.

결국은 라주의 입에서 걱정하던 이야기가 나왔다. 이 누더기 같은 천장을 보고 불쌍히 여긴다면 기부를 해달라는 것이었다. 주지 않아도 되는 돈이 확실했고, 주더라도 얼마를 주어도 상관없었다. 하지만 지갑을 열었다. 그 시간에 영화를 보고 간식을 먹었다면 썼을 만큼을 주었다. 그의 가족에게 돈을 전달하는 동안 라주는 그 돈은 우리 가족에게 백만 달러와 같다는 말로 가치를 높여주었다.

그렇게 내가 줄 수 있는 소중한 것의 실체는 돈이었다. 전략이라면 정말 괜찮은 전략이다. 하지만 실제로 그렇다고 하더라도, 나는 친구를 믿기로 했다. 내가 친구들과 맥주 한잔하러 릭샤에 탄 것이고, 어려운 가족을 보고 기부하려 한 것이다. 그렇게 생각해도 나쁘지 않은 시간이었다. 미처 생각하지 못했던 것이라면 친구 사이에 돈 이야기는 하지 않는 것이 좋았고, 기부하는 다른 방법도 찾을 수 있었다는 것.

그 와중에도 나는 보이지도 않는 남의 시선을 의식하고 있었다. 그것은 행복한 미소로 감사해 하는 순박한 얼굴을 보면서도 느낀 불안감의 정체였다. 사기를 당하고도 기뻐하는 바보여행자라는 시선을 받을 것만 같았다. 기부단체에 돈을 내는 것은 증명서도 나오는 고귀한 행위이며 라주 가족에게 한 기부는 사기를 당한 것이라고 손가락질 받는 것이 전혀 틀린 상상도 아니었다.

사기라면, 그는 우정과 행복을 도구로 사용한 기막히게 영리한 사기꾼이다. 기부라면, 이런 난민 같은 가족에게 기부하지 않을 이유가 무엇인가. 나는 한 번 직접 만나보지도 못한 방글라데시 소년에게 실제 어떤 방식으로 도움을 주는지도 알지 못한 채 기부단체만 믿고 매달 꼬박꼬박 기부금을 내고 있는데, 그 차이는 또 무엇인가. 아깝다면 그것도 아까워해야 하지 않는가.

어쩔 수 없이 든 의심과 자책 후에, 사랑도 결국 그런 것이 아닌가 하는 생각이 들었다. 사랑하면 지갑이 열린다. 그것도 아주 기쁜 마음으로. 사랑하는 이와 함께하는 멋진 시간과 그 사람을 아름답게 치장하는 도구들이 생기면서 통장 잔고가 줄어들어가더라도, 그것들이 주는 행복의 가치는 그 이상이라고 믿는다. 그래서 쇼핑할 때는 조금 더 깎지 못해 안절부절못하면서, 사랑 앞에서는 더 쓰지 못해 안달하곤 하는 것이다.

여러 의미에서 라주와 아주를 만난 것은 자이푸르에서 가장 중요한 부분이었다. 숙소로 돌아오며 친구든 사기꾼이든 진한 사람 기억을 만들어 수 있어 다행이라 생각했다.

"기억을 소중히 해야 한다."

라주의 말이다. 믿어왔던 것을 친구의 입에서 듣고 술잔을 기울인 후엔 진실이 아닐 수가 없게 된다. 여전히 나는 이야기 속의 나와 친구를 믿고 있다. 삶의 이야기는 믿고 말하는 대로 쓰이게 된다. 나를 지키기 위한 최소한의 의심만 가지고서, 있는 그대로를 보는 것과 웃음을 잃지 않는 것. 이 두 가지를 지키고 싶었다.

:: 가난한 사랑은 흔적도 없다

Like the Taj Mahal, a life overflowing with wonders is built
day by day, block by block. Small victories lead to large
victories.

- 『The Monk Who Sold His Ferrari』, Robin Sharma

타지마할은 무굴 제국의 황제 샤자한의 두 번째 아내 뭄따즈의 무덤이다. 황
제는 열네 번째 아이를 낳다가 세상을 떠난 사랑하는 아내를 그리워하다 백발
이 되었고, 이듬해부터 22년에 걸친 대공사 끝에 그녀의 무덤 타지마할을 지었
다고 한다. 그도 세상을 떠나고 타지마할에 묻혔다.

처음 이 이야기를 접하자마자 든 감상은, 속물스럽기도 하지, '남자는 능력이
다.' 사람의 넓이와 깊이만큼 세상이 보인다면 나의 깊이는 그 정도라고 할 만큼
정확히 그것이 눈에 들어왔다. 사랑도 서로의 사회적 능력에 따라 다른 모습이

된다. 숱한 이별노래와 드라마의 구조가 그런 사실을 바탕에 두고 있었음을 서른 즈음에야 알게 되었다. 사랑만 가지고 사랑하기 얼마나 힘든지도. 샤자한이 사랑을 표현했던 것도, 애절한 감상을 남겼던 것도 그가 황제라는 권능을 가지고 있었기 때문이다. 가난한 사랑은 흔적도 없다.

타지마할 티켓 매표소에서 날 써달라며 달라붙는 가이드들에게 'crazy price'라 내뱉었다. 인디언 20루피, 외국인 750루피. 인디언보다 40배에 달하는 입장료를 내고 들어가는 것이 반가운 일은 아니었다. 비교대상이 없었다면 '비싼' 요금이었을지언정 '미친' 요금은 아니었을 것이다. 릭샤삯 10루피 깎기 위해 아옹다옹하는 것을 생각하면 인도 물가치고 엄청나게 비싼 값이다.

아그라에는 타지마할을 보기 위해 당일치기로 왔지만 마음이 이끌었던 것은 아니었다. 밀린 숙제를 남겨놓은 느낌이었고, 어쩌면 일생에 한 번뿐인 기회에 대한 부담감도 느꼈다. 예전에 아르바이트로 쌈짓돈을 차곡차곡 모아 유럽 여행을 가려던 한 후배가 미술과 역사, 신화를 잘 모른다며 '힘들게 가는 만큼 그곳을 제대로 느낄 수 있을까?' 걱정하던 모습이 문득 떠올랐다. 그런데도 그 동생을 유럽으로, 나를 타지마할로 이끌게 한 것은 무엇이었을까? 그곳에 다녀왔다고 자랑하고픈 허세? 죽기 전에 한번은 보아야 할 무엇에 대한 강박?

여행 중 수많은 선택에서 '내가 행복한가?'가 중요한 선택 기준이 되었는데, 적어도 타지마할을 보기로 한 선택에서는 아니었다. 가는 길이 설레거나 하지는 않았고, 여행자의 임무를 충실히 수행하는 것 같은 미묘한 뿌듯함 이외에 다른 특별한 기대도 없었다. 직접 보기 전까지는.

처음 타지마할이 보이던 어두운 문을 지날 때 전율이 일었다. 달리 표현할 길 없는 소름 돋도록 아름다운 건축물이다. 세계에서 가장 유명한 무덤이 될 만한 자격이 있음을 확인했다. 그리고 누군가는 실망할 법도 하다. 단 하나의 아름다움 속으로 들어가면 더 아름다운 것을 찾을 수가 없거든.

이제는 어떤 건축물을 보아도 타지마할이 기준이 될 것 같다. 건축에 큰 관심도 없지만 사람들이 좋다 하니 더 맛있어진 자이푸르의 라씨처럼 타지마할에 대한 다른 이들의 극찬 또한 위대한 건축물이라는 확신을 주었다.

외국인 요금을 내면 주는 물 한 병과 신발 덧신을 두고 보통 인도인처럼 신발을 맡기고, 신발 관리인이 팁을 요구하는 것은 깨끗이 무시하며, 잘 관리된 성스럽기까지 한 공간을 맨발로 더듬었다. 쉽사리 발걸음을 떼지 못하고, 멀리서 날 전율하게 한 바로 그 하얀 대리석 위에 붙어 시간 가는 줄 모르고 뜨거운 햇살을 피해 사색에 잠긴 듯 앉아 있다가 맨발로 춤추듯 걸었다.

아그라 방문은 타지마할만으로도 대성공이었다. 가까이서 보나 멀리서 보나 배경과 주변이 어찌되든 타지마할은 정말 아름다웠다. 내가 누군가에게 다시 그 감동을 전한다면 'so beautiful!', 가보기 전에 들었던 그 말을 앵무새처럼 하게 될 것 같다.

◎ 사람들이 가득한 좋은 포토포인트에서는 타지마할을 눈보다 렌
즈를 통해 보았던 시간이 많았다. 웅성거리는 사람들 틈에서 서로
를 애틋하게 바라보던 인디언 커플을 만났다. 그들이 내게 사진 찍
어주기를 부탁했는데, 그들의 카메라로 비친 그들의 모습이 너무
아름다워 가슴이 저렸다. 배경이 되어주는 하얀 건물도, 사랑하는
이들의 표정도.

타지마할을 나서서 시장을 거닐다가 아그라포트 기차역으로 가기 위해 흔한
사이클릭샤를 잡아탔다. 삯이 싸서가 아니라 왠지 모를 정 때문에 오토릭샤보
다 사이클릭샤를 더 즐겨 타곤 했는데, 언덕길에서 큰 힘이 필요할 때 기어도
없는 자전거에 무거운 짐을 얹어놓고 끙끙대며 올라가는 모습은 항상 안쓰러웠
다. 잘못하다가는 무릎과 허리 다치기 십상이어서 불안하기도 했다. 동네 밖 거
리로 나가는 길에 언덕이 있었는데, 나이 든 왈라가 내려서 릭샤를 끌기에 잠시
세운 뒤 내려서 함께 끌었다. 그리고는 따뜻한 미소를 받았다. 오랜만에 행동에
대한 선택 근거를 나의 행복으로 두었더니 마음이 더 편해졌고, 새삼 나 행복하
려 떠나온 나다운 여행길이 된 것 같았다.

기차역 근처에서는 유난히 집요하게 들러붙던 장사치와 릭샤왈라들에게 버럭
하고서는 곧장 후회했다. '노' 라고 말하기가 어느새 습관이 되었고 훨씬 더 방
어적이고 공격적으로 변한 나를 보았다. 유머와 농담을 가지자는 여유는 자주
잊어버린 채. 달려드는 장사치나 왈라들에게 소리치는 내가 미웠던 것은 평소의
내가 본성을 숨기고 추한 위선을 보이는 것 같기 때문만은 아니었다. 강자에게
약하고 약자에게 강한 여느 사회의 모습과 쉽게 닮은 내 모습이 소름 돋도록 구
역질나기 때문이었다.

:: 인도도 **인도**지만, **나도 나**다

　인도에 대한 여행자들의 평은 호불호가 극명하게 갈린다고 한다. 내 안에서도 인도 참 좋다는 생각과, 어서 좋은 나라로 떠나고 싶다는 생각, 얻은 것이 아직은 처음 기대만큼은 없는 것 같다는 불안과 그래도 너무 멋진 경험을 하고 있다는 위로, 몸이 으스스하고 외로운 감정들이 이따금씩 출몰하며 공존하고 있었다. 여러 가지 모습이 원색으로 함께 떠다니는 인도의 모습과 닮았다. 오자마자 떠나고 싶던 인도였는데, 여행 중 찾아온 이상한 느낌 하나는 떠나면 그리워질 것 같다는 것. 벌써 세기 힘든 기억이 빼곡히 쌓였다.

　줄줄이 구입했던 기차표도 바라나시에서 델리로 돌아가는 표 한 장밖에 남지 않았다. 서울에서 인도 여행을 계획한다는 후배에게 전해줄 팁을 생각해 보았다. **하나.** 길에서 말을 거는 친절한 인디언들은 모두 장사치이거나 사기꾼이거나 도둑이다. **둘.** 항상 긴장의 끈과 가방의 끈을 놓지 말 것. **셋.** 긴장 속에서도 진짜 따뜻한 진짜 인디언들과 교감할 것. **넷.** 너무 욕심 부리지 말 것. 계획대로 잘되지 않는 곳이다. 시스템도, 내 마음도.

여행 두 달째, 많은 새벽을 기차에서 맞았다. 기차가 도착 예정 시간을 두어 시간 넘기고도 느릿느릿하게 조금씩 변하며 흐르는 창밖 풍경을 보다 보면, 어느 순간엔 '곧 도착하겠지' 또는 '가긴 가겠지' 하는 생각을 넘어 이 시간이 그냥 이대로 계속 이어지는 것이 편하겠다는 생각이 든다. 움직이기보다는 그저 기차 안 풍경 속의 소품으로 있고 싶은 마음, 어딘가를 향해 가고 있다는 설렘. 예정된 시간보다도 다섯 시간을 훨씬 넘기는 동안 그랬다. 바라나시야 늦게 보아도 상관없었다.

바라나시에서 가까운 무갈사라이역에 내리자마자 외롭지 않게, 릭샤꾼이 졸졸 따라오며 길 안내를 해 주었다. 바라나시 메인 스트리트라고 할 수 있는 고돌리아까지 얼마냐고 물으니 처음에 500루피를 부른다. 오토릭샤들이 잔뜩 모인 주차장에 쓰인 가격표를 보니 250루피였다. 어디서 약을 팔아. 하지만 그것도 내겐 비쌌다. 예상 가격은 100루피였다. 그래서 조금 걷다가 거리를 줄인 뒤 릭샤를 찾기로 하고 돌아섰는데, 그러면 셰어하자며 잡아 이끈다. 일단 릭샤에 올라 조금은 안도하며 가만 앉아 있노라니 셰어할 사람이 금방 나타날 것 같지 않았다. 나는 이렇게 시간 보내고 싶지 않다고 가방을 빼들어 길을 나서면서, 이렇게 말했다.

"당신의 가격정책을 이해해. 하지만 나는 나의 룰이 있고, 나의 방식으로 내 길을 갈 거야. 당신을 존중하지만, 당신과 나는 함께 갈 수 없다는 것을 알아주길 바라. 안녕."

인도 여행 한 달째, 인도도 인도지만, 나도 나다. 하지만 한참 걷다가 많이 지쳤고, 자존심은 접혔다. 무갈사라이 동네 끄트머리쯤 돈을 얼마 내든 릭샤를 타기로 마음먹었고, 음악을 좋아하는 릭샤왈라를 만나게 되었다. 짐 칸이 오디오 장비로 이루어져 있었고, 리모컨을 조작하며 기분 따라 골라 들으며 달리는 멋쟁이였다. 운전 실력도 대단해서, 추월은 물론 기본으로 하고, 잦은 역주행으로 내게 갠지스 강이 보이기도 전에 삶과 죽음이 흘러가는 스릴을 만끽하게 해 주었다.

바라나시 고돌리아에 이르러 음악인 왈라는 내가 건넨 루피 몇 장을 머리와 가슴에 찍고 악수를 청하고는 따뜻한 미소로 신에게 인사했다. 그런 멋진 인사가 좋았다. 돈을 번 것을 신에게 감사하는 것이 나를 만나서 감사하다는 표시인 것만 같아서. 내 앞의 누군가에 대한 진심 어린 서비스는 결국 자신을 위한 것일 수도 있다.

:: 행복의 조건; 갠지스 강가에서

인도 여행 막바지, 여러 날 앓은 뒤 해골이 된 내가 한국인 여행자들로부터 '이정재'를 닮은 첫인상을 가졌고 '공유' 느낌 난다는 소리도 들었다. 인도는 정말 신비로운 곳이다.

굳이 갠지스여야 할 이유는 없었지만, 갠지스 강가를 걸으며 행복의 조건에 대해 생각했다. 그러다 행복하기 위해 필요하다고 생각하던 것들을 굳이 가지려 하거나 버리려 애쓰던 일은 자주 허망했고, 많은 선택의 순간에 '내가 행복한가?'를 기준으로 삼았을 때는, 그 선택이 대체로 틀리지 않았음을 깨달았다.

바라나시. 차와 사람으로 가득한 좁은 거리에서는 몸을 지키기 위해 항상 긴장해야 했지만, 강가와 가트, 화장터와 학교, 시장 관광객과 현지인들이 어우러져 삶이 흘러가는, 죽음과도 가까운 혼란스러운 도시가 마음에 들어앉았다. 하루 만에 볼만한 것을 다 보았지만 하루만 머무는 것이 누구나 짧다고 할 만큼 매력 넘치는 곳이었다.

물갈이로 앓은 후부터 인도 음식이 그다지 맞지 않았다. 바라나시에서도 피자를 먹고 부른 배를 쓰다듬으며 어두워진 가트를 걸었다. 쌀쌀한 저녁에 꺼내 쓴 동물 모자는 여러 가트를 지나면서도 여느 때처럼 'nice hat', 'I like your cap'이라는 관심을 받는데, 그중에서도 특별하고 기억에 오래 남을 것 같지만 찜찜했던 관심은, 인기척이 없던 작은 가트 계단에서 소변을 보던 평범한 인도 젊

은이의 그것이었다. 잊을 수 없다. 일을 보다가 고개를 돌려 나를 보곤, "와우, 나이스 캡, 하아아악..." 그 어떤 것과도 비교할 수 없는 희열과 감탄이 섞인 묘한 사운드를.

행복하기 위해서는, '행복'이란 단어를 떠올렸을 때 그려지는 이미지가 있어야 한다는 말이 있다. 카트만두 타멜 거리에서 처음 동물 모자를 보고는, 이걸 사서 쓰고는 나와 주변 사람들이 즐겁게 웃는 상상을 했었다. 결과는 정말 그랬다. 모자 덕분에 한 번 더 웃을 수 있었고, 행복한 순간이 많았다. 순수한 내가 아닌 나의 껍데기가, 조소가 아닌 흥미와 관심의 대상이 된다는 것은 꽤나 유쾌한 일이었다. 껍데기로 사는 것의 허무함은 감당해야 할 몫일지언정, 껍데기가 만들어 주는 놓치기 아까운 행복한 순간도 많다.

가난한 나라에 대한 이런 익숙한 감상이 있다. '저 아이들은 가난하고 가진 것이 없지만 행복하게 살지 않는가!', '부와 명예를 가져야만 행복한 것은 아니다.' 그와 달리 나는 처음부터 인디언들이 가난하지만 행복하다고 생각하지도 않았고, 이곳에 와서 그들을 만나면서도 그런 생각은 전혀 들지 않았다. 인간의 이중성과 사람들의 착각에 대해 생각해 보았을지언정 수년 전 가졌던 목가적인 상상이 펼쳐지지는 않았다. 예전에 방글라데시 봉사활동에 가서는 헐벗어도 해맑은 아이들을 보며 앵무새처럼 '가진 것 없이도 충분히 행복할 수 있지 않은가' 생각도 했지만, 지금은 그들 나름의 행복이 있고, 조건에 맞춘 삶의 모습이 있

는 것이지, 행복의 모습이 꼭 한 문장으로 간단하게 표현되거나 마음만으로 쉽게 결정할 수 있는 문제는 아니라고 생각하게 되었다.

어두운 갠지스에는 꾸미지 않은 신비로움이 있었다. 굳이 갠지스여야 할 이유는 없었지만 강가를 걸으며 행복의 조건에 대해 생각하다가, 행복하기 위해 필요하다고 생각하던 것들을 굳이 가지려 하거나 버리려 애쓰던 일은 자주 허망했고, 많은 선택의 순간에 '내가 행복한가?'를 기준으로 삼았을 때는 그 선택이 대체로 틀리지 않았음을, 그렇게 일상에서 행복의 가능성을 더 풍부하게 할 수 있었음을 깨달았다.

이 생각을 들은 여행자 친구로부터 '행복의 조건을 고민하는 것 자체가 행복할 준비가 되어있다는 말 아닐까?'하는 반문이 돌아왔다. 사실 행복한 선택에 대해 떠들어도 들은 체도 하지 않을 이들이 훨씬 많을 것이다. 행복을 느끼지 못하고 살아가는 시간이 더 많다는 슬픈 사실 때문에. 나도 떠나오기 얼마 전 행복의 조건이라고 믿었던 것을 갖지 못해 초점 잃은 눈으로 길을 잃었던 것처럼. 하지만 그것을 가진 뒤 그로 인해 항상 행복하다고 단언하기는 어려울지 몰라도 행복하기 위해 선택했던 방향이 틀리지 않았음은 확신할 수 있다. 나는 '회사를 위해 준비된 인재'에서 '내 행복을 위해 준비된 인재'로 귀환한 것이다.

여행길에서, 특히 위험하다고 소문난 지역에서는 집에 일찍 들어가는 모범생이 된다. 아씨가트부터 천천히 걸어 마침 바라나시에서 가장 볼만하다는 것 중 하나

인, 메인가트의 시끌벅적하고 신비로운 분위기를 만들어 내는 푸자를 구경하고 화장터까지 다시 한 번 산책하려 발길을 어두운 가트 사이로 옮겼다. 정전되어 어두운 가트를 걸었던 짧은 시간 동안, 보통의 밤거리에선 만나기 쉽지 않은 무리를 세 부대나 만났다. 함께 크리켓을 하자면서 공을 일부러 빠뜨리고는 사달라고 조르던 아이들, 으슥한 곳에서 내 것은 크다며 강가의 배로 함께 가자던 미친 사내, 한국말로 대마초를 집요하게 권하던 약장수. 어두운 피부색을 가진 인디언들은 목소리만 들리는 검은 형체가 되어서 적잖이 위협적이기도 했다. 그래서 일찌감치 숙소 방으로 들어와 바라나시에서의 처음이자 마지막 밤은 갠지스 강이 보이는 전망 좋은 숙소에서 인터넷으로 시간을 흘렸다.

◎ 지나간 집착과 욕심을 버리는 일이 그럴듯해지는 풍경.
굳이 버리지 않아도 될 것을 버리려다 아파지지나 말았으면 좋겠다.

◎ 화장하는 장면을 찍는 것은 엄격히 금해지지만, 화장이 시작되지 않은 아침 풍경사진은 괜찮다고 한다.

:: 화장터에서

길게 뻗어있는 가트를 걷다보면 화장터에 도달하게 된다. 바라나시에 도착해 처음 목도한 화장 장면, 꽃으로 장식된 하얀 천에 둘러싸인 시신을 멀리서 보았을 때는 왠지 모를 두려움에 가슴이 마구 뛰었다. 화장터 곳곳에서 화장이 진행되고 있었는데, 바람에 날리는 재와 연기가 눈에 들어가 눈물이 났다. 어떤 감상에 젖었기 때문은 아니었다.

유난히 안개가 많이 낀 이른 새벽에 다시 만난 화장터에서는 자유로움을 느꼈다. 온전히 혼자였고 흔한 인도 거리와 달리 말 거는 것은 내 생각들뿐이었다. 화장터에 인기척은 거의 없었고, 아침 온기가 남아있는 육신의 마지막 흔적, 잿더미 앞에 앉은 인부가 전화를 하며 몸을 녹이고 있는 풍경에 넋을 놓고 있을 때였다.

"잿더미 속에서 이따금 보석이 나오곤 해요."

조용히 다가선 인부 차림의 인디언, 멜레크가 말을 걸었다. 그가 화장터에서 일어나는 일들을 들려주었다. 나는 장사꾼이 아니고 그저 당신에게 설명해 주고 싶은 것이 많다던 그도 '친구 비즈니스'를 하는 친구였다. 그가 하던 일이란 내가 그의 설명을 들은 뒤 한참 화장터를 물끄러미 바라볼 때도, 마지막 인사를 한 뒤에도 다른 관광객들을 찾아 안내하는 것이었다. 화장터를 나서기 전에 나의

설명이 만족스러웠다면, 내게 기부해도 좋다던 그.

한 시신이 근처로 옮겨졌다. 가족들이 구입한 나무도 옮겨진다. 가만 지켜보고 있자니 아무리 봐도 묘한 풍경이다. 인부들이 노래를 부르며 끊임없이 시신을 옮기고, 시신은 먼저 갠지스 강에서 정화된다. 이 가장 큰 화장터는 자연사로 유명을 달리한, 보통 나이 많은 망자의 시신이 오는 곳이다. 하루에 200여 구의 시신이 화장되는데, 계층에 따라 화장되는 위치도 다르다. 한 시신이 화장되는데 200kg 정도의 나무가 소요되고, 그 종류마다 가격도 다르다고 한다. 무표정한 인부들은 가족들이 구입한 나무들을 시신 위로 더 올리고 파우더와 버터를 뿌렸다.

유가족은 아주 오래 전부터 지속해서 타고 있다는 '영원한 불꽃(Eternal Light)'을 얻기 전에 면도를 하고, 머리를 깎고 하얀 옷을 입는다. 그 불꽃을 건초에 옮겨와 화장되는 장소 주위를 다섯 번 돌고서 기도한 후에, 시신의 다리 쪽에서부터 불을 붙인다. 지켜보는 가족들은 이곳에서 우는 모습을 보이지 않는데, 죽음이 슬프지 않아서가 아니라 영혼이 알아채지 않게 하기 위해서라고 한다. 보통 세 시간 정도가 걸린다.

장작 패는 소리, 관광객들 움직이는 소리. 이곳이 어디인 줄도 모르는 개들은 따뜻한 곳을 찾아 잠이 들었고, 사람들은 연기가 나지 않는 쪽으로 피해 둘러서 있었다. 몰래 사진 찍는 이도 보인다. 한쪽에서는 죽음을 앞둔 이들이 머무는 병원에서 일한다는 이들이 여행자들 대상으로 기부를 받고 있었다. 시신을 덮은 흰 천이 사라졌다. 검은 시신이 불 속에 있다. 연기인지 안개인지 모를

공기가 가득하다. 불은 쉼 없이 타오른다. 안개 낀 갠지스는 한없이 적막하지만 산 사람들은 망자들을 끊임없이 실어 나르느라 분주하다.

이날의 첫 화장이 진행되는 동안 한쪽은 여전히 청소 중이고, 화장된 육신과 나뭇가지의 흔적이 뒤엉킨 잿더미는 바구니에 가득 담겨서는 강가에 뿌려진다. 저들의 삶이 어떤 모습이었든 이제는 같은 모습이다. 나무도 허물어지고 불도 점점 사그라진다. 조용히 작아지는 육신의 한 모습, 남아있는 것들이 점점 줄어든다. 그렇게 한 사람의 인생이 한 줌의 재로 온전히 변하는 것을 알싸한 추위 속에서 무표정하게 지켜보았다. 그동안 작아지는 시신 앞에 붉은 천이 덧 씌워진 시신이 다른 장작과 함께 놓인다. 불을 쬐거나 옷을 말리는 인부, 끊임없이 장작 패는 소리, 어디선가 들려오는 종소리, 멍하거나 진지하게 대나무로 나뭇가지와 검게 변한 시신을 움직이게 하는 인부들의 움직임을 보는, 여러 생각에 잠긴 채 구경하는 사람들. 참 덧없다. 가까운 곳에 또 한 구의 시신이 놓인다. 주황색 천이 덮여 있다.

화장터에서 특별히 무언가를 느끼거나, 깨달음을 얻지는 않았다. 신성하면서도 그렇지 않은 풍경이 독특하게 공존하는 공간에서, 단지 화장터에서 보낸 시간이 이 여행의 가장 진기한 순간이 아닐까 생각했다. 발걸음을 떼지 못하게 했던 것은 그 시간에 무언가를 골똘히 생각하거나 말거나 그곳에서는 특별한 움직임 없이도 그 풍경의 하나로 있을 수 있었기 때문이다. 지속된 한기와 허기를 자각할 때쯤 화장터를 빠져나왔는데, 오래 지켜보던 관광객으로서 미안함은 거둘 수가 없어 다만 그들의 생에 행복한 순간들이 많았기를 숙연하게 바라보았다.

행복하다면, 그렇게 해

:: 보트 타는 한량질

　좋은 음악이 흐르고, 책이 많아 좋았던 바라나시의 한인 운영 카페에서는 많은 한국인 여행자들과 오순도순 둘러앉아 여행 이야기를 나누었다. 자이살메르에서 그랬던 것처럼 한국 사람을 많이 만나 풍족한 느낌을 가지고 바라나시와 헤어질 준비를 했다.

　카페 방명록 중, '바라나시 떠나기 전에 갠지스강에서 보트 타는 한량질이나 한 번 더 하고 가야겠다!'는 글귀에 꽂히고 말았다. 보트를 타도 별다른 풍경을 보는 것은 아닐 것 같아 생각조차 하지 않았는데, 보트 타고 한량질이라니! 내 인생에 그런 여유는 없었다. 감히 로망조차 품어 보지 못했던 거다.

　하지만 이미 기차 시간에 쫓기고 있어서, 마지막으로 걸은 가트에서 150루피를 내고 30분만 보트를 타기로 했다. 비싼 축이지만 몇 푼보다 시간과 기억이 더 소중하다고 생각해 길게 흥정하지도 않았다. 보트꾼이 자신은 세 딸과 작은 아들이 하나 있다고 했다. 아들은 가트에서 놀고 있었고, 딸로 보이는 작은 소녀가 보트에 따라 탔다. 작은 손에 꽃 바구니를 든 채로. 가족 이야기에 순간 판단력이 흐려진 나는, 순진하게 작은 꽃불, '디아'에 소원을 담아서 하나 둘 띄워 강가에 흘려보냈다. 따스한 소원과 함께 디아가 하나씩 강가로 흘러 내려가는 훈훈한 분위기는 잠시, 아이가 적지 않은 돈을 요구한다. 일언반구도 없던

◎ 갠지스강을 배경으로 디아바구니를 안고 당돌하게 돈을 달라던 아이. 순박해 보이던 꼬마의 눈이 서글프게 기억에 들어와 앉았다.

금액에 당황했는데 아저씨는 내 일이 아니라며 발뺌했고, 순박한 표정의 아이는 꿈쩍도 하지 않고 버틴다. 갠지스 강에 둥둥 뜬 보트 위에서 소리쳤다.

"난 이곳에 행복하려고 와서 누구도 나 때문에 불행해지는 것이 싫은데 이렇게 나를 당황하게 해서 내가 화를 내면 나와 저 작은 아이와 당신까지 행복하지 않잖아!"

보트꾼은 조용히 배를 몰았고, 얼마 없는 시간을 붉어진 얼굴로 보내고 나니, 목적지로 잡았던 화장터가 금방 눈앞에 보였고, 기차 시간도 다가오고 있었다. 내릴 때쯤, 그가 행복했냐고 묻는다. 행복했다면 내게 팁을 조금 더 달라고. 정말 집요하다.

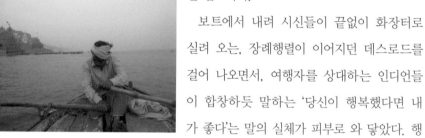

보트에서 내려 시신들이 끝없이 화장터로 실려 오는, 장례행렬이 이어지던 데스로드를 걸어 나오면서, 여행자를 상대하는 인디언들이 합창하듯 말하는 '당신이 행복했다면 내가 좋다'는 말의 실체가 피부로 와 닿았다. 행복은 일인칭이 가장 정확하다. 그들에게 행복은 비즈니스일 뿐. 장사치들로부터 감동받을 계획은 아니었는데, 요리 당했던 것이다.

인도 여행의 법칙 중 하나는 여행지에서 인디언은 대가 없는 친절을 먼저 베풀지는 않는다는 것이다. 여행길을 돌아보니 '당신이 만족했다면 나는 행복하다'던 말은 길에서 만났던 어떤 인디언에게서도 진정성이 없었다. 어쩌면 인디언이

자랑하는 인도의 정신이 그러하다하더라도, 여행자로서 형성하는 특수한 관계 속에서 그것을 찾기는 어려울지 모른다. 여행을 하면서 진짜 인도인을 만나는 것은 힘든 일이고, 진짜 인디언에 대해 재단해 버리는 것 역시 위험한 일이다.

인디언들은 오히려 순박해서 직설적인지도 모른다. 아마 그동안 한국에서 더 행복 비즈니스를 이용한 마케팅에 수없이 유혹되었을 터. 마음 거래를 할 줄 아는 사람들은 말도 잘해서 홀리기 쉽다. 친절하고 진실한 마음이 주는 감동에 기꺼이 지갑이 열리는 행복 비즈니스. 나를 감동시킨 이들이 실제로 친구이든, 사기꾼이든지 간에 그들로부터 마음을 얻는 기술만은 배우고 싶다.

:: 인도 여행 고수 반열

어리석은 사람은 인연이 와도 알지 못하고
보통사람은 인연인 줄 알면서도 잡지 못하고
현명한 사람은 한순간 스친 인연도 살릴 줄 안다.

– 제주도 제주시 한 세탁소 앞에 있던 글

바라나시에서 델리로 향하는 기차는 출발하기도 전에 3시간이나 지연이 되었다. 캄캄한 밤에 미안한 기색도 없이 도착한 기차의 2층 침대에 올라간 후 반나절 넘도록 한 번도 내려오지 않았을 만큼 편하게 자는 동안, 집으로 돌아간 이상한 꿈을 꾸었다. 꿈에서 여행을 잘 다녀왔다고 여기저기 자랑하며 추억을 더듬었는데, 인도 이후의 디테일한 기억이 아무리 떠올려도 생각나지 않아서 살펴보니 비행기 날짜를 착각해 한 달이나 일찍 돌아간 것이었다. 다시 떠나는 비행기를 찾으려 발버둥 치면서 낭비한 시간이 아쉬워 발을 동동 구를 때 잠에서 깨어났다. 계속 여행할 수 있다는 새삼스런 사실이 덜컹거리는 침대 위에서 짜릿함을 주었다.

바라나시에서 델리까지, 순수하게 기차 탄 시간은 15시간 정도로 의외로 빨리 도착했다. 출발 지연을 감안하더라도 앞서 떠난 여행자가 말해 준 12시간 예정에 12시간이 연착 되었던 사례에 비하면 양반이다. 델리에 와 언제 다시 만날지 모를 인도 땅을 열심히 밟았다. 모든 순간 모든 풍경이 마지막일 수 있으니까.

큰 연합대학, 델리대학 앞에서 자전거를 빌려 바퀴를 굴렸다. 마주 오는 바람을 맞는 것과 거리를 걷는 학생들의 모습을 보는 것이 좋았다. 이름 모를 골목을 따라 굽이굽이 달리다가, 숲길이 있는 한 단과대에 자전거를 주차하고 들어갔다.

이름 모를 동상 앞에서 사진 찍어주기를 부탁하다가, 도서관에서 공부하다 나와 쉬던 법학을 전공하는 세 학생들과 짜이 한잔을 하게 되었다. 한 친구가 "여행하면서 보니 인도가 참 싸지(cheap)?" 묻는 말에, "응, 가끔은 왕이 된 것 같은 기분도 들어"라는 내 대답이 끝나기도 전에, 다른 친구가 끼어들어서는 "싼(cheap)게 아니고 경제적인(economical) 거지! 바보야!" 걸고넘어진다. 나라가 싸다는 말이 아닌 걸 알면서도 기분 나빴던 게 분명한 애국청년이다. 법대 친구들은 대체로 인고의 시간을 보내는 경우가 많은데, 그 속에서 만들어지는 인생철학이 가볍지는 않을 것이기에 어떤 깊이가 있는 것만 같다. 말이 통하는 친구들과 이야기를 나누다 보니 금세 날이 어두워졌고, 그들은 다시 공부한다며 발길을 돌렸다. 그 늦은 시간에 공부하러 가는 학생들을 만나니 설레기까지 했다.

인도의 마지막 숙소로 점찍은 호텔에 대한 소개가 가관이었다. 근처에 보아둔 한국인 식당도 있어 고민 없이 들어와 도미토리를 찾은 곳이었는데, 외국 가이드북에는 '명함에는 〈집 떠나서 찾은 집〉이라고 쓰여 있다. 집이 감옥이라면 그럴지도!'라고 하고, 한국 가이드북은 '이곳에서 아무렇지 않게 잘 수 있다면 인도 여행 고수 반열'이라고 한다.

도미토리 하루 숙박은 200루피로 몇 주 전 머물렀던 근처의 다른 숙소보다는 조금 더 싼데, 공동욕실인데다 따뜻한 물이 나오지 않았다. 그래도 죽진 않겠지. 따뜻한 물은 20분 걸리고 20루피이며, 끓인 물 한 바가지를 준다고 한다.

같은 방에 묵었던 일본인과는 '나마스떼' 인사만 나누었다. 히말라야 ABC에서 같은 방에 묵었던 다른 일본인과 그랬던 것처럼, 각자 책과 인터넷 뉴스로 시간을 때우며 말도 꺼내지 않았다. 그게 서로에게 편한 상태라고 착각도 하면서, 나는 또 하나의 우주와 대화를 기회를 놓쳤다. 다음 기회는 없다.

한국 식당에서 제육덮밥을 맛있게 먹고 늦게 들어온 밤, 샤워실 문을 열었는데 강아지만 한 쥐가 좁디좁은 공간에서 갈 곳을 몰라 방황하고 있기에 그냥 그곳에 있으라며 문을 닫아주고 옆에 있는 샤워실로 들어갔다. 씻고 빨래하는 동안 밖에서 시끌벅적한 소리가 들렸다. 간간이 웃음소리도 섞여서. 아마 쥐를 잡고 있던 모양. 만약 손님이 아니라 이곳에서 일하는 사람 중 하나였으면 나도 쥐잡기 놀이에 재미를 느꼈을지도 모르겠다. 어쨌거나 나는 인도 여행 고수가 되었음에 뿌듯해 하며 내 할 일, 몸을 정갈하게 하는 일에 최선을 다했다. 찬물 정도는 아무것도 아니다. 모든 것은 마음의 문제이다.

떠나기 전날, 빨래를 널고 자려는데, 가만 자려는 걸 내버려 두지 않았다. 돈 받는 남자가 들어오더니 불쑥 어제 이 방 윗자리에 자던 사람이 당신 친구 아니냐며, 네가 돈을 내야 되는 거 아니냐고 묻는다. 어이가 없어서 내 숙박비를 이미 지불했다고 버럭 했다. 그러려니 했다. 인도니까. 그가 날 의심하는 것인가 당황하는 것에 앞서 흠, 그게 사실이라면 좀 무서웠다. 지난밤 도미토리 방에 들어왔을 때 쌔근쌔근 잠들어 있던 여자는 아침에는 흔적도 없었다. 설마 의도한 것이라면, 그 아이디어와 담력에 감탄하지 않을 수 없었다. 넓은 세상 별사람 많다. 노숙은 싫고, 늦은 밤 호텔 카운터엔 아무도 없고 새벽에 나가야 하는데 다들 자고 있으니 돈을 내지 못했던 상황일 수도 있다.

아무렴 어떤가. 다친 사람은 없고, 모두 무사하다.

여하간 그녀도 고수고 나도 고수다.

:: My life is
my message

My life has been an open book. I have no secrets and I
encourage no secrets.

- Mahatma Gandhi

델리의 이른 아침, 부지런히 나서 산책했지만 주 업무가 산책인 여행자보다 부지런한 상점은 많지 않았다. 안개인지 스모그인지, 항상 우중충했던 하늘은 밝아지지 않았지만 시간이 흐르자 이제 막 도착한 여행자들과 그들을 위해 문을 여는 옷가게, 짜이 가게, 카페와 식당들, 늘어나는 릭샤들로 빠하르간즈에 생기가 돌았다. 소의 발에 물을 뿌리고 두 손을 모아 인사하는 아주머니도 보았다. 우유를 주는 두 번째 어머니, 소에 대한 존경심의 표현이다.

후마윤의 무덤에서는 타지마할에서 그랬던 것처럼 – 타지마할의 그것보다 낮은 – 기둥 앞에 앉아 음악을 들으며 햇빛을 피해 쉬었다. 승냥이처럼 갈 곳을 헤매다 오후가 한참 지나 들른 국립박물관에서는 관내 카페테리아의 남인도 음식 '마살라도사' 정도만이 기억에 남았다.

국립박물관 근처에 인디라 간디

◎ 타지마할의 전신 격이라 해서 찾은 후마윤의 무덤은 약간의 기대를 하고 왔건만, 차이는 컸다. 이곳에서 타지마할 이외의 건축물은 더 이상 내게 만족을 주지 못할 것임을 직감했다.

◎ 벽은 온통 책장으로 둘러싸여 있고 푹신한 소파와 아기자기한 장식품들. 공부가 잘될 것 같은 책상이 있는 아늑한 공간. 꿈꾸어 오던 따뜻함이 느껴지는 방의 모습에 근접해 있었다.

메모리얼이 있어 남은 델리 일정 동안 두 '간디'를 만나기로 결정했다. 인도 연방의 초대 총리인 네루의 딸, 아버지에 이어 오랜 기간 정권을 잡았던 인디라 간디가 머물렀던 거처를 기념하는 곳에는 드레싱룸, 다이닝룸 등이 각종 기사들과 함께 보존되어 있었다. 기념관을 거닐다가 그만 스터디룸에 꽂혀버렸다. 그때부터 내게 그곳은 역사적 기념관이 아니라 이상적 모델하우스였다.

간디 슴리띠는 마하트마 간디가 마지막 100여 일 동안 머무르다가 암살된 곳이다. 문 앞에 크게 쓰여 있는 짧은 한마디가 간디의 가르침을 그대로 전하고 있었다.

"My life is my message"

정말 멋진 인생이다.

◎ 신발을 벗고 간디가 마지막으로 서 있던 곳까지 마지막으로 걸었던 길과, 그의 어록이 적힌 산책길을 걸었다.

어둠이 찾아오던 오후에는 간디가 화장된 곳, 라즈가트로 향했다. 이미 시간이 돈이었기에 정처 없이 걷지 않기로 하고 큰맘 먹고 릭샤를 탔는데, 왈라가 지금 그곳은 닫을 시간이니 시간과 돈을 낭비하지 말고, 빠하르간즈로 돌아가자고 한다. 그의 눈을 보고 말했다.

"내일 인도를 떠나는데, 만약 내가 지금 그곳에 가지 않으면 돌아가서 분명히 후회할 거야. 닫혀있더라도 만족할 테고. 괜찮으니 갑시다."

간디를 만나기로 마음먹은 지 몇 시간 채 되지도 않았건만 나는 간디에 목숨 건 여행을 하는 사내가 되어있었다. 그가 몇 번이고 설득을 시도했지만 나는 넘어가지 않았다. 독특한 왈라였다. 간디 슬리띠 문을 나서자마자 이 릭샤로 날 이끈 앞잡이가 쇼핑센터를 가지 않겠냐고 묻기에 그럴 거면 말 걸지 말라고 짐짓 무게 잡던 내게, 자신은 나이가 있고 사기 따위는 치지 않는다고 안심하라고 했다. 릭샤를 몬 지 스물여섯 해가 되었다는 밤부. 인도에 대한 감상을 묻기에 아주 좋았기도, 아주 안 좋았기도 했는데 모두 사람 때문이었다고 대답했다. 갑자기 운전대에서 한 손을 놓아 펼치며 말한다.

"다섯 손가락을 봐. 다 길이가 다르지? 만약 길이가 모두 같다면 우리는 손으로 음식을 먹기 힘들 거야. 그런 것처럼 어디나 좋은 사람도 있고 나쁜 사람도 있어."

나보다 훨씬 많은 사람을 만났을 것이고, 나 같은 투어리스트가 하는 생각 정도는 훤히 알고 있을 그의 말들에 끌려갈 뻔했다. 하지만 나도 긴 인도 여행을 무사히 마쳐가는 인도 여행 고수 반열 여행자가 아니던가.

여느 인디언처럼 여자 친구가 몇 명이냐고 묻는다. 없다면 자세 안 나올까 봐 하나 있다고 했더니, 여자는 돈이 많이 드니 괜찮단다. 이런 종류의 흔해 빠진 농

담과 인도에 대한 이야기를 주고받다가, 금방 라즈가트에 도착했다. 다행히 열려 있었다. 그의 말에 흔들리고 시도할 생

각조차 하지 않았다면 보지 못했을 것이다.

라즈가트에서 나오는 길은 어느새 어두컴컴해졌고, 날 부르는 밤부의 모습이 어둠 속에서 나타났다. '어두워지는데 어디를 걸어 가냐, 위험하다, 네가 가려는 그 레스토랑은 일요일에 닫는다, 그 길은 멀다' 등등 날 설득시키려 온갖 수단을 동원해 애쓰는 것이 눈에 보였다. 사실 저도 모르게 갑자기 툭 튀어 나왔을 몇 마디 거짓말 이외에는 그에게 좋은 이야기도 많이 들을 수 있을 것 같았다. 하지만 더 이상 함께하다가 나쁜 기억을 남기지 않기 위해, "당신은 내가 탄 릭샤 중 최고의 왈라였다"고 말하고 돌아섰다. 설득에 지쳤던 밤부도 "노 프라블럼"이라고 말꼬리를 흐리며 뒤돌아 갔다. 그 모습도 나쁘지 않았다.

찬드니 촉으로 걸어 역시나 멀쩡히 열려 있는 치킨이 유명한 레스토랑을 찾아, 맛있는 버터 치킨을 순식간에 해치웠다. 사실 내게 최고의 릭샤는, 아무 말 없이 내가 원하는 곳으로 데려다 주고, 아주 적은 돈을 받고도 돈을 머리에 한 번 가슴에 한 번 찍고 기도하듯 감사를 표하던 왈라들이었다. 달콤하거나 무언가 있어 보이는 철학적인 말보다 진심이 담긴 행동 하나가 더 감동적인 법이다.

물론 밤부는 내게 나쁜 기억을 남기려 한 것이 아니라 그 나름의 일을 했던 것뿐이다. 친구라고 믿었던 앙증맞은 사기꾼들, 혹은 행복 비즈니스맨들, 자이푸르의 라주와 바라나시 화장터의 멜레크, 갠지스강 보트의 작은 소녀까지도 내게서 기대할 수 있던 것 중 가장 좋은 것은 우정이나 나의 행복이 아니라 돈이었을 테고 그들이 오히려 길에서 만난 인연의 휘발성을 더 잘 알 것이다. 그들이 길에서 우연인 듯 날 만난 것이 모두 비즈니스라 해도 실망할 이유는 없었다. 이유 없이 친절을 베풀 리는 없다는 슬픈 믿음은 인도의 마지막 기억이 될 것이다.

달콤한 말에 넘어가는 사기를 당하지 않는 비법은, 내가 무엇을 원하는지 정확히 아는 데 있다는 것을 깨달았다. 목표가 명확하면, 흔들릴 일이 별로 없다. 세상이 우리를 속이는 것처럼 보여도, 가는 곳이 명확하다면 누구든 길에서 만나는 풍경일 뿐이다.

:: 헤어짐은 바쁘게 함이 좋지 아니한가

어느새 인도에서 혼잡한 거리를 멈추지 않고 걷는 것도, 'Hello, friend' 들을 무시하는 것도 익숙하다. 그러다보니 왠지 말을 거는 빈도도 줄었다. 그들도 내가 말 걸어 봐야 소득 없을 영양가 없는 여행자라는 걸 직감으로 알기 때문이리라.

인도에서 차와 릭샤, 사람과 동물을 피해 길을 건너는 무단횡단도, 아까 본 짐도 다시 보는 짐 간수하는 일도 너무 익숙해졌는데, 떠날 때가 다가오니 새삼 조심스러워졌고, 인도에 들어오기 전부터 아로새긴 긴장을 놓지 말자는 다짐도 되새겼다. 걱정했던 인도였기에 무사히 떠난다는 것에 왠지 모를 뿌듯함이 느껴지는 마음이 우습기도 했다.

매일 아침 들렀던 카페에서 토마토 오믈렛과 토스트, 콘플레이크가 나오는 아침세트를 먹고 묵직해진 배낭을 챙겨 뉴델리역에 오니 첫날 기억이 났다. 잠도 덜 깬 채 굳이 티베탄 콜로니부터 가겠다고 가방 메고, 지고 낑낑대며 지하철 갈아타던 뉴델리역. 까마득히 오래된 기억인 것만 같다.

델리 공항에서는 자꾸 자리를 비우는 직원들의 느릿한 일처리 때문에 출국장 빠져나가는 데만 한 시간 가까이 기다렸다. 대기하던 줄은 어디선가 자꾸 나타나는 가족들이 끼어드는 통에 계속 늘어났다. 투덜거리는 대신 책을 꺼내

들었다. 대기 시간은 여행 중 책을 가장 많이 읽은 시간이었다.

비행 출발 시간이 다 되어 발을 동동 구르다 검색대를 지나자마자 달리다 보니, 서점이 있어서 남은 루피를 털어 인도와 네팔 등지에서만 팔고 있다는 Robin Sharma의 다른 책을 구입하고는 더 빨리 달려 겨우 비행기를 탔다. 모든 것이 정상이었고 나만 헐떡이고 있었다. 게이트 앞 직원이 'no problem'이라며 안심시켜 주었다. 정말 혼이 빠져나갈 듯 했지만, 결국 모두 무사하다. 인도가 혼을 빼놓는 곳이라면, 기꺼이 혼을 빼는 것도 자신이 아니었던가.

파리 가는 길, 경유지 사우디아라비아의 수도 리야드로 가는 비행기에서 미드 빅뱅이론을 틀었는데, 여성의 핫팬츠가 흐릿하게 처리되어 나온다. 중동의 항공이라는 것을 실감하는 사이 벌써, 인도는 믿을 수 없을 만큼 멀어져 있었다. 제대로 인사할 새도 없이, 감정을 정리할 시간도 없이 이별하는 것은 새로운 출발을 위해서는 좋은 일이다.

리야드 공항에서 대기하게 될 9시간의 지루함은 전혀 걱정하지 않았지만, 기내식 때문에 체해서, 정확히 여섯 시간 동안 앓았다. 아무것도 먹지 못하고 수시로 온몸을 비틀었고, 걸을 힘도 없이 비틀대다 졸았다.

시간은 지옥에서 흘렀고, 모든 것의 이름을 차라리 고통이라 부르고 싶었다. 내가 이토록 약한 사람이라는 것도 용납하기 싫었다. 공항에서 돗자리 펴고 누워 아프단 말도 못하고 끙끙거리며 위로했다. 나를 환영하지도 않는 곳에서, 내가 찾아서 즐거워야 하는 여행길에서 아픈 것도 경험이라고.

다행히 조금 나은 채로 파리행 비행기에 오를 수는 있었다. 그렇게 바쁘게 떠나고, 한참 동안 앓았던 꿈에서 깨어난 듯 인도에서 완전히 벗어났다. 인도 여행은 대체로 나를 돌아보기 보다는, 순간순간 살아내는 게 중요한 미션이었다. 전에 없이 많이 아프기도 했다.

마음으로 지나갔던 길은 그리워지게 마련이다. 인도의 더러운 길과 힘들었던 길 모두 그리워질 것은 피할 수 없을 것 같다. 다이어리에 인도 기억, 셀 수 없는 이야기들을 깨알같이 채워 넣는 동안, 어느새 비행기가 고도를 낮추고 있었다. 아직 없는 파리계획을 세우기도 전에. 인도가 비행기에서 적은 기억의 조각들로 정리되지는 않을 것이다. 그럴 리도 없다. 하지만 쉼 없이 쓰던 것을 멈출 수 없게 만든 것이 아쉬움인지 많은 기억인지, 모르겠다.

새로운 길에는 설렘과 두려움이 함께 있다. 두려움의 정체는 다시 지독히 외로워질 것 같은 느낌이었다. 더 이상 내게 툭툭 릭샤 타라며 따라오는 사람도 없고, 그래서 대꾸할 필요 없고, 길에서 '헤이 마프렌!(Hey, my friend!)' 말 거는 사람 신경 쓸 일 없다. 거리의 쓰레기와 배설물들을 피해 다니기에 온 신경을 집중하는 일도, 지나가며 모자 좋다고 환호하는 친구들 대꾸 하는 일도, 깨끗한 음식점 찾아 헤매는 일도, 지하철 탈 때마다 검문 받는 일도, 들러붙는 거지들 피해 다니는 일도, 기차에서 이 역이 어딘가 확인하는 일도, 뜨거운 인디언 눈길에 대처하느라 눈이 뜨거워지는 일도, 따뜻한 물 나오는 시간이나 정전 시간을 알아두어야 하는 일도... 완전히 다른 세상이다. 시차적응보다 속을 더 메스껍게 하던 것은 그런 혼란들이 아니었을까.

인도에 한 달 다녀온 사람이 책을 쓰고, 인도에 아주 오래 머문 사람은 인도에 대해 아무 말도 하지 못한다고 한다. 나 역시 처음 만난 인도에서 여러 이야기를 가지게 되었지만, 짧은 소회는 정작 인도에 대해서는 어떤 말로도 정의 내리기가 쉽지 않다는 것이다. 무어라고 말하려 하면, 그것은 아주 짧거나 너무 길어서 인도를 다 담기엔 여러 의미로 부족하다는 느낌이다.

여행은 사람 사이로 들어가는 과정이다. 그저 사진 찍고 안녕 인사하는 사이가 아니라, 눈빛과 서로의 우주를 나누는 사이. 인디언들이 가진 깊은 눈을 가지고 싶다. 그들에게 닮고 싶은 것은 영혼을 나누는 것 같은, 그래야만 할 것 같은 눈빛, 그런 깊은 눈에 담긴 사람을 향한 진지함이다.

Into the Fantasy

;프랑스 알프스 스노보딩

France Alps Snowboarding

◎ 파리 ⋯▸ 샤모니 ⋯▸ 파리

France

● 파리

샤모니 ●

:: **Big trip** on **small budget** in **Europe**?

꿈에 그리던, 정확히는 어렴풋이 자주 상상만 했던 유럽 여행. 델리에서 파리로 가는 저렴한 항공권을 발견한 덕에 현실이 될 수 있었다.

인생의 축소판 여행은 시간이 곧 가치이고, 그 시간을 얼마나 충실하게 누리느냐가 성공적인 여행의 시금석이다. 헤매면서 얻는 것도 많지만 가장 큰 재산, 시간을 잃을 수 있다는 치명적 위험이 있다. 자유롭게 헤매다가 시간을 흘리는 것은 인도, 네팔에서는 나쁘지 않았지만, 그러지 않아도 물가가 하늘을 찌르는 유럽에서는 안 될 일이었다. 내가 순례자가 될 줄도 모르고 네팔의 '필그림스(Pilgrims; 순례자) 북샵'에서 구입한 가이드북이 제안한, 적은 예산으로 유럽을 여행하는 비기(秘技), 대표적인 10가지 조언은 이렇다.

> ① 친구와 함께 다니며 숙박비 줄이기 ② 물가가 낮은 동유럽에 오래 머물기 ③ 도심보다 저렴한 교외지역 관광하기 ④ 레일패스 구입해서 교통비 아끼기 ⑤ 야간열차를 이용해 숙박비 아끼기 ⑥ 손빨래 가능한 옷 입기 ⑦ 국제전화카드로 통신비 아끼기 ⑧ 길거리나 셀프서비스 카페 등에서 식사하기 ⑨ 유럽에 사는 친구 도움 받기 ⑩ 카우치서퍼 되기
>
> - 『Lonely Planet: Europe on a Shoestring-Big trip on small budget in Europe』

이리저리 뒤지며 공부한 결과 유럽은 애초에 싸게 여행할 수 없는 곳이었다. 그래서 얼마간 비용은 각오하더라도 남들 따라하지 않고 내 방식대로 즐길 수

있는 것들을 찾아보았다. 입이 쩍 벌어진다는 유럽의 멋진 도시들 이름을 적어 보았는데도 설레지가 않았다. 아무리 생각해도 찬란한 도시에서 혼자서는 행복할 자신이 없었고, 막연한 기대감으로 남들 자랑한 대로 움직이고 싶지는 않았다. 혼자이기에 가능한 것, 누구나 할 수 있지만 누구도 쉽게 시도하지 않는 것, 명분을 가지면서도 인정받을 수 있는 것을 해 보고 싶었다. 그에 부합했던 것이 알프스 스노보딩과 산티아고 순례길이다.

등산을 뜻하는 '알피니즘(Alpinism)'이 알프스에서 유래된 것이고, 알프스에 오르

◎ 히말라야에서 루크가 써 준
UCPA 소개

는 것은 등산가들에겐 성지순례와 같은 의미라고 한다. '산이 그곳에 있기 때문에 산을 오른다'는 말도 알프스에서 시작되었다고 한다. 히말라야에 다녀온 뒤, 알프스도 이미 버킷리스트에 올라 있었다. 겨울 알프스 트레킹은 매우 춥고 잘 곳도 마땅치 않다고 하기에 마음을 접었지만 어떻게든 가보고 싶었다. 그래서 여행자들에게 추천받은 'UCPA' 프로그램을 이용해 알프스에 둘러싸인 샤모니-몽블랑에서 일주일간 스노보드를 타기로 했다. 알프스 가까이 머물며 숙식과 레슨, 보드 대여를 포함하면서도 과히 비싸지 않은 비용으로 살인적인 물가를 자랑하는 유럽에서의 소비를 대신하는 것도 나쁘지 않은 선택일 거라 믿었다.

스페인은 트레커의 천국이다. 스페인 전역에서는 GR(Grandes Recorridos) 장거리 도보여행로를 찾을 수 있다. 그중 까미노 데 산티아고(Camino de Santiago, 성 제임스의 길, 몇 개의 국지 경로도 있다.)는 스페인에서 가장 유명한 장거리 여행자 코스이다.

– 『론리플래닛: Discovery 유럽』

날 산티아고 순례길, 'Camino de Santiago'로 이끌게 한 문장. 이 몇 줄에 꽂혀 검색을 시작했고, 처음에는 홀렸다가 마음을 접다가, 갈팡질팡했었다. 보통 한 달 이상이 걸리는, 가장 유명한 프랑스길 800km 전부를 걷는 것이 아니라 중간부터 300km를 걷는 열흘여의 일정으로도 순례 증명서를 발급받을 수 있다는 정보를 입수했지만, 그건 진짜가 아닌 것 같았고, 행복처럼 깨달음도 셀프서비스라고 생각했기 때문이었다.

하지만 서서히 사랑에 빠지듯 자꾸 떠올랐다. 힘든 길을 걸은 후 적어도 혼자서라도 감탄할 수 있는 여행. 산티아고를 마주했을 때의 희열과 어깨가 저리고, 다리에 힘이 풀리고, 땀이 줄줄 흐르는 길 위의 몸을 자각하는 내가 가지게 될 이야기가 기대되는 길. 결국 걷기로 했다. 파울로 코엘료는 같은 길을 걸은 후 소설 『순례자』를 썼다.

:: 파리, 판타지 가득한 곳에서

　오래전부터 파리는 왠지 모를 로망이었다. '여행'이라고 하면 떠오르는 판타지가 있는 곳. 유럽이 물가 비싸고, 혼잡스럽고, 내가 그다지 관심이 없는 박물관들 천지인 여행지라고 하더라도, 인도에서 유럽으로 곧장 넘어가기로 마음먹은 데는 파리를 보았다는 사실만으로 나 이래뵈도 괜찮은 인생이라고 자랑하고 싶었던 고약한 심보가 없지 않았다.

　파리 CDG(샤를드골) 공항, 입국심사에 여권만 보여주는 것, 깔끔한 화장실, 친절한 표지판, 짐 검색대가 없는 지하철이 생경했고, 입이 쩍 벌어지는 갑작스런 물가 차이에 속이 울렁거렸다. 레몬차도 아니고 물도 아닌 맹맹한 음료와 시내로 가는 RER 교통비에 쓴 15유로는 인도에서 왕처럼 세 끼를 먹고 좋은 곳에서 잘 수 있는 돈이다.

처음 파리를 만나 가장 좋았던 것은 공항 편의점에 가득한 책내음이었다. 아침 여덟 시인데도 해가 뜨지 않은 새벽. 푸르스름한 공기를 가르고 매끈하게 달리는 메트로는 하루를 시작하는 - 세계적으로 유명한 도시인들 - 파리지앵을 실어 나른다. 내가 오히려 인디언들의 시선 표적이 되었던 것과 달리 이제야 진짜 관광하는 기분이 들었다. 동물 모자에도 눈길조차 주는 사람이 없다니. 지하철에서 향수 냄새도 풍긴다. 이럴 수가. 인도에 익숙해진 탓인지 파리는 거리에서도 그윽한 향기가 나는 것 같았다.

◎ 숙소에 짐을 풀고 가장 먼저 벨리브라는 바구니 자전거를 타고 도시를 휘저었다. 곳곳에 설치된 무인대여 정류장에서 자전거를 빌리면 30분 내로 반납해야 하는 시스템이어서, 20분마다 정류장이 보이지 않으면 긴장해야 했다.

자전거 위에서 낯선 거리를 흘러 다니다가 판타지의 정점에 있는 이미지, 에펠탑을 직접 마주하고야 말았다. 엘리베이터를 타거나 계단으로 걸어서 올라가 볼 수 있는데, 시간이 늦어 계단으로 갈 수 있는 티켓은 구입할 수 없었다. 탑 아래 벤치에 가만 앉아서 흘러왔다 흘러가는 사람들을 보다가, 에펠탑에 불이 켜지는 멋진 시간 속에서 문득, '이런 것도 보고, 인생 참 아름답다'는 생각이 들었다. 한참 주변을 거닐다 다시 자전거를 타고 세느강을 따라 달렸다. 에펠탑이 비치는 강변을 따라 바람을 가르는 느낌이란! 폭이 좁은데 비해 다리가 많아 아기자기한 강은 유명하고 멋진 건물들을 많이 두르고 있었다.

사람들이 남긴 이야기를 추억할 수 있는 공동묘지에도 들렀다.

도시 한복판에 있는 '카타콤베'는 18세기 말, 파리 도시계획의 일환으로 신원미상 묘지의 유골을 긴 지하 터널에 묻어둔 곳이라고 한다. 수백만 유골 중에 일부만 공개되고 있다는데, 그것도 한참 길었고, 엄숙하고 숙연할 줄 알았던 예상과 달리 출구에는 기념품점도 있었다. 적나라한 죽음의 흔적이 파리 역사를 보여주는 기념관이 된 것이다. 의미는 붙이기 나름이라 해도, 으스스하다.

80만 명이 묻혀있다는 파리에서 가장 큰 페르라쉐르 공동묘지에서는 지도 없이 걷다가 길을 잃고 벤치에서 한 시간쯤 잠이 들었다. 언젠가 여유가 그리워진다면 공동묘지에서 낮잠 자던 시간이 그리워지리라 생각했을 만큼 평화로웠던 곳. 다시 오피스에서 지도를 구해 낯익은 작가, 배우, 과학자, 음악가들의 이름을 동그라미 치면서 묘를 찾아 그들이 남긴 이야기들을 생각했다.

몽마르트르에서도 언덕이 아닌 공동묘지에 가서, 진자하면 떠오르는 푸코, 색소폰을 만든 아돌프 색스, 앙페르 법칙의 앙페르, 화가 드가, 음악가 하이네 등 영웅들의 묘를 찾아보았다. 이름을 남긴다는 것은 정말 멋진 일이다. 이름만으로 누군가의 가슴을 떨리게 하고, 그를 기억하며 그리워할 감동을 주는 것. 누군가의 삶에 가치를 매겨야 한다면, 그가 세상에 기여한 만큼일 것이다.

많은 사람들에게 무언가 영향을 끼친다는 것은 분명히 멋진 일이지만 그들 역시 같은 모습으로 잠들어 있으니, 역사에 이름을 남기는 일이 목숨 걸 일은 아니란 생각도 들었다. 행복에 대해서 오래 생각하다 보면, 결국엔 '나'에게 초점이 맞추어진다. 내가 행복할 일이다.

:: 유럽 여행 에세이를 쓰는 것에 대하여

　누군가 여행은 환상을 깨부수어 가는 과정이라고 했는데, 그래서 파리에 가면 이십대의 로망이 단번에 채워짐과 동시에 깨부수어질 것만 같았다. 어느 곳보다 많은 사람들의 판타지가 모인 도시에 막상 들어와 보니, 로망의 파괴보다 외로움이 더 먼저 찾아왔다. 과연 시리도록 아름다워서 혼자 오면 서글퍼진다는 곳이었다. 사랑하는 사람과 다시 찾고 싶은, 행복감을 주는 풍경들이 곳곳에 가득했다.

　몽마르트르 근처에서 한낮의 여유를 즐기는 프렌치들이 가득한 카페에 커피를 들고 자리를 잡았다. 창밖에는 빨간 풍차, 물랑루즈가 보이고 그 맞은편에 인도에서 본 「장화신은 고양이2」 영화 포스터가, 「La Chat Potte」라는 산뜻한 불어 이름을 가지고서 고풍스런 건물에 앙증맞게 붙어 있었다. 파리가 멋진 것은 그 이름들이 주는 ― 퐁네프, 베르사유, 몽마르트르 같은 ― 적절한 판타지도 한몫하지 않을까.

푹신한 소파에 앉아 옛 노래를 들으며 한참 생각에 잠겼다. 그렇게 낯선 곳에 와서 익숙한 것과의 결별은커녕 오히려 가장 익숙한 음악과 함께 가장 익숙한 생각을 하다가, 기분 좋은 잠이 들었다. 깨어났을 땐 문득 사랑으로 상처받은 누군가의 손을 잡고 '사랑은 어떻게든 온다'고 말하고 싶어졌다.

어쩌면 시끌벅적하게 떠나는 삶보다, 작은 일상에 포근한 기억을 남기는 삶이 더 의미 있지 않을까 생각했다. 여행자가 되어 파리의 풍경이 되는 상상을 하며 품었던 판타지와는 어울리지 않는, 익숙함을 넘어선 닳고 닳은 생각에 잠기는 동안에도 그 시간이 좋았던 것은, 그에 묻어있는 기억은 항상 향긋함이 배어 나오기 때문이었다.

파리에서 머문 한인민박에서는 저녁이 되면, 사람들이 둘러앉아 장관이라는 몽생미셸, 파리 야경 속에 파묻히는 유람선 등 각각의 빛깔로 빛나는 여행 이야기를 나누었다. 그중 일곱 살 딸과 함께하는 긴 여행 중에 이 민박에서 일주일을 머무르던 젊은 부부가 많이 부러웠다.

유럽 여행기를 써서 졸업 작품으로 제출할 것이라던 한 여학생은 내게 여행기에 대해 조언을 구했다. 그녀의 첫 해외여행이 어땠는지는 못다 물었지만, 함께

다닌 친구와의 이야
기, 지금 둘러앉은 사
람들의 이야기가 바로
멋진 여행 이야기라고
말해 주었다. 글이 살아 숨쉬기 위해서는 누구나 감탄할 수 있는 멋진 것에 대
한 고찰이 아닌, 남이 기대하는 시선에 의한 것이 아닌, 내 마음의 이야기를 써
야 하며, 세상을 눈이 아니라 가슴으로 만나는 방법은 멋진 곳에 있는 것보다
사람을 만나는 것이라고.

여행자끼리는 가르침을 주고받기보다 서로 자랑하고 감탄하면 되는 것인데,
걱정하는 통에 나는 잠시 가르치려 들었다. 어쩌면 더 많은 배움을 위한 그 학
생의 작전이었을지도 모른다.

하루는 관광객에게는 그다지 인기 없는 과학기술 박물관에 들렀다. 옮기지 않
았어도 나쁘지 않았을 걸음이었지만 나만의 이야기를 가지기 위한 시도였다. 하
지만 부러 여행자들의 발길이 뜸한 곳을 찾으려 옹고집 부리지는 않았다. 분침
세 바퀴가 넘는 시간도 부족했던 걸음마다 날 황홀하게 만든 예술작품들 덕분
에, 세상에서 가장 유명한 박물관, 루브르 박물관은 내게도 특별했다.

파리 시내 중심에 있는 천체물리연구소에 파견 나와 있던 학교 후배를 만나
퐁피두 센터에도 들렀다. 뭉크 특별전이 열리고 있었고, 칸딘스키, 피카소, 샤갈
등 너무 유명해서 익숙한 작가들의 그림들이 걸려 있어 편안했다. 현재보다 더
현대적인 작품이 가득하고 건물 창밖으로 파리 시내가 한눈에 내려다보이던 근
사한 공간. 그곳에서는 무엇보다 친구와 나눈 많은 공감들이 가장 좋았다.

그도 나처럼, 자신이 꿈과 호기심을 좇아 공부하는 것이라고 생각했는데, 사실은 그보다 경쟁에서 이기고, 남들 눈에 잘 보이기 위함이었던 노력들이 적지 않았음을 부정할 수 없었다고 했다. 내적 욕구가 가장 큰 동기가 되어 공부하는 이곳 연구자들과, 그것이 자연스러운 환경에서 공부 동기를 잠시 잃었던 자신을 보고 그것을 뼈저리게 느꼈다고. 공부하는 직업을 가지기로 한 것에서부터 서른에 와 깨닫게 된 것들까지, 여행길이 아니었으면 힘들었을지도 모를 속 깊은 이야기들과 함께 낯선 거리를 기분 좋게 거닐었다.

:: 다시 산, 믿을 수 없는 풍경

파리에서 출발한 야간열차에서 잘 자고 맞은 아침, 샤모니-몽블랑 마을이 가까워 오자 믿어지지 않는 풍경이 펼쳐지기 시작했다. 산과 눈과 파란 하늘만으로도 설레는 풍경. '내가 이곳에 있다니!'

기차는 인도 기차와 비교를 넘어선 다른 차원에서 깔끔하고 단정했고, 열차표에 찍힌 도착시간에 분 단위까지 지키며 멈추는 것에도 감동했다. 인도 델리-자이살메르 구간에서 20분밖에 늦지 않았다고 착한 열차라며 감탄했던 것이 무색해졌다.

일월의 샤모니는 산악 도시답게 쌀쌀했고, 한기 속에서 알프스가 날 내려 보는 느낌이 산뜻했다. 조금 절뚝거리며 잠시 헤매다가 치명적인 향기로 유혹하는 빵집에서 1.4 유로짜리 바게트를 사들고 UCPA 센터를 찾았다. 역사도 오래된 데다 널리 알려진 곳이어서 물어가며 길 찾기도 어렵지 않은 곳이다.

프랑스답지 않게 영어 설명이 잘 되어 있었고, 직원들도 영어를 잘 했다. 함께 묵는 다섯 명의 프렌치들과 인사를 나누었다. 파리의 은행원 아저씨는 우리도 영어를 연습해야 하니 더 반갑다고 말한다. 멋진 곳에 온 여행자들이 그렇듯 마음이 열린 훈훈한 사람들.

위기 뒤에 기회가, 나쁜 것 다음에 좋은 것이 온다는 말도 있지만, 행복한 장면이 연이어 펼쳐지면서 좋은 것 뒤에도 항상 더 좋은 것이 온다고 믿게 되었다.

히말라야, 알프스를 하나씩 떼어 놓고 경험했더라도 행복한 기억을 주는 멋진 경험이었을 것이다. 장엄한 히말라야 설산 사이에서는 그곳을 내 두 발로 올랐다는 것이 놀랍고 뿌듯했는데, 샤모니-몽블랑 마을에서 마주한 알프스는 증폭된 감동을 선사했다. 실제 고도가 훨씬 낮더라도 알프스의 위풍당당함은 히말라야 못지않았다(1035m 고도 샤모니를 두른 산들은 3~4000m급. 7~8000m급 고봉들이 둘러싼 안나푸르나 베이스캠프가 4130m이니 고도 차이는 얼핏 비슷하다). 오히려 스키장의 포근한 흰 눈과 아기자기한 예쁜 마을이 어우러진 풍광이 더 웅장하게 느껴지기도 했다.

아담한 마을에는 산악박물관들도 몇 군데 자리하고 있다. 고풍스런 건물들과

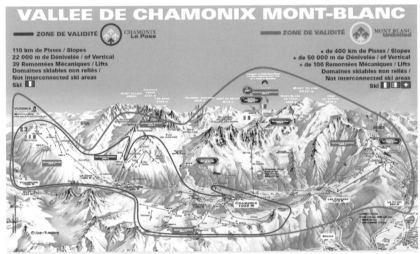

◎ 프랑스는 여러 나라와 국경을 마주하고 있는 육각형이고, 샤모니-몽블랑 마을은 스위스, 이탈리아를 산 하나 사이에 두고 마주 본다. 스키코스는 거미줄처럼 연결되어 있는데 버스를 타거나 산 사이를 잇는 곤돌라를 타고 어디든지 갈 수 있다. 애써 보려고 하지 않아도 고개를 들기만 하면 신비로운 세상을 만끽할 수 있는 곳이다. 멋진 슬로프에 가만히 있으면 설산이 시선과 온몸을 사로잡아 쉴 틈이 없다. 설산은 눈을 통해 마음으로 무언가를 전해 준다. (그림 출처: www.chamonix.com)

France Alps

높이 솟은 산들이 마치 하나의 배경이 된 거리는, 1월 중순에도 겨울 연말 분위기가 물씬 남아 있어 걸음을 행복하게 했다. 센터에서 챙겨놓은 바게트를 베어 물고 마을을 한 바퀴 돌아오는 길에는 따뜻한 빵집이 마카롱으로 유혹했다.

이 작고 아담하고 예쁘면서 웅장하고 높은 이 말도 안 되는 동네에서, 한국 시간으로 월요일 새벽, 페이스북을 통해 지금 이 굉장한 곳에 있다는 놀라운 사실을 이야기하고 싶었는데, 모두 피곤한 눈으로 출근할 시간에 나쁜 짓하는 것 같아 포스팅하지 않았다. 자랑하건 말건 여행 베스트 파트 중 하나가 시작되고 있었다. 아쉬웠던 것은 이 멋진 곳에 혼자였다는 사실뿐.

:: 다 안다고 생각했는데 **전혀 모르고** 있던 것들

士爲知己者死, 女爲悅己者容
선비는 자기를 알아주는 사람을 위해 죽고,
여인은 자기를 예뻐하는 사람을 위해 맵시를 낸다.

— 『사기(史記)』, 사마천

프랑스의 다른 스키장도 많았지만 그중에 샤모니에 오기로 한 것과 처음으로 보드를 타 보기로 한 것은 탁월한 선택이었다. 알프스는 로망을 품을 만한 가치가 있는 산맥이고, 새로운 것에 대한 도전은 늘 신나는 일이다.

본격적으로 오드리 선생님과 함께 레슨이 시작된 날, 서너 살 아가들이 아장아장 스키를 배우는 'Infants 코스'와 같은 경사를 가진 슬로프에서 수십 번 넘어졌다. 하지만 그만큼 배웠고, 엉망인 모습으로 함께한 초보자 그룹과도 친해졌다. 정감 있는 영어를 구사하는 프렌치 프레드릭은 의리 있는 삼촌 같은 존재였고, 프렌치 커플은 모로코에서 일하다가 모국에 휴가를 온 엔지니어들이었다.

런던에 살면서 호주에 가족이 있다는 십여 명의 말레이시안 친구들은 부부 사이, 연인 사이, 자매 사이, 회사동료 사이 등으로 이러저러하게 얽혀 있었다. 모두가 자신이 태어난 나라와 다른 나라에서 일하는 것도, 이렇게 휴가를 모두 맞추어 온 것도 좋아보였다. 즐거운 삶을 함께 즐기는 여유를 가진 그들의 인생 중 멋진 한 장면을 엿보는 것만도 기분 좋은 일이었다.

계속된 연습에도 좀처럼 실력이 늘지 않는 프렌치 아가씨는 돌아가는 길에 그만 눈물을 훔치고 말았다. 다들 무난히 감을 잡는 것 같은데, 아무리 해도 자꾸 넘어지기만 하니, 얼마나 속상할까. 내게도 몸이 말을 듣지 않고 많이 넘어지는 속상함이 있었지만 알프스 품안에서 보드를 타고 눈을 쓰는 감격이 눌렀다.

스노보드, 흔한 레포츠여서 쉬울 줄 알았다. '다 안다고 생각했는데 전혀 모르고 있던 것'이었다. '두 손 놓고 자전거타기'도 그랬다. 자전거를 많이 탔는데도, 당연히 할 수 있을 거라 믿었지만 시도하고 여러 번 넘어지기 전까지, 나는 그것에 대해 **아.무.것.도.** 모르고 있었다. 연애도 그랬고, 수개월 밤새워 연구한 내용을 발표하는 것도 그랬다. 직접 경험하지 않았음에도, 수차례 넘어져 보고 온몸과 자존심에 상처를 입어보지 않았으면 절대로 알 수 없었을 것들을 앞서서 쉽다고 쉽게 재단해 버렸던 날들이 있었다.

넘어지는 것은 부끄럽지 않았다. 멋있게 잘 타는 척 폼 잡는 사진보다 넘어지는 솔직한 사진으로 찍히는 것이 더 좋았다. 그래도 없지 않은 운동감각에 감사했다. 오드리의 조언은 이것이 전부다.

"네가 가는 길을 주시하면서 그 방향으로 체중을 싣고, 네가 강하다는 것을 믿으면서 웃음을 잃지 마라!"

가는 곳을 보면 정말 가게 된다는 것을 몸으로 깨달은 순간, 아르키메데스처럼 방방 뛰며 자랑하고 싶었다. 내가 가는 길을 마음대로 컨트롤할 수 있다는 것이 짜릿했다. 보드를 만난 하루하고 반나절 만에 마음먹은 대로 '턴'을 하게 되자 오드리 코치의 '퍼펙트'라는 칭찬세례를 받았다.

믿음을 주고받는 것은 소중한 느낌이다. 대학원 시절 가장 큰 행복감을 느꼈을 때는 존경하는 교수님으로부터 처음 인정을 받았을 때였다. 몇 장의 종이에 쏟아 부은 노력과 지나간 청춘들이 보상받는 느낌에 교수님 연구실 문을 나선 복도에서 펄쩍펄쩍 뛰었다.

무릎과 발뒤꿈치, 발가락을 이용해 춤추듯 스노보드를 즐기게 되자 자신이 생겨 금세 어려운 코스에 도전해 보았다. 프레드릭은 더 높은 곳을 가리키며 "Good for you"라 말해 주었고 그곳으로 향하는 나를 보며 오드리 선생님은 "You can do it"하며 용기를 북돋아 주었다. 실력이 조금 더 향상되는 것보다 주변의 인정과 믿음을 받는다는 느낌에 한참 동안 리프트를 끼고 오르는 길에 노래가 절로 나왔다.

:: 인생 **참 재미**있다!

아침 기온 영하 9도의 산악마을, 아침에 익숙한 척 보드를 꺼내 들고 부츠 끈을 동여매고 길을 나서서, 버스를 타고 슬로프로 가는데, 갑자기 전에 없던 여유와 설렘이 밀려왔다. 서투르지만 눈길을 가르는 느낌도 마찬가지였다. 그 것은 공간의 힘이기도 하다. 넘어져도, 고개를 들어보면 파노라마 같은 설산이 손에 잡힐 듯 가까이에 있다. 좋은 음식과 멋진 풍경을 즐기며 인도에서부터 비실대던 몸이 완전히 회복되었고, 보드 타는 감각도 올라오는 것이 느껴졌다.

'행복하다'고 자주 중얼거렸다. 그건 돈으로 환산할 수 없는 가치이다. 버스 창 밖으로 스쳐가던 하얀 풍경, 점심 허기 속의 도시락, 보드 타다 말고 한참 멈추어 감상하는 절경, 설산을 둘러싸고 설원을 가르는 쾌감, 책 읽는 한낮의 여유, 차 한 잔을 감싸 쥐고 나서는 우뚝 솟은 설산으로 둘러싸인 아담하고 예쁜 몽블랑

마을 산책, 불을 끄고 침대에 누우면 스노보드의 여운이 남은 뻐근한 느낌. 즐겁고 여유 있는 사람들 사이에서 그런 행복의 아우라는 더해졌다.

아무리 봐도 예쁜 마을에는 휴가를 보내는 프렌치들이 가득했다. 국민 스포츠답게 이제 막 걷고 뛰는 서너 살 아이부터 백발성성한 어르신까지 모두들 행복 가득한 표정으로. 재잘대는 스키복 차림의 아이들과 다정한 부모들의 모습이 보기 좋았다. 가족 간의 대화도 힘든 마당에, 함께 스포츠라니!

UCPA 센터에서 머무른 기억이 오래 남는다면, 스노보드 첫 경험과 설산의 감동 때문이 아니라 언제나 기다려지는 따뜻하고 맛있는 식사 때문일지도 모른다. 식사 중에 다음 식사 시간이 기대되는 기막힌 만찬의 연속이었다. 와인이 널려 있고 저녁 음식은 넉넉하고 가득해서 서두를 필요가 없다. 점심은 멀리 가는 스키어를 위해 아침에 도시락을 싸갈 수 있도록 바게트와 비스킷, 샐러드, 고기, 치즈, 음료와 요거트 디저트 등을 푸짐하게 마련해 놓는다.

저녁이 되면 매일 파티가 벌어지고, 와인이나 맥주를 들고 담소를 나누거나, 춤을 추거나, 게임을 하거나, 당구를 치거나, 책을 읽는 사람들로 채워지는 라운지에는 한결같이 여유가 넘친다. 가족이나 친구들과 함께 온 다른 프렌치들처럼 '친구들과 함께 왔더라면 좋았겠다'는 생각이 간절하기까지 했다.

아기자기하게 꾸며 놓은 센터의 '아이리시데이'에는 아일랜드 음악이 흘렀고, 가 본 적 없는 아일랜드의 펍에 온 것 같았다. 어느 하루는 가라오케가 벌어졌

다. 비틀즈의 「let it be」로 시작해 「YMCA」, 「보헤미안 랩소디」에서 광분하는 사람들이 있는 파티는 춤과 노래로 시끌벅적했다. 춤추는 사람들은 자신에게 주어진 시간을 온전히 자기 행복을 위해 쓰고 있었다. 누구나 자신의 자리에서 행복하게 춤추기를 원한다. 그러기에 충분한 공간이었다.

와인에 흔들거리다가 책을 읽고 글 쓰는 시간도 특별하게 느껴졌다. 하지만 이곳에서 노트북을 두드리는 것이 여행기가 아니고 일이었다면 즐거운 마음이었을까? 아마 불만을 감당하기에 마음 연습과 상상의 힘이 필요했을지 모른다. 언젠가 그럴 때 상상해도 좋을 만큼, 좋은 시간들이었다.

:: 작은 **잃음** 어떤 **깨달음**

God, give us the grace to accept with serenity the things
that cannot be changed, courage to change the things which
should be changed, and the wisdom to distinguish one from
the other.

- The Serenity Prayer of Reinhold Niebuhr

몽블랑 자락이 더 가까이 보이는 Le Tour의 언덕을 넘어가면 'sussie(스위스)' 표
지가 붙어있다. 우리나라에서 가장 높은 한라산 (1950m) 보다 높은, 2000m가 넘
는 Le tour 중턱에서 아침에 싸온 도시락 점심을 해치우고서, 다시 부츠를 묶으
려 폼을 잡는데, 오마이갓, 부츠 잠금장치 작은 부분이 없어진 것을 발견했다.

여러 번 오간 길을 뒤졌다. 점심 먹기 전까지도 멀쩡했고, 평소처럼 했는데. 이해할 수가 없었다. 있을 수 있는 일이라고 생각해도 갑자기 왜 내게 이런 일이 닥쳤는지 억울했다.

찾기를 반쯤 포기하고 멍하니 터벅터벅 걸어오니 오드리가 자신의 보드를 빌려 준다. 그런데 오드리는 왼손잡이였고, 그녀의 보드는 오른다리에 무게 중심이 가기 편하도록 되어 있었다. 처음엔 오른손잡이 방식으로 어색하게 타다가, 두 번째 리프트를 다리 사이에 걸고 올라가며 실성한 것처럼 웃었다. 어디서나 좋은 점을 발견하려는 낙천주의! 좋다, 이렇게 된 거 왼손잡이가 된 것처럼 연습해 보자!

처음은 어려웠다. 처음보다 더 많이 넘어졌지만 곧 익숙해졌다. 오드리는 'Excellent'를 연발했다. 선생님이 빨리 배운다고 놀라워해 주니 더 잘하게 되는 것 같았다. 서른 아저씨도 여전히 옆에서 잘한다, 잘한다, 감탄해 주어야 더 열심히 하는 어린아이다.

오피스로 돌아오니 단번에 보드의 잃어버린 부분을 찾아서 붙여 주었다. 걱정과는 달리 요금도 청구되지 않았다. 그것을 잃음으로써 오른다리에 중심을 두는 연습을 손쉽게 할 수 있게 되었고, 긍정적인 태도는 세상을 더 행복하게 만들어 준다는 것을 알았다.

레슨이 없는 'Free day'에는, 혼자서 도시락을 싸들고 Le tour에 가는 버스에 올랐다. 30분 정도 걸리는 길에 보이는 눈 덮인 아기자기한 집들과 하얀 산으로 둘러싸인 마을 풍경이 좋아서 천천히 도착하길 바라기도 했다.

처음 배운 대로 뒤꿈치로만 브레이크를 걸지 않고, 매번 새로운 방식을 시도해 보다가 어김없이 고꾸라지면서도 실력이 늘어가는 것에 뿌듯해 하다가, 점심 즈음 도시락을 먹으려 전날과 같은 식당에 갔다. 그 앞에서 보드를 내려놓는데, 느낌이 이상했다. 전날 잃은 바로 그 부분이 같은 자리에서 보니 거짓말같이 또 사라져 있었다. 자책하면서 몇 번이고 길을 오가다가 다시 곤돌라를 타고 찾아 헤매었다. 같은 실수를 두 번이나 반복한 것에 어이가 없어서 별 생각도 나지 않았다. 허탈함에 '멘탈 붕괴' 상태가 되었다. 신성한 밥시간에 당연히 있어야 할 것을 찾아다니는 시간도 아까웠다.

오르락내리락 그 작은 물건을 찾으려 곤돌라를 서너 번째 왕복하는 동안, 전날 밤 책에서 읽은 '바꿀 수 없는 것에 대해 걱정하지 말라!'는 글이 식은땀 사이로 떠올랐다. 다 아는데도 실천해 보지 않았던 것이었다. 적어도 곤돌라 안에서는 지금 없는 것에 대한 걱정과 고민은 의미 없던 일. 그래서 어차피 먹어야 할 점심을 먹었다. 공간만 달라졌을 뿐인데 오히려 덜컹거리는 공중에서 먹는 도시락은 별미였다. 곤돌라가 떨어진대도 때깔은 좋았으리라. 오를 때는 빵에 치즈를 바르고, 꾹꾹 눌러 담은 야채와 감자, 고기, 참치를 비벼 먹고 내려갈 때는 과일과 후식까지 해치웠다.

배도 찼겠다, 기분도 좋아져서 긍정적 상상의 힘을 믿어보기로 했다. 그런데 거짓말처럼, 다시 찾아간 리프트 승강장에서 누군가가 잘 보이는 기둥에 그 잠금장치를 내려놓은 것을 발견했다. 잃음의 크기만큼 깨달음을 얻는 것은 아니어서 적게 잃더라도 크게 얻을 수 있다. 두 번째 잃음은 긴장감 넘치는 여유를 맛보게 해 주었고, 긍정적 상상의 힘에 대한 믿음을 신념으로 바꾸어 놓았다.

일주일은 금세 지나갔다. 산과 산을 연결하는 곤돌라를 타고 내리고, '그랑몽테'에서 뻗은 설산도 휘젓다가, 이름 모를 산자락들에서 턴 몇 번 휙휙 하고 나니 이별할 시간이 다가왔다. 많은 만남과 헤어짐 속에서 이 정도 아쉬움이야 아무것도 아니었지만 꿈에서도 자주 보드를 탔다. 그래도 손에는 새로운 책이 들려있었고, 산티아고 계획을 세우기 시작했다. 행복의 끝자락에 오는 허무함은 새로운 설렘으로 돌려막기 해야 했다.

:: 샤모니는 눈 내리는 마을

상상했던 그림 속에 들어온 뒤에야 품어 왔던 것이 환상이었음을 깨닫게 되기도 하지만, 그 과정만큼은 아름다울 수 있다. 기대가 불러오는 실망과 무언가를 이룬 후에 꼭 따라오는 허전함은 이미 많이 경험해 온 삶의 한 부분이므로 받아들이기 어렵지도 않다. 하지만 샤모니에서 나는 실망은커녕 상상보다 더 특별한 느낌을 받았고, 삶에 좋은 부분이 또 하나 생겼음을 확신했다.

마지막 하루, 아침부터 눈이 하얗게 내리기 시작하더니 Le tour에 도착한 이후에는 점점 거세어졌다. 아무것도 보이지 않던 길을 내려오길 몇 번, 점

심을 먹다가는 눈바람이 심해져 결국 센터로 돌아가기로 했다. 하지만 '이미 충분히 행복했던 뒤'여서, 아쉽지 않았다.

일주일간 같은 공간에서 행복했던 모든 사람들과 함께한 마지막 밤, 치즈와 와인, 고기가 있는 따뜻했던 뒤풀이에서 프레드릭이 찍은 넘어지는 모두의 사진을 함께 보며 웃었다. 나는 센터에서 유일한 아시아 거주자였는데, 내게 스타크래프트를 잘하냐고 묻는 친구도, 한국인 여자 친구가 있었다고 추억하는 친구도 있었다. 한국을 사랑하고, 예찬하는 외국인들은 한국인에 대한 추억, 특히 애인이 있던 사람이 많았다. 역시 공간의 기억을 소중한 시간으로 가득 채워주는 것은 사람과 사랑이다.

처음 들어본 게임을 하고 와인을 많이 마셨다. 고주망태가 되거나 쓰러지는 사람도 없이 마음이 활짝 열린 즐거운 여행자들, 그 자유로움 속에 머무는 것은 특별한 여유로움이었다. 밤이 깊어가고 바람을 쐴 겸 눈 내리는 하늘 구경을 하려는데, 사람들이 눈사람을 만들고 있었다. 슬리퍼를 신은 채 와인 잔을 들고서, 눈을 뭉치는 순수한 사람들을 흐뭇한 미소로 지켜보다가, 큼지막한 눈덩이들이 스핀을 머금고 저 건너편에서 틀림없이 날 노리고 날아오는 것을 보았다. 난데없는 도전에 호승심이 발동해 등산화와 장갑으로 무장하고 내려와 판에 끼어들었다. 눈싸움에 지칠 때면 합심해서 열려있는 창문에 눈덩이를 던졌다. 진지하게 내게 '이번엔 저쪽 창문이 열렸다!'며 눈을 꽁꽁 뭉치던 프렌치의 얼굴에 진한 전우애 같은 것이 묻어 나왔다. 어린 날의 순수한 열정, 그 오래된 감각이 생생하게 더듬어졌다.

　함박눈이 가득 내리던 금요일 저녁 샤모니 마을의 거리에도 즐거운 사람들이 가득했다. 눈 내리는 마을 풍경은 약간의 술기운과 함께 익숙한 음악으로 흘렀고, 눈길을 헤치고 춤추듯, 꿈속에서 헤엄치듯 잊지 못할 풍경을 서걱거렸다. 눈 오는 밤 샤모니 마을 취중 산책은, 그림 속의 주인공이 되어있는 느낌이었다. 그림 속의 주인공이 항상 멋있는 것은 아니지만 그 그림은 행복한 여행자가 실실 웃는 그림.

　네팔에서부터 시작된 일출시간쯤 되면 깨는 습관 때문이었을까, 샤모니에서 보내는 마지막 시간이 아쉬웠던 탓이었을까. 떠나는 날 새벽같이 일어났다. 오전에도 보드를 탈 수 있는 여유가 있었는데 마을을 온통 하얗게 만든 함박눈이 아침까지도 끊이질 않아 모든 슬로프가 폐쇄되었다는 소식에 잠시 망연자실했다. 하지만 아까운 느낌보다도 나는 이미 충분히 행복했다고, 샤모니 마을 산책하는 시간이 생겨 좋았다고 하는 '샤모니 바보'가 되어있었다. 인도 어디선가부터 흐느적거리던 몸도, 민박집을 경박스럽게 나서다가 넘어져 따끔거리던 발목도 모두 나아서 행복한 기억만 남았다.

France Alps

알프스 품에 머무른 느낌을 어찌 말로 다 설명할 수 있을까. 파리의 커다란 박물관에서도 찾을 수 없었던 「샤갈의 눈 내리는 마을」 (샤갈의 작품 중 「눈 내리는 마을」 이라는 작품은 없고, 김춘수의 「샤갈의 마을에 내리는 눈」이라는 시가 있다.) 보다 그리워할 작품은 직접 만진 「샤모니는 눈 내린 마을」이고, 그 풍경 속에 있던 것은 곧 '행복'이라는 단어였다. 그 공간에 있을 수 있게 한 선택과, 모든 것을 한껏 만끽할 수 있었던 시간에 감사하다가 확신하게 된 것은 '행복은 만들어진다'는 것. '매일 나를 행복하게 하는 일을 한 가지 이상 하자'는 멋진 계획을 세웠다.

사랑스러운 샤모니-몽블랑 마을. 지나친 찬양은 행복을 위장하기 위해 거짓말하는 수작일 수 있어 조심스럽지만, Amazing Chamonix - Mont Blanc, you deserve it!

:: **미테랑** 도서관

파리에서는 파리지앵보다 여행자가 더 행복하다. 예쁘고 날씬한 그들의 삶이 나보다 행복할 것이라는 환상 속에서 안달하지 않아도 된다. 상큼한 기분으로 맞은 파리의 아침, UCPA 센터에서 야심차게 챙겨둔 버터를 들고, 빵집에서 바게트를 사서 발라 먹으며 깨끗한 산책길로 나섰다. 정확히는 한 손엔 가방, 한 손엔 바게트, 집게손가락에 버터를 끼고 함께 베어 물며 입에서 믹스했다. 맛있어 보이지는 않았겠지만 어떻게 보였든 행복은 남의 것이 아니다.

파리에서 보내는 마지막 날, 유학 중인 친구와 함께 미테랑 국립 도서관에 들렀다. 보부아르 다리를 넘어 도서관의 배경이 되어준 하늘색과도 잘 어울리던, 네 권의 책 모양으로 지어진 멋진 건물. 서울도 지성으로는 어떤 도시도 패대기 칠 수 있겠지만 미테랑 도서관의 규모와 압도적인 분위기는 지금껏 가보았던 여

느 도서관의 뺨을 수차례 때렸다. 그도 그럴 것이 파리의 국립도서관 보유 장서는 1,400만권이 넘고, 엄청난 자료들이 가득하다. 이보다 규모가 작은 또 다른 국립 도서관인 리슐리외 도서관에는 우리 문화재 직지심체요절 등이 있고, 우리나라로 반환된 외규장각 도서가 있었다고 한다.

도서관에는 다양한 사람들이 모여 들었다. 가족끼리 와서 전시관 구경을, 학생들이 시험공부를, 작가가 스케치를 하기도 했고, 연구원들만을 위한 공간도 마련되어 있었다. 친구와 함께 예술서적들이 서가에 빼곡한 예술 카테고리 열람실에 자리를 잡았다. 과학 열람실에 먼저 가려고 했는데, 자리가 가득 차 있었다. 미테랑이 센스가 있었다면 시험이 많은 공대 두 열람실 정도는 더 마련해 주었을 텐데.

이 멋진 도서관에서는 어떤 공부도 잘될 것 같다. 같은 느낌을 가졌을 많은 프렌치들이 공부하고 있었다. 둘러본 열람실마다 사람들이 공부하는 모습은 내가 살던 대학교 중앙도서관과 별반 다르지 않았다. 친구 자리 맡아 놓고 어설프게 책 펼쳐 놓고 기다리는 학생, 공부하는지 옆자리 애인 얼굴 보는지 구분 안 가는 학생, 노트북 켜고 뚫어져라 보는 학생, 형광펜 찍찍 긋는 학생, 연습장 반으로 접어 끊임없이 적는 학생, 책을 높이 쌓아 올려놓고 하나씩 뒤적이는 학생, 한 손으로 머리 쥐어뜯으며 계산기 두드리는 학생, 멍한 표정으로 연습장에 끼적이는 학생 등등. 모두가 지난 기억을 아련하게 떠오르게 했다.

　나름의 여러 꿈을 가지고 도서관에 앉은 이들 사이에서 그들과 비슷한 표정으로 비슷하게 앉아 책을 읽고 여행기를 정리하는 동안 내밀한 기쁨이 솟아났다. 활자로 인해 행복했던 시간.

　여행 중에 여행기 정리를 시작하지 않고 돌아가면, 분주할 새로운 일상이 서른 여행을 기록해 두기로 한 계획들을 지지부진하게 만들 것이 분명했다. 미테랑 도서관에서 되새긴 인도 워크캠프 기억에서 친구들 얼굴이 하나 둘 떠올랐다. 집으로 간 친구들 잘 지내고 있을까. 여행하는 친구들 지금쯤 어디일까. 추억에 젖는 사이 어둠이 내렸다. 열람실로 스미는 책 냄새가 좋아 한참 더 있을 수 있을 것 같았지만, 마지막 파리의 밤을 거리에서 흘리고 싶어 다시 쌀쌀하던 일월의 파리 공기를 마셨다.

행복하다면, 그렇게 해
; 스페인 산티아고 순례길

Spain Camino de Santiago

◎ 마드리드 ⋯ 레온 ⋯ 산티아고데콤포스텔라
⋯ 마드리드 ⋯ 로마

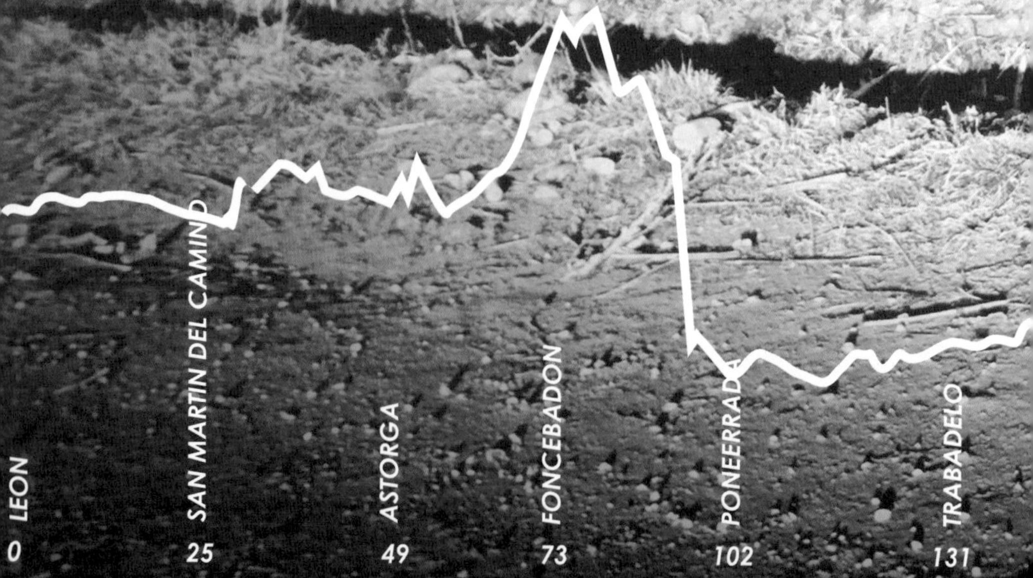

France

Italy

● 로마

● 산티아고데콤포스텔라
● 레온
● 마드리드

Spain

LEON	SAN MARTIN DEL CAMINO	ASTORGA	FONCEBADON	PONFERRADA	TRABADELO
0	25	49	73	102	131

SAMOS

PORTOMARÍN

CASANOVA

ARZÚA

MONTE DO GOZO

SANTIAGO DE COMPOSTELA

5   185   213   242   264   295   300

:: **사람** 따라 **은하수** 따라 걷는 **길**

  무슬림 전통에 의하면, 모든 신자는 적어도 생애에 한번은 메카로 순례를 떠나야 한다. 마찬가지로 기독교 탄생 이후 첫 천년 동안 세 개의 신성한 순례길이 존재했다. 누구든 그곳 중 하나를 따라 걷는 사람에게는 많은 축복과 관용이 베풀어졌다. 첫 번째 길은 로마에 있는 성 베드로의 무덤으로 가는 길이고, 두 번째 길은 예루살렘의 예수의 성묘로 향하는 길이었다. 세 번째 길이 바로 이베리아 반도에 묻힌 사도 야고보의 성 유골에 이르는 길이다. 그곳은 어느 날 밤 양치기가 들판 위에서 빛나는 별을 봤다는 장소이다. 전해 내려오는 이야기에는, 예수 그리스도가 죽은 후 성 야고보와 성모마리아가 복음을 전파하기 위해 복음서의 말씀을 가지고 그곳을 지나갔다고 한다. 그곳에는 콤포스텔라(별들의 들판)라는 이름이 붙여졌고, 오래지 않아 모든 기독교도 국가의 여행객들이 몰려드는 도시가 세워지게 되었다. 이 신성한 세 번째 길을 따라 걷는 사람들에게는 '순례자'라는 이름이 주어졌고, 그들은 가리비껍데기를 상징으로 선택했다.
순례의 황금시대였던 14세기에는 해마다 전 유럽에서 몰려든 백만 명 이상의 사람들이 '은하수길'을 따라 걸었다(밤에는 순례자들이 은하수를 보고 길을 찾아갔기 때문에 이런 이름이 붙게 되었다). 오늘날에도 여전히 수많은 열성 신자들과 수도사들, 그리고 연구가들이 프랑스의 생장피에드포르에서 스페인의 산티아고 데 콤포스텔라의 대성당에 이르는 칠백 킬로미터의 길을 걸으며 순례를 하고 있다.

                                          —『순례자』, 파울로 코엘료

프랑스의 마지막 기억은 파리 떠나기 전 민박집 아버지께서 설날이라고 먹고 가라며 챙겨주신 막걸리와 떡국도, 아기자기한 지하철도, 마레지구에서 흡입한 갈레뜨도, 보베공항 면세점에서 본 가격과 디자인이 모두 예쁜 디지털 카메라도 아니었다. 마드리드로 가는 저가항공에서 옆에 앉은 두 자리 젊은 커플의 프렌치 키스다. 이륙하기 전부터 도착할 때까지, 그들은 지치지도 않았다. 씁쓸하다거나 외롭다기보다, 두고 보자며 이를 악물었다. 누구에게든 친절을 베풀면 저축이 된다는 친절 계좌 마냥 연애 계좌에 쟁여 두었다.

유럽의 저가항공은 연착과 지연은커녕 너무도 정확한 예정 시간에 마드리드 바하라스 공항에 나를 안착시켜 주었다. 그 시간 개념을 우습게보고 지연 시간을 고려해서 순례 출발 지점인 레온으로 가는 버스를 예약했더니 공항에서 일곱 시간을 보내야 하는 일정이 되어 버렸다.

버스를 기다리는 동안에는 지난 추억을 꺼내어 보는 일이 가장 좋았다. 여행기를 정리하고, 산티아고 길 공부를 하는 동안 일곱 시간은 예상대로 빨리 흘렀다.

밤늦게 탄 버스에서 잠결에 레온을 지나쳤다. 이상할 만큼 도착 예정 시간을 넘긴 버스가 신나게 달리던 동안 와이파이에 접속해 현재 위치를 보니 이미 레온에서 한참 멀어진, 스페인 북쪽 해변에 가까운 오비에도 근처였다.

약속된 시간에 어딘가에 정차했던 것을 느꼈는데도 유럽의 시간 개념을 다시 한 번 무시하고는 레온의 다른 역이 또 있겠거니, 종착역이 레온이려니 지레 짐작하고 눈 감고 있었는데, 한 시간 넘게 더 달렸던 것이다. 세상은 내 목적지가 종착역일 만큼 단순하지 않았다.

얼떨결에 이른 오베이도. 버스표를 알아보아야 하는데, 정류장은 문도 열지 않았다. 날씨는 영상 4도 정도로 새벽치고 춥지도 않은 편. 버스에서 숙박했다고 생각하고 오늘 레온에 이르기만 하면 된다고, 너무 걱정하지 말자는 긍정 해법이 발동했다. 좋은 점이라면, 목적지를 놓친 덕분에 조금 더 잤고, 대합실에서 핸드폰 충전을 할 수 있었다는 것. 시간이 텅 비어 버렸을 땐, 주어진 시간을 음악으로 채울 수 있는 여유가 생긴 것이라고 생각하면 그만이었다.

새벽 여섯 시가 조금 안 되어 대합실에 불이 들어왔고, 가장 빠른 버스 티켓을 끊었다. 약 두 시간 거리를 돌아가기 위해 쓴 9유로가 아까워 점심을 먹지 않기로 했다. 이것도 여행이고 저것도 여행이라 생각하니 헤매거나 기다림이 길어도 걱정할 것이 별로 없었다. 어제와 오늘, 아직 없는 내일마저도.

아침 여덟 시가 되어 밝아지는 길, 버스를 타고 레온으로 왔던 길을 돌아갔지만 창밖 풍경은 전혀 다른 길 같았다. 레온에 이르러 길에서 만난 스페인 사람들은 정말 친절했다. 레온에 들어와 처음 성당을 찾을 때 한참을 걸어 나를 이끌며 북한과 대치 중인 한국 정세를 걱정해 주다가 성당이 보이자마자 다시 뒤

돌아 간 리처드. 길 위에서 잠시 지도를 보고 있는데, 카미노 길 걷느냐며 한참을 설명해 주고는 과일이 든 비닐봉투를 흔들며 뒤돌아 가시던 동네아저씨. 영어를 쓰는 스페인 사람들의 특징은 영어와 에스파냐를 함께 섞어 쓴다는 것이다.

◎ 아침 열한 시에 문을 열자마자 찾아간 레온 순례자 사무소에서 순례자여권(크레덴시알)을 발급받고, 2유로짜리 가리비 껍데기 배지를 사서 달았다. 길에 대한 설명도 듣고, 'Buen Camino' 인사도 배웠다.

　순례자 사무소에서는 크레덴시알을 발급 받을 수 있을 뿐 아니라, 지도와 알베르게, 바 등이 소재한 마을과 마을 간 거리에 대한 정보도 알 수 있다. 하지만 없어도 괜찮다. 정작 소중한 것은 이런저런 조건이 잘 갖추어진 곳이 아니라, 타이밍 맞게 지칠 때쯤 그곳에 있어 날 쉬게 해주는 카페와 알베르게일 뿐, 너무 계획적으로 순례길을 만들어보려는 것은 비현실적일뿐더러 상당히 피곤한 일이다.

　문득 핸드폰을 보니 인도에서 깨져 갈라진 액정 모양이 꼭 가리비 껍데기 모양이다. 가리비가 상징하는 카미노 길로 가라는 운명이었을까. 상념에 젖다가 혼자 웃었다. 사랑도 종종 이런 우연 같은 착각을 운명이란 아름다운 이름으로 채색하곤 했다. 그럼에도 정말로 아름답게 느꼈던 것은 그건 진실이라 믿으니 진실이 되었기 때문이고, 착각이야 어찌됐든 항상 진심이고자 했기 때문이다.

:: **포기**하면 **편해. 행복**하다면, **그렇게** 해

　지리산 설악산 종주 수차례, 북악산 한라산 힐클라임, 군대 외박 나와서도 치악산에 올랐으며 얼마 전 히말라야에도 다녀왔다는 쓸데없는 자존심으로 도합 25kg이 넘는 배낭 두 개를 짊어지고 산티아고 길에 자신 있게 들어섰다. 그러나 첫날 한 시간 후 부질없는 자부심은 흔적도 없어지고 25km를 걸으며 내가 왜 이 고생을 사서 하는가 하는 후회가 밀려왔다(문득 지구 위 0.1톤에 가까운 외로운 한 점이 300km 위치 이동을 하려 한다는 자각이 들었다. 지구 자전 반대 방향으로 걷고 있긴 하지만 태양 중심 좌표계로 보면 이동 거리는 훨씬 길어질 것이다).

　아뿔싸, 나는 오래된 그리움, 나쁜 습관, 못된 집착과 싸우는 것이 아니라 나 좋으라고 가져온 내 짐과 싸우고 있음을 알았다.

　바르셀로나, 런던, 프라하, 피렌체, 베네치아, 아테네, 이스탄불 편히 지낼 수 있었던 멋진 도시들도 스쳐 지나간다. 그럼에도 나는 이 멀지 않은 길을 다 걷고 나면 그보다 오래 이 길을 그리워하게 될 것이고, 이 길이 들어있는 이 여행은 내 인생에서 가장 좋았던 부분 중 하나라고 여기게 될 것임을 확신하고 있다. 가도 그만, 안 가도 그만. 포기하면 편하지만 포기도 습관이 된다는 것을 난 잘 알고 있고, 그러면 행복하지 않을 것도 알고 있다.

　그래서 아무렇지 않은 척 다시 길 위에 서서, 길 위의 인연들과 부엔 까미노. 어디서 무얼 하든 동행은 언제나 소중하다.

갓 만든 순례자 여권을 품에 안고 지도를 들고 길을 나섰다. 가리비 표시와 노란 화살표가 보이기 시작했고, 순례길에 들어섰다는 사실만으로 설레어 가슴이 벅차올랐다. 하지만, 첫날 25km, 도합 25kg 두 개의 가방을 메고 걷는 동안 점점 지쳐 생각의 빈도도 줄어갔고, 남은 날들이 까마득하게 느껴졌다.

한참 걷다가 걸을 힘이 남아있나 의심스러울 때쯤 레온에서 미리 사 둔 바나나를 하나 꺼내어 먹었는데, 나도 모르게 입가에 미소가 지어졌다. 삶에 지친 어떤 이든지 날 보고 왠지 희망을 찾을 것 같은 그런 종류의 미소. 그렇게 잠시 서서 있으니, 지나가는 차에서 '빠빵'하는, 순례자들을 응원하는 경적소리가 들렸다. 정말로 힘이 났다. 알베르게로 오는 나머지 길에서도 여러 번 들었다.

◎ 알베르게 입구에는 '문 닫아요'라는 앙증맞은 말이 쓰여 있었다. 메뉴판에도 중국어, 일본어도 없는데 한국어가 있었다. 한국인에게 이 길은 무슨 로망일까.

생마틴의 공립 알베르게는 보통 게스트하우스의 도미토리 확장 버전이었다. 이 알베르게는 침대 숫자로는 굉장히 큰 규모이지만, 겨울에는 이 길을 걷는 사람들이 많지는 않은 탓에 그 많은 침대의 5% 정도만 차 있었다. 따뜻한 물이 잘 나와 행복한 샤워를 하고, 나무로 때는 벽난로가 있는 식당에 앉았다. 식사 메뉴를 정하는데, 주인아주머니께서 영어를 전혀 하지 못해 유쾌한 스패니시가 도와주었다.

폴란드에서 일한다는 서른아홉. 교수라고 하다가 굴삭기 운전사라고도 하고, 캐묻지 않아 모르겠지만 좋은 사람임이 분명했다. 순례길은 세 번째인데, 이번에는 스페인의 시작 지점 'Roncesvalles'에서 시작했다며, 이 길을 걷는 이 휴가가 너무 좋다고 했다.

동행은 영어를 잘하지 못해 나와는 거의 눈빛과 손짓으로만 대화했던 호세였다. 그의 크레덴시알은 도장으로 빼곡했고, 내리막길을 더 힘들어 하는 전형적인 순례자였다. 무엇이 두 아이의 아버지를 이 길로 이끈 것인지 알 수 없었지만 가족과 통화하면서 보이던 아빠 표정, 절뚝거려도 중심을 잃지 않던 걸음에서 말하지 않아도 전해지는 힘이 느껴졌다.

입에 착 감기는 스파게티, 감자튀김을 곁들인 닭가슴살, 과일 디저트 페라 모두 맛있었다. 조용하고 소박했던 밤이 깊어가자 주인 내외가 "부엔 까미노" 인사하며 퇴근했다. 아침 일찍 출근 하지는 않는지 관리를 순례자들에게 믿고 맡겼다.

그 〈자신의 야구〉가 뭔데?

그건 〈치기 힘든 공은 치지 않고, 잡기 힘든 공은 잡지 않는다〉야. 그것이 바로 삼미가 완성한 〈자신의 야구〉지. 우승을 목표로 한 다른 팀들로선 절대 완성할 수 없는 - 끊임없고 부단한 〈야구를 통한 자기 수양〉의 결과야. 뭐야, 너무 쉽잖아?

틀렸어! 그건 그래서 가장 힘든 〈야구〉야. 이 〈프로의 세계〉에서 가장 하기 힘든 〈야구〉인 것이지.

- 『삼미슈퍼스타즈의 마지막 팬클럽』, 박민규

가도 그만, 안 가도 그만, 포기하면 편하지만 나는 포기하지 않기로 선택했다. 힘든 일을 놓아 버리는 것은 오히려 쉬운 선택이다. 하지만 뒷감당은 어렵다. 오래 후회하는 것이 더 힘든 일이기 때문이다.

누가 시키지도 않았고, 처음부터 나와의 약속도 아니었다. 어차피 후회할 것은 알고 있었다. 트레킹, 하이킹 여행은 출발 전에는 설레다가도 막상 오면 왜 힘든 길을 걷는 고생을 사서하고 있나 생각하게 된다. 걷는 일에 의미를 만들기 위해서 나는 많은 사람들이 의미를 붙이는 행위 그 자체, 저마다 멋진 의미를 부여하는 그런 길이라는 사실에 무게를 두었는지 모른다.

산티아고 순례길은 세계적으로 가장 유명한 트레일 중 하나이고, 혼자여도 길 잃을 일이 없도록 노란 화살표와 가리비 껍데기 모양이 곳곳에 가득해서 평범한 길들을 특별하게 느끼도록 만들어 준다. 사람이 몰리는 데는 이유가 있다고 믿었고, 만약 많은 사람들이 찾지 않는 곳이라면 오지 않았을 것이다. 나를 이곳으로 이끈 환상의 알맹이야 어떻든 산티아고 데 콤포스텔라까지 걸어서, 순례자 여권에 알베르게 도장을 가득 찍고 증명서를 품에 꼭 안고야 말리라 다짐했다.

그녀가 말했다. "저는 많은 순례자들이 산티아고의 길에서건 삶의 여정에서건 항상 타인의 리듬에 맞추려 한다는 걸 알게 되었어요. 순례를 시작하며 저 역시 일행에 보조를 맞추려고 노력했죠. 하지만 제 몸이 할 수 있는 것보다 더 많은 걸 요구하게 되니 곧 지쳤어요. 언제나 팽팽하게 긴장했고, 그래서 왼쪽 발목 인대가 늘어났죠. 결국 저는 이틀도 못 걷고 도리 없이 쉬게 되었답니다. 쉬는 동안 생각했어요. 나 자신의 리듬을 따라야 산티아고에 이를 수 있겠구나. 당연히 제 여정은 다른 사람들보다 더 오래 걸렸고, 많은 구역을 저 혼자 가야 했어요. 그래도 한 가지는 확실했죠. 저만의 리듬을 존중함으로써 여정을 다할 수 있었다는 것. 그때부터였어요. 이 깨달음이 제 삶의 모든 일에 적용된 것은. 저는 이제 저만의 리듬을 중시하며 살게 되었답니다."

– 『흐르는 강물처럼』, 파울로 코엘료

:: **이 길**에서 **당신을 만난 것**이
내겐 최고의 **행운**입니다

'이 길에서 당신을 만난 것이 내겐 가장 큰 행운입니다'라고 말할 수 있는 인연은 정말 멋지다.

첫날 순례자 숙소 알베르게에서 만나 셋째 날 일정이 달라 헤어진, 세 번째 카미노 길에 들어섰다는 큰 형님뻘 미구엘은, 내게 '페페'라는 이름을 붙여준 귀여운 아저씨였다. 순수한 장난기를 머금은 멋진 미소를 가진 그가 만든 웃음은 모든 것이 어색했던 길을 나도 아주 오래전부터 걸었던 길인 것처럼 만들어 주었다. 그의 직업을 물었을 때, 교수라서 시간이 이렇게 난다고 했다가, 한번은 굴삭기를 운전한다는 이야기도 했다. 그것을 가르치는 교수인지 알 길은 없지만, 소속이야 어쨌건 그는 내게 좋은 사람이었다. 실은 길 위의 인연이 아니라 서울에서 만났다면, 사회적 위치라는 묘한 개념을 고려했을 때 솔직히 굴삭기 운전기사님보다 교수님 만나는 것이 내게는 더 좋은 일이라고 생각했을 것이다.

행복하다면, 그렇게 해

　소설 『삼미슈퍼스타즈의 마지막 팬클럽』의 메인테마, '소속이 운명을 결정한다'는 말을 따르듯 나도 어떤 집단에 소속되기 위해 많은 애를 쓰기도 했고, 매의 눈으로 내게 좋은 것을 고르려 하기도 했다. 그러지 않으면 불안했고, 좋은 곳에 소속되지 않으면 실패자가 될 것 같다는 생각도 했었다. 물론 내 아이들에게는 절대 경쟁에서 이기는 것이 중요하지 않다고 가르치지는 않을 것이다. 노력하고 무언가를 얻어가는 과정은 행복을 만드는 멋진 방법 중 하나이기 때문이다.

　다만 이제는 내가 내게 물을 것이다. 넌 그렇게 누군가에게 어떤 소속과 자격 없이도 좋은 사람일 수 있었겠냐고. 네 껍데기로 어떤 자랑이 되어 다가서는 것이 아니라, 진짜 네가 누군가에게 의미가 될 수 있느냐고.

내게는 미각 충족이나 천년 유적의 감동이 기억에 오래 남지 않았기에 편의점 빵으로 배를 채우는 데에 거리낌이 없었고, 굳이 명소를 찾아다니지도 않는 여행을 했다. 여행도 결국 사람 기억이라 그저 더 많은 순간에 착한 말을 하며 따뜻한 미소를 짓고, 좋은 느낌을 주는 것이면 충분하다고 생각하게 되었다.

작은 카페에서 아침으로 빵과 커피를 먹고, 배낭을 앞뒤로 메고서 하루 만에 동행이 된 미구엘, 호세와 함께 걸었다. 작은 마을 오르비고의 긴 다리에서 그곳에 오래 머무르고 있다는 한국 사람을 만났는데, 미구엘은 나보다 먼저 나를 '페페'로 소개했다. 내 스페인 이름은 어느새 '페페'가 되어 있었다.

오르비고의 바에서 먹은 하몽이 든 샌드위치는 꿀맛이 따로 없었고, 오후 늦게 멈춘 작은 마을의 바에서도 바게트, 콜라와 함께 맛본 또르띠야는 더 없는 행복 그 자체였다. 출발할 때는 가는 길에 여러 마을이 있으니 쉬어 갈 곳이 많을 것이라고 예상했지만 가뭄에 콩 나듯, 25km를 걷는 동안 열린 곳은 두 군데였다. 하지만 우리에겐 충분했다. 머무는 곳도 나를 안아 주는 곳 하나면 족하다. 선택의 여지가 없으니 이리저리 재느라, 너무 많은 걱정하느라 낭비하는 시간도 불필요하게, 시간과 공간을 온전히 채울 수 있는 그곳 하나면. 사랑처럼.

◎ 카미노 사진은 사람이 있는 사진이 가장 멋있다. 그림 같은 풍경보다 이곳을 아름답게 하는 것은 이곳을 걸어온, 걷는, 걸을 사람들이니까.

　제법 큰 도시, 아스토르가에 도착해 짐을 풀고서는 가벼운 차림으로 미구엘, 호세와 산책을 나섰다. 성당을 둘러 지나는 길에 미구엘이 "페페! 알베르게! 페페!"라며 날 부른다. 무언가 봤더니 침대가게. 무려 30배나 비싼 알베르게라며 웃었다. 성당 근처에서 내게 에스파뇰로 열심히 말을 거는 푸근한 아저씨도 만났는데, 미구엘이 통역해 준다. 높은 성당이 쓰러질 것이니까 조심하라는 농담이었다. 그도 그럴 것이 고개를 80도는 꺾어야 끝이 보이는 성당은 웅장한 느낌을 주었다. 내게 어디서 왔는지 묻고는, 이 성당을 보기위해 참 먼 곳에서 왔다고 하신다. "아, 그렇군요!" 나 이걸 보려고 참 멀리서도 왔구나.

　미구엘은 지난 순례 여행에서는 아스토르가에서부터 산티아고까지 걸었고, 이번엔 스페인 출발지점 Roncesvalles에서 이곳에 이름으로써 이 프랑스길을 모두 걸었기 때문에 이제 다른 코스로 간다고 했다. 내일부터 호세와 내가 갈 길을 먼저 걸어보았던 그가 이제부터 고도가 높아지기 때문에, 등산 중에 목마르지 않다고 물을 마시지 않는 것은 잘못이라는 등산 상식 같은 것을 조곤조곤 설명해 주었다. 다 알면서도 참 고마웠다.

　이제 산티아고 길에서 그와 만날 기회는 없다. 그에게 하고 싶었던 말은 쑥스러워 하지 못했다. '이 길에서 당신을 만난 것이 내겐 최고의 행운입니다.' 이런

말을 할 수 있는 인연. 첫날부터 미구엘과 호세를 만난 것은 분명 행운 중의 행운이었다.

산티아고까지 미리 배낭 보내는 방법을 물어보려 알베르게 로비로 나왔는데, 유창한 영어를 하던 여주인은 어디로 가고 그녀의 아버지로 보이는 할아버지가 「Nice to meet you?」라는 제목을 가진 영어 교재 첫 번째 장을 펼치고 자리를 지키고 계셨다. 그래서 차마 여쭙지 못했다. 배움에 대한 새로운 도전 앞에 경외감이 들었다.

산티아고 길 위의 밤이 깊어 가면 한국에는 아침이 온다. 침대가 오밀조밀하게 모인 방에서 코 고는 소리에 잠을 잘 이루지 못했던 밤, 유럽 어르신들의 그것은 정말이지 대단했다. 소리는 항상 있었지만 이날만은 이러저러한 상념 속에서 잠들지 못한 탓인지 모른다. 깨어있던 새벽, 연말이라 친구들 송년회를 한다며 회사원 친구에게서 연락이 왔다. 문득 길 위의 멋진 풍광들이 떠올라 풀어놓았더니 친구가 말했다.

"난 지금 출근 중인데! 이 순간 니가 세상에서 제일 부러워!"

이 말에 자랑을 멈추고 진심을 토했다.

"아무리 좋다는 곳에 있어도 사랑하는 사람들과 함께하는 곳이 가장 멋진 것 같아."

여행 중에 멀리 있는 내 사람들과 이야기하는 것은 항상 기분 좋은 힘이 되어준다. 군대에서 오히려 가족을 더 잘 느낄 수 있었던 것처럼, 그리움을 덜어내는 순간들은 여행에서 가장 좋았던 부분들 중 하나였다. 여기 행복의 비밀이 숨어 있을지도 모른다.

:: **안개** 속 **꿈**속의 **집**

"영화는 현실이 아니다. 현실은 영화보다 훨씬 혹독하고 잔인하단다. 그러니, 인생을 우습게보아서는 안 되는 거야."

– 영화 「시네마천국」 중에서

따뜻한 곳에 사는 스페인 사람들은 대체로 긍정적이라는 말을 들은 적이 있는데, 듣던 것보다 더 그랬다. 멋진 미소를 가진 아스트로가 알베르게 여주인은 내 빠듯한 순례 일정을 보면서, 마지막 사흘은 아주 평탄하다며 밑도 끝도 없이 "You can do it!" 용기를 북돋아 주었다. 누구나 할 수 있는 말인데도 그 미소가 오래 남아 힘을 주었다.

아스토르가를 떠나는 아침에 우체국에서 잃어버려도 눈물 나지 않을 6kg 보조가방을 산티아고로 미리 보냈다. 짐이 줄었음에도 비가 내리는 통에 여전히 배낭이 무거워 굉장히 힘든 날이었다. 그래도 짐이 줄어 신나서 방방 뛰다가 발 접질릴

뻔도 했다. 오르막은 경사도가 낮은 언덕 수준이어서 고도를 올리는 것은 전혀 문제가 아니었지만, 간헐적으로 비가 내려 체감 거리는 생각보다 길어졌다.

　이름 모를 작은 마을의 바에서 굉장히 큰 바게트 샌드위치를 먹고, 목적지 폰세바돈까지 13km정도 남은 지점. 비가 내리는, 반경 수백 미터 이내에 1미터 이상의 동물 생명체라고는 찾아볼 수 없을 것 같은 황량한 목초지를 걸으며 고래고래 목청 터져라 부르던 노래와, 이게 빗물인지 눈물인지 모르던 것이 길 위로 흘러갔다. 마치 영화 속 장면 같았지만 그건 현실이기도 했고, 주인공은 다리가 많이 아팠다. 겉으로는 멋지고 아름다울 수 있지만 원래 힘든 일. 영화같이 살고 싶다던 말은 환상 속에만 빠져 있겠다는 말과 다르지 않았더라는 생각이 들었다. 쉽게 만들어진 명작 없는데.

　구름 사이에 둥실 떠있는 듯했던 폰세바돈의 알베르게는, 자욱한 안개를 헤

치고 찾은 꿈속의 집이었다. 작은 마을에 하나 열린 알베르게가 그렇게 고마울 수가 없었다. 더욱이 작은 가게 하나 없는 산중 마을에서 숙박, 저녁식사와 다음 날 아침까지 해결해 주고, 좋은 사람이 가득 모였던 따뜻한 집. 문을 열고 들어섰을 때 보이던 풍경은 보기만 해도 온기가 가득한 벽

난로 앞에서 기타치고, 수다 떨고, 책 읽는 사람들이었다. 지난밤 아스토르가 알베르게에서 만났던 익숙한 얼굴들. 소포를 보내느라 늦게 출발해서 앞서가는 순례자를 단 한 명도 보지 못했는데, 나만 힘든 길 꿋꿋이 잘 올라온 줄 알았더니 모두가 나보다 더 빨리 이 길을 걸어낸 것이다. 게다가 빨래나 샤워를 이미 다 끝내고서 여유를 즐기고 있었다. 순례길 베스트 파트 중 하나를, 자만했던 나보다 일찍, 미소를 잃지 않고서.

짐을 푸는데, 가톨릭 사제라는 요한 아저씨가 말을 걸었다. 히딩크와 함께 살기도 했던 친구라고 하신다. 진심 어린 놀라움에 눈이 커져서 히딩크는 한국의 영웅이라고 외쳤다. 아마 그도 이런 반응에 익숙할 것이다. 한국이 친근하다며, 예전 처음 카미노를 걸을 때 스물넷 한국 여학생과 동행이었더라고, 그때 그 친구가 한국말로 이름 쓰는 법을 가르쳐 주었다며 써 보인다. 거꾸로 보고서야 알아보았다.

한가지 목표를 가지고 모인 세계의 순례자들은 말 걸기를 좋아하고, 유쾌한 웃음을 가진 행복한 사람들이었다. 저녁 시간이 7시로 정해져 이곳에 머무는 10여 명의 순례자들이 한곳에 모여 식사를 하게 되었다. 빵집도, 슈퍼마켓도 없어 알베르게에서 모든 것을 다 해결해야 했는데도, 모든 것이 충분한 것을 넘어

푸짐했다. 반나절 만에 다시 만난 큰 호세, 세비야에서 온 작은 호세, 사제 요한, 어제 이곳에 도착했지만 발이 좋지 않아 하루 더 쉬고 있다며 어딘가에 편지를 쓰시던 프렌치 할머니, 어린 미국 꼬마 커플, 음식 솜씨 좋고 유머 넘치는 주인장, 에스파뇰로는 수다쟁이지만 영어로는 말수가 없던 아저씨, 프렌치 할아버지, 브라질에서 온 시로가 있었다.

와인과 샐러드를 곁들인 새우볶음밥을 함께하는 동안 프렌치 할아버지가 문득 "넌 지금 이 길이 좋니?" 물으시기에 빛의 속도로 "지금 이곳에 있을 수 있어서 정말 행복합니다"라고 답했다. 길도 좋고, 이곳도 좋고, 당신과 이야기 할 수 있는 것도 좋다고. 피곤함과 뻐근함, 내일 또 저 짐을 들고 움직일 것을 생각하면 조금은 아찔하지만 불평할 시간도 없이, 이미 나는 내게 이 길이 너무 좋은 길이라고 믿어 버리고 있었다. 여행이 가르쳐 준, 행복해지는 방법이다.

프렌치 할아버지는, 지난 아스토르가 알베르게에서도 만나 무거운 내 짐을 보고 기겁했었다. 내년에는 인도에 가보고 싶다는 말씀에 미구엘은 우리와 시스템이 많이 다른 곳이라고, 또 나는 인도는 그 매력에도 불구하고 이해할 수 없는 부분이 많다며 말렸었다. 그래도 분명히 그곳에는 무언가 있을 거라 하시며 반짝이던 눈빛. 닮고 싶었다. 금방 지나온 서른만큼의 시간이 더 지나면 나도 그 연세 즈음이 된다.

브라질리언 시로는 왜 남미 남자가 매력적인가

◎ 프렌치 할아버지, 요한과 시로. 요한은 눈을 감은 사진이 나오자 나는 하루에도 수없이 눈을 감으니 괜찮다고 했다. 아주 매력적인 생각이다. 우리는 눈 감고 사는 시간이 더 많으니까.

하는 것을 그자리에서 보여주는 친구였다. 나는 단연코 이성애자임에도 뭐랄까, 굳이 설명하고 싶지 않지만 굳이 부정할 수 없는 끌림이랄까. 깊은 눈과 포근한 말투를 가진 그는 내가 도착했을 땐 벽난로 앞에서 기타를 치며 노래를 부르고 있었다! 게다가 생각도 깊고, 아는 것도 많다. 물론 한국에서 장동건과 내가 모여 사는 것처럼, 단지 이 친구가 브라질의 장동건일 수도 있지만, 그는 '내 여자는 절대 남미 여행 혼자 보내지 말아야지'라고 결심하게 했다. 영어와 스페인어도 아주 잘하는데, 컴퓨터를 전공했지만 지금은 영어를 가르치는 선생님이다. 그처럼 변화로 가득했던 내 이야기도 들려주었더니 감탄하고는, "Changing is good"이라며 미국 꼬마 커플에게 충고했다.

"세상은 항상 변하고 있으니, 한 분야만 아는 전문가가 되려고 하기보다 우리처럼 너희들의 길을 더 넓게 보렴!"

선생님 말씀에 이제 막 고등학교를 졸업하고 대학에 갈 준비를 한다는 꼬마 커플과 나는 고개만 끄덕였다.

벽난로가 있는 작고 아늑한 알베르게에 도착한 이후, 갑자기 눈발이 세차게 날리기 시작했다. 전날 잠을 못 자 피곤했던 탓에 침대에 일찍 누웠는데, 요한이 도미토리로 뛰어올라와 흥분된 목소리로 내 이름을 소리쳐 부른다. 눈이 많이 내려 아주 멋지게 쌓여 있으니 나가서 사진을 찍자며 한껏 신난 이 순수한 아저씨. 모두가 추운데도 밖에서 눈을 맞으며 얼싸안았다. 사는 동안 눈이란 것을 실제로 처음 맞아 본다는 스물다섯 시로는 새로운 세상을 만난 어린 아이가 되어 눈 내리는 풍경에서 기념사진을 찍어 달라고 했다.

순례길 위에서 많이 가진 것은 전혀 자랑이 아니다. 어깨가 뻐근해 자꾸 주무르는 나를 보고 요한이 가방 메는 법 특강에 나섰다.

"네가 멘 방식으로는 순례길을 다 걷기 힘들 거야. 자 잘 봐, 이렇게 배낭은 허리를 묶어 하중을 분산되게 하고, 어깨를 많이 쓰지 않는 것이 생명이라고!"

카미노를 위한 조언들은 보통 6~7kg의 배낭을 권장하는데, 내 짐은 가방 하나가 줄었는데도 20kg는 족히 넘었다. 내가 본 순례자들은 모두 내 눈엔 새 털 같은 배낭을 메고 있었다. 무게로 보나 부피로 보나 누가 보나 내 짐은 걷기 에 적당하지 않았는데, 가방 메는 법까지 이렇게 지적을 받을 정도였다니! 여하 간 여행 두 달 반째, 드디어 배낭 메는 법을 제대로 알았다. 요한이 가르쳐 준 방 법대로 하니, 이보다 쾌적하지 않을 수 없었다. 허리에 하중을 조금 더 주어 어 깨 부담을 최소화하는 방식. 다들 이렇게 한다는데 나만 모르고 있었던 것이다.

:: 카미노가 좋은 이유

높은 언덕 마을 폰세바돈에서 폰페라다로 가는 내리막길은 춤추듯 걸었다. 간밤에 내린 눈 덕분에 멋진 풍경이 이어졌다. 새로운 가방 메는 법은 가히 혁명적이었다. 속도가 붙어 다시 히말라야에서처럼 짐승 모드에 돌입했고, 부지런히 걸어 폰페라다에 도착한 두 번째 순례자가 되었다. 룸메이트는 폰세바돈에서 해가 뜨기도 전에 떠나 가장 먼저 도착한 프렌치 할아버지. 장 보러 가신다며 다시 등산화를 신으실 때 낑낑대는 소리와 함께 박장대소 했다. 한참 걸은 후 한번 벗은 신발을 다시 신기는 정말 힘들다. 한반도의 불안한 정세보다 현실적인 빅프라블럼이었다.

알베르게는 기부제로 운영되고 있었는데, 다른 알베르게만큼 기부 상자에 5유로를 넣었다. 불편한 점이 없었다. 그만큼 필요한 것이 많지 않기 때문이기도 하다. 슈퍼마켓에서 빵과 버터, 과자 간식과 아침거리를 잔뜩 사 들

고 돌아온 다이닝룸에서, 폰세바돈에서 만났던 사람들을 모두 다시 만났다. 하루 만났는데도 이미 너무나 반가운 얼굴들. 슈퍼마켓에서 산 하몽과 바게트로 저녁을 먹었는데도 시로가 'be my guest'하며 자신이 만든 파스타를 떠주기에 두 그릇을 비웠다. 부산에 친구가 있다고 자랑하던 에너자이저 스페인 청년이 주는 디저트도 넙죽 받아먹었다. 아스트로가부터 시작해 이제 두 번째 밤이라던 그의 에너지에 동기화 되었다.

주방에 책을 읽으려 나와 있노라니 혼자 생각할 여유도 없이 호세들이 내게로 와 "페페, 내일은 어디까지 갈 거야?" 묻는다. 호세 형들과의 작은 회의는 다른 이야기를 하던 일행들과의 토론으로 번졌다. 이때 트라바델로란 곳을 알았고, 목적지가 순식간에 폰페라다로부터 30km가 넘는 그곳으로 정해졌다. 날이 밝으면 각자 언제 출발하든 그곳에서 만나기로 했다.

잠을 청하려 방문을 열자마자 라디에이터에 널어놓은 양말이 바싹 말라 있는 것을 보고 행복해졌다. 이런 저런 생각에 느지막이 잠들었다가 깨어난 새벽 세시. 걷는 동안에도 자주 찾아오던 까닭 없는 두려움 때문이었다. 눈을 말똥히 뜨고 누워 그 정체가 무언지 따져 보니, 그것들은 실은 이미 내가 고칠 수 없는 부분이거나, 걱정한다고 나아지는 것도 아닌 문제였다. 생각을 컨트롤하면 충분히 행복해질 수 있었는데. 불편한 걱정이 시간을 갉아 먹고 있었다. 언어로는 표현이 힘든 깨달음으로 문득 자유로웠던 고요한 밤의 신비로움.

괜한 망상이 사라지자 사 놓았던 우유와 버터, 소시지가 상할까 문득 걱정되어 냉장고에 넣어 두었다.

이 길은 걸음이 축복받는 행복한 길이다. 나를 붙잡고 뭐라고 한참을 설명해주시는 할머니의 손짓에 가슴이 따뜻해지기도 하고, 차에서도 경적 소리를 울려 응원해 주거나 아주 좋은 미소와 함께 손을 흔들어 주기도 한다. 길을 건널 땐 파란 불이 아닌데도 차들이 모두 멈추어 준 적도 있었다. 마주치는 동네 주민들은 모두 **"부엔 까미노!"**, 응원의 메시지를 전한다. 무언가 다른 말도 건네지만, 그러면 알아듣지 못하는 나는 오로지 **"그라시아스!"**

게다가 하루 3만원으로 너끈히 스페인을 만끽할 수 있다. 알베르게 5유로, 한 끼 식사는 7유로면 해결이 가능하고, 마음이 열려있는 넉넉한 사람들을 만날 수가 있다. 순례길에 모여든 이들은 한 가지 목표를 공유했다는 이유만으로도 만나기도 전부터 끈끈하다. 겨울의 순례길은 비수기여서 많은 알베르게가 문을 닫지만 그래서 동네에 하나씩 열려 있는 곳에 순례자들이 모두 모여 얼굴을 익힐 수 있다는 매력도 있다.

카미노 길을 세 번이나 걸었던 미구엘이 말했다. 이 길을 걷다가 먹는 보통 음식과 알베르게에 도착해 가지는 평범한 여유는 완벽하고 환상적인 것이 된다고. 평소에 집이나 어디서든 할 수 있어 큰 의미를 느끼지 못하는, 그런 사소한 것들이 특별해지는 카미노 길이 좋다고 했다. 친구들은 왜 카미노를 그렇게 가냐고 묻지만, 그들은 모른다. 와 보지 않았기 때문에.

Camino de Santiago

:: More Beautiful, More Difficult

저는 운명은 가변적인데 인간은 유연성을 결여하고 있기 때문에, 자신들의 처신방법이 운명과 조화를 이루면 성공해서 행복하게 되고, 그렇지 못하면 실패해서 불행하게 된다고 결론짓겠습니다. 하지만 저는 신중한 것보다는 과감한 것이 좋다고 분명히 생각합니다. 왜냐하면 운명의 신은 여신이고 만약 당신이 그 여성을 손아귀에 넣고 싶어 한다면, 그녀를 거칠게 다루는 것이 필요하기 때문입니다. 그리고 그녀가 냉정하고 계산적인 사람보다는 과단성 있게 행동하는 사람들에게 더욱 매력을 느낀다는 것은 명백합니다. 운명은 여성이므로 그녀는 항상 젊은 사람들에게 이끌립니다. 왜냐하면 청년들은 덜 신중하고, 보다 공격적이며, 그녀를 더욱 대담하게 다루고 제어하기 때문입니다.

　　　　　- 『군주론』, 「운명은 인간사에 얼마나 많은 힘을 행사하는가, 그리고 인간은 어떻게
　　　　　　　　　　　　　　　운명에 대처해야 하는가」 中. 마키아 밸리

◎ 아는 만큼 보인다더니, 이 길에 대해 몰랐던 만큼 보이던 것도 없었다. 예를 들면, 함께 걷던 이들이 사진을 남기던 커다란 십자가를 그냥 지나쳤는데, 그것은 순례자들이 각자의 소원이 담긴 돌을 돌무덤 위에 놓고 가는 유명한 '크루즈 데 페로의 철십자가'였다. 그곳에는 오래전 한 여자가 지난 사랑을 잊고 새로운 사랑이 오게 해달라는 소원을 적은 돌을 놓고서, 일 년 후 돌아와 그 돌을 찾다가 뒤를 돌아보니 운명의 사람이 서 있었고, 함께 순례를 마친 후 운명 같은 사랑이 이루어졌다는 이야기가 전해진다.

왜 이 길에 들어선 것일까? 내 걸음에 의미를 붙이는 것은 멋진 일이지만, 순례길에 들어서 나를 찾는다는 철학적인 목표는 생각해 보지 않았다. 길 끝에 무엇이 있을지도 모른다. 준비 없이 가이드북 한 문장에 끌려서 온 길. 어떤 선택이든 고민할 시간에 더 움직여서 그 선택을 결국 옳았던 것으로 만들어 내면 된다.

분명한 것은 길이 마음에 든다는 것과, 매일 몸과 마음이 조금씩 나아지고 있다는 것이다. 배낭을 멘 어깨와 허리도 점점 노란 화살표를 따라 걷는 다리에 적응해 가고 있었다. 집에 돌아갈 시간도 가까워져 새로운 출발에 대한 설렘도 가지면서, 하릴없이 이어지는 부질없는 생각들에도 노란 화살표가 있으면 좋겠다고 생각하다 말았다. 순례자를 안내하는 노란 화살표는 갈림길마다 돌, 나무, 표지판, 기둥에 표시되어 있다. 아주 오래전부터 그런 손길이 나를 도와주고 응원해 주는 것만 같다. 내 움직임과 생각에 따라 내 이야기가 쓰이는 길. 무얼 강요하는 사람도, 눈치 주는 사람도 없다. 그래서 한없이 게을러질 수도 있지만, 한없이 부지런해질 수 있는 곳이기도 하다.

하프 마라톤을 뛰고 나면 일주일은 근육통으로 절뚝거리곤 했다. 하지만 사람은 적응의 동물이라, 이 길 위에서는 무거운 배낭을 짊어지고서도 그 이상을 걷고, 다음 날 아침이 되면 다시 걷기를 시작한다. 절뚝거리면서도 느리지도 않게. 일찍 깨어난 고요한 새벽에는 책을 읽고 푸른 어스름이 오면 짐을 꾸린다. 태양의 나라 스페인, 한낮의 붉은 것이 뜨거워 힘들게 할 때도 있다. 그럴 땐 가방에 걸어 놓은 빨래가 잘 마를 수 있다고 기뻐하면 되었다.

폰페라다-트라바델로 코스는 처음으로 30km를 넘었고, 8시간이 걸렸다. 달리듯 걷는 법을 익혀서 조금 더 빠르게 가는 법을 터

◎ 모든 화살표가 소중하지만, 굳이 없어도 되는 곳에 있는 직선 화살표가 무척 고맙다. 네가 지금 가는 길이 맞다며 안심시켜 주고, 이 길이 맞나 의심하느라 시간을 낭비하지 않게 만들어 준다.

득했다. 아늑한 사설 알베르게에 호세 형들과 셋이 머물렀는데, 모두 많이 피곤했던 탓에 샤워와 빨래 후 곧장 드러누웠다. 졸리고, 피곤하고, 아픈, 힘든 조건들을 두루 갖추었지만 마음만은 단연코 행복했다. 호기롭게 함께 목적했던 이곳에 이르기를 포기했다면, 보통 순례자들처럼 그 전의 마을에 머문 채 은근히 자책하고 후회했을 것이다.

스페인 식사는 세 코스로 나오는데, 저녁은 디저트를 제외하고는 첫 번째, 두 번째 메뉴 모두 고기류로 주문했다. 근육이 생기는 느낌이었다. 큰 호세는 서른넷, 영어를 잘하는 작은 호세는 서른하나. 서른 줄 남자들의 수다와 함께한 오붓한 저녁식사. 남자들을 하나로 묶는 것은 역시 여자 이야기다. 우리의 결론은 서울과 마드리드 어디나 'Women are women.'

서른이 되면 이성에 대해 철학자가 되나 보다. 오르막이 이어지던 멋진 산길에서 갑자기 작은 호세가 걸음을 멈추더니, "hey, pepe!" 날 부르고는 하는 말.

"El camino is like a woman!"

어리둥절했더니, 덧붙인다.

"More beautiful, more difficult."

형님들과의 만담을 통해 얻게 된 또 하나의 말씀은, 여자는 요물임이 분명하나 대부분의 남자들은 내 여자는 아닐 것이라 착각하는 데서 사랑이 이루어진다는 것이다. 남자도 별다를 것 없겠지만. 착각이라 함은 유감스럽지만, 사랑이란 판타지의 하나라서 적절한 환상이 그것을 예쁘고 아름답고 운명적인 것으로 만들어 주는 것 아닐까.

:: 기다리지 않아도 올 것은 온다

A man is successful if he gets up in the morning, goes to bed
at night, and in between does what he wants to do.

- Bob Dylan

나뭇잎 배경으로 하얀 입김이 길 위로 흩어지는 쌀쌀한 겨울 아침, 작은 카페
에서 호세 형들과 1.4유로 핫초코를 마시고 다시 길을 나섰다. 슬그머니 산길이
시작되었고, 어김없이 하품하며 걸었다. 흡사 학교 1교시 수업시간이나 회사에
출근해서 업무를 시작하며 내뱉었던 것과 같은 느낌. 그 아침들의 하품은 꼭 피
곤의 표현이 아니라, 어쩌면 일상을 잘 살고 있다는 표상이었다.

학부를 졸업하고 대학원 연구실에 매일 출퇴근 하면서, 나는 학생이라도 '직
장'에 다닌다고 생각했다. 내가 좋아하는 공부를 할 수 있는 직장에 다니는 동
안, 사회가 내게 맡긴 일이 내가 좋아하는 일과 맞닿아 있어 그 일을 만족하면

서 할 수 있다면 그 삶은 누구보다 행복할 것이라고 확신하게 되었다. 『모든 사람을 위한 빅뱅 우주론 강의』의 저자, 이석영 교수님은 **"아침에 눈을 뜰 때면 오늘 연구할 것들, 학생들과 하고 싶은 이야기들 때문에 설레어 학교에 빨리 오고 싶다"**는 말씀을 하셨다. 그토록 내 일을 사랑하는, 그런 감동 있는 삶을 살고 싶었다.

나 좋으라고 온 여행이지만 순례길에서 내 일은 무거운 배낭을 지고 걷는 일이었고, 고되고 힘든 일과를 보내야 했다. 하지만 몸이 조금 고통스러운 것은 아무것도 아니었고, 나는 그 일을 한껏 즐기고 있었다.

걸음은 정직하다. 쉬지 않고 같은 속도로 걷는다면, 시간을 정해 두고 목표한 시간에 도달하게 된다. 목표한 마을까지의 거리 표지판이 보이면, 걸음의 평속을 4km/h로 두고 그곳에 도착하기까지 몇 분이 남았는가를 계산해 보는 재미가 쏠쏠했다. 힘들어질 때면 그렇게 계산된 시간에 알베르게가 내게 오길 기다렸다. 실은 기다리지 않아도, 당장 눈앞에 목표하는 것이 보이지 않더라도, 걸음을 믿는다면 올 것은 오고야 만다. 목표가 있다면 움직여야만 하는 이유이기도 하다.

 이따금 히말라야 트레킹이 어땠느냐고 묻는 순례자들에게 카미노 길이 히말라야보다 어렵다고 말했다. 카미노 길은 대체로 경사가 완만하고 평지가 많은데, 히말라야 같은 산자락은 나름의 굴곡과 리듬이 있다. 그래서 산을 탈 때는 산의 리듬에 맞추면 아주 편한 길이 되는데, 평지에서는 내 리듬을 만들어 가야 한다. 자기 페이스를 찾는 것은 생각보다 쉬운 일이 아니다.

 어디서부터 시작되었는지 모를 열망을 따라 무거운 짐을 지고 걷기엔 오르막 산길이 더 편했다. 사람, 바람이 좋았던 오세브레이로로 가는 굽이굽이 산길에서 문득, 꿈은 자신의 길을 사랑하는 사람에게 문을 열어준다는 것을 믿어보기로 했다.

∷ 만날 사람은 **언젠가 만난다**

만남은 시절 인연이 와야 이루어진다고 선가에서는 말한다. 그 이전에 만날
수 있는 씨앗이나 요인은 다 갖추어져 있었지만 시절이 맞지 않으면 만나지
못한다. 만날 수 있는 잠재력이나 가능성을 지니고 있다가 시절 인연이 와서
비로소 만나게 된다는 것이다.

— 『산에는 꽃이 피네』, 법정스님

오세브레이로의 밤엔 붉게 달아오른 얼굴로 와인을 권하며 대답을 듣지도 않
고 입을 잔으로 막아 버린 에너자이저 친구 덕분에 술김에 일찍 잠이 들었다.
모두 곤히 잠든 새벽에 일찍 깨어나 별 사진을 찍었다.

오세브레이로에서 다시 만난 대부분 순례자들은 모두 트리아세라까지만 간다
고 했고, 나는 그보다 10km를 더 걸어 사모스까지 가기로 했다. 끝까지 함께하
고 싶은 동행이지만 빠듯한 일정상 그래야만할 것 같았다. 갈 수 있을 때 조금
더 가는 것이 좋겠다는 동
물적 판단에서다. 호세 형
님들의 만담을 듣지 못하
는 것도, 멋진 미소와 윙
크를 보지 못하는 것도 아

쉽고, 형들이 도와주었던 식당에서의 주문도 모두 내 손으로 해야 한다. 그런 귀찮음보다 따뜻함이 줄어버린 것이 아쉬웠다. 하지만 더 이상 어찌할 수 없는 인연, 내가 더 힘들지 않게 사람 집착은 하지 않기로 했다.

만날 사람은 언젠가 반드시 만나게 되어있다. 사람과 사람이 만나 인연이 되는 데는 함께한 시간보다 그 시간의 가치가 어느 정도인가가 중요하다. 그들과 내가 길에서 우연히 만났지만 기억에 오래 남을 인연이 된 것처럼. 진짜 인연은 굳이 애쓰지 않아도 만나게 된다.

헤어지면 언제 다시 만날 수 있을지 모를 인연들과 분홍빛 아침 하늘이 예뻤던 오세브레이로 알베르게를 떠나 일찍이 길을 나섰다. 10km를 걸어 언덕 위 작은 알베르게에서 브런치를 먹은 후엔, 달리듯 앞장섰다. 줄곧 내리막이어서 20kg 배낭을 지고 뛰어다녔다. 트리아세르에 이르러 형들과 뜨거운 작별 포옹을 나누고, 작은 마을을 떠나오는 길에 왠지 울컥했다. 이 좋은 사람들 언제 또 만날 수 있을까. 여느 아침처럼 "페페, 바모스(Vamos)!" 하며 큰 호세가 마지막 선물처럼 주었던 쌀 과자 아몬드바를 꺼냈다. 그냥 과자가 아니라 함께 했던 기억을 베어 물었다. 힘이 난다.

다시 처음처럼 혼자된 걸음, '하루만 니 방에 침대가 되고 싶어' 앙큼한 노래를 부르며 절뚝거렸다. 사모스로 가는 길은 만만치 않았다. 표지판은 10km

라고 말했지만 자동차 길로 대충 잰 거리임이 분명했다. 게다가 언제나 마지막 10km는 더 멀게 느껴진다. 쉴 수도 있었던 곳으로부터 떠나오니 심리적인 압박도 있었다.

힘든 길을 지나 만난 사모스 풍경은 대단했다. 작은 오솔길을 지나 빛이 보이는 곳에 발을 디뎠을 때 언덕 아래 내려다보이는 커다란 성당과 만화 속에서 보았던 것 같은 숨겨진 예쁜 마을이 그림이 그려지듯 나타났다. 하지만 그림 같은 풍경이고 뭐고 어깨가 쑤시고 무릎이 저리고 발목도 아파와 감상할 몸이 아니었다.

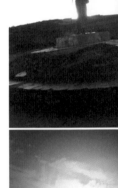

그림의 마을로 내려와 알베르게를 찾는데, 한 할아버지께서 묻지도 않았는데도 알베르게 가는 길을 열심히 설명해 주셨다. 말은 알아듣지 못하고 손짓을 통해 겨우 알아듣고는 수도원 뒤편에 있는 알베르게를 찾아갈 수 있었다. 흘끔 뒤돌아보니 가시던 길 멈추어 내가 잘 가고 있는지 확인하시던 할아버지. 따뜻했다. 거리에는 거의 아무도 없어서 할아버지 아니었다면 한참 헤맬 뻔했다.

'오늘도 무사히 도착할 수 있어서 감사합니다!' 중얼거리며 들어온 수도원 알베르게. 어쩜 이럴 수가. 커다란 알베르게에 혼자였다! 수도원에서 순례자 여권에 확인 도장을 찍고 슈퍼에 들러 먹을거리를 사는 동안 어둠이 내렸다. 샤워하면서 발에게 이야기 했다. 고생 참 많았다고.

빨래도 하고, 과자를 꺼내 들고 누우니 큰 성에 사는 왕이 된 것 같았다. 유난히 다리가 저려서 노곤하기도 했다. 절뚝거리며 알베르게에 도착할 때면 다시 걸을 수 있을까 싶지만 이미 알고 있다. 아침이 오면 마법처럼 또 걸을 만하게 된다는 것을.

방명록에는 여느 알베르게처럼 한국인의 흔적이 가득했다. 이곳이 산티아고 길 최악의 숙소라는 소문이 있나 보다. 하지만 담요를 두 장 덮으니 춥지도 않았고, 따뜻한 물이 나왔고, 침대 벌레도 없었다. 기부제로 운영되는 곳이어서 커다란 것을 기대할 수 없기도 했지만 불편한 것도 없었다. 방명록을 뒤적이다 보니 나보다 조금 앞서 간 신혼부부가 있어 놀랐다. 산티아고 길을 모두 걸은 뒤 프러포즈했다는 터프하고 낭만적인 커플이야기도 들은 적이 있다. 가슴 아프도록 부럽다.

거리를 계산해 보니 내일 가는 길도 오늘 온 만큼의 거리. 보통 걸음으로 사흘 치 거리를 이틀에 해결하려 하니 쉽지 않은 것도 당연한 일이었다. 먼 길을 빨리 가는 것은 결코 자랑이 아니다. 자신의 속도를 사람들의 속도에 맞추어 함께 가는 길이 더 아름답다. 일정 탓에 알베르게에 혼자 덩그러니 놓인 것이 아쉬울 따름이었다. 피곤 탓에 저녁은 짧았고, 책을 읽다가 잠이 들었다.

산티아고 순례길, 처음엔 만만하게 보았지만 전혀 쉽지 않은 길이다. 날 가장 힘들게 하는 것은 내 무식한 가방이기도 했지만 짐이 가벼웠어도 나름의 고충이 있었을 것이다. 지금 이 짐밖에 날 고생시키는 것이 없다는 게 얼마나 다행인가. 옅은 농도로 넓게 퍼져있는 미련, 쓸데없는 걱정, 버리지 못한 집착들만 빼면 평화롭다. 돌아가서 열심히 살 준비도 다 된 것만 같다.

나는 종교도 가지고 있지 않고, 미술 작품이나 아름다운 건축에도 그다지 관심이 없는 터라 산티아고 순례의 큰 즐거움을 놓치는 것이 아닐까 걱정했었는데, 순례길을 만끽하는 데는 발걸음 하나면 충분했다. 이 길에 들어선 누군가는, '결국은' 혼자 힘으로 가야 한다 하더라도, '그럼에도 불구하고' 혼자가 아니므로 할 만하다는 것을 알게 될 것이다. 그리고 프랑스길 800km를 다 걷는다면, 산티아고에 들어섰을 때 눈물 흘리지 않고는 견딜 수 없을 것이다.

:: 방 안에서만 꼼지락 거려서는 아무것도 이루어지지 않는다

과거에 했던 일에 대한 후회는 시간이 지나면 잊혀질 수 있다. 하지만 하지
않은 일에 대한 후회는 위안 받을 길이 없다.

- Sidney J. Harris

◎ 혼자 머문 사모스 수도원 알베르게. 창문으로 새어나오던
이른 아침 안개를 머금은 하얀 빛에 눈을 떴다. 갈 길이 멀어
아침이 게을러서는 안 된다는 것을 몸이 먼저 알아 벌떡 일어
나서는, 다녀간 흔적도 없이 머문 자리를 정리했다.

아침을 위해 사 놓은 참치캔에 따개가 붙어있지 않은 것을 보고 나도 모르게
외친 "엄마!" 소리에 헛웃음이 났다. 곧 이성을 찾고는 하몽만 뜯어 먹으며 다
시 길을 나선, 태양의 나라답지 않은 흐린 날.

사모스에서부터 사리아까지는 500m마다 보이던 표지석이 보이지 않았다. 작
은 오솔길이 이어지고, 지나온 마을 이름도 순례자 사
무소에서 받은 것과 달라 예상 거리도 정확하지 않았
다. 불안했던 탓이었는지 30km가 넘는 사모스에서 포
르토마린 사이의 거리가 더욱 멀게 느껴져 힘들었다.
불현듯 연구하면서 수없이 들었던 지도교수님의 말씀

이 떠올랐다.

"무얼 하든 지금 내가 어디에 있는지, 무엇을 하고 어디로 가는지 아는 것이 중요해요."

못 그린 그림일지라도, 그림 같은 풍경이 걸음의 속도로 흘러 지나간다. 단정한 흙길과 맞닿은 언덕에서 한 할아버지가 "부엔 까미노" 말을 거셨다. 그 마을에서 10km정도 남은 포르토마린까지 가려한다는 내 말에 돌아오는 감탄, "스고이!" 카미노 길에 한국인이 훨씬 많다는 사실을 모르시는지.

목적지까지 얼마 남지 않았을 때가 가장 힘들다. 해가 지면 길을 잃기 쉬운 탓에 쉴 수도 없는데 산속 갈림길에서 길을 한 번 잃었다. 잘못된 길을 거슬러 다시 돌아가는 길도 목적지에 이르는 길이어서 자책할 시간이 없었다.

포르토마린은 아담하고 세련된 마을이었고, 알베르게와 가까운 바에서 오랜만에 인터넷을 쓸 수 있었다. 인도로부터 온 메일이 있기에 어디서 만났던 친구일까 하며 열었더니, 뜻밖에 날 'Dr. Jung'이라 붙여 넣고 인턴자리를 문의하는

내용이었다. 그의 관심 연구 분야로 보건대 내가 두 해 전에 쓴 국제 학회 논문에 적힌 메일 주소를 본 듯했다. 뜻하지 않게 CV(Curriculum Vitae)를 보았는데, 유명한 대학에서 이제 막 학부를 마친 학생이었고, 학점은 그다지 좋지 않았지만 그의 이력에는 열심히 살았던 흔적

이 있었다. 그는 내게 전혀 효과 없는 짱돌을 던졌고, 나는 짱돌에서 배운다. 그는 비밀을 알고 있다. 방 안에서만 꼼지락거리고 있으면 아무것도 이루어지지 않는다는 것! 무엇보다 이렇게 짱돌을 휙 던지는 용기에 그만 머리가 띵했다. 묻고 구하지 않으면 원하는 것을 얻을 수 없다.

산티아고 순례길은 로마의 바티칸, 이스라엘의 예루살렘과 함께 가장 유명한 3대 성지순례길이다. 한 인도 청년으로부터 짱돌을 맞은 뒤, 문득 수많은 키보드 워리어들에게 외치고 싶었다. 온라인에서 성지순례하지 말고 밖으로 나오라고. 깨지고 부딪혀도 살아있는 한 희망이 있고, 꿈을 놓지 않는 한 길 위에서도 진짜 한번 살아 볼 만하다고.

:: Man of **Action**

;항상 **행동**하는 **사람**

　흐리던 포르토마린에서 8km쯤 걷다가 쏟아지던 비를 피해 작은 마을에 멈추어 쉬는데, 지나가던 동네 아저씨가 무어라 한참 말을 걸고 지나갔다. 신기하게도 말이 통하지 않는데 대화가 가능하다. 서로의 언어가 같지 않아도 몸과 마음이 서로를 향해 있기 때문인지도.

　비가 세차게 오락가락하는 호스피털 마을의 바에서 두 남자 알렉스, 알베르토와 점심을 함께 했다. 점심은 항상 다시 힘을 주는 하몽 브레드. 마드리드에 사는 산악가이드인 이들은 닷새간의 휴가를 내고 산티아고에서 100km 떨어진 사리아에서부터 출발했다. 우리는 다시 이 멋진 곳을 찾을 때 자전거로 순례해 보고 싶다고 합창했다.

　예상한 거리의 중간쯤, 이름도 없는 마을. 요란하지 않은 소 울음소리가 들리는 골목을 지나다가, 꼬리를 감고 앉아 있는 작은 고양이 한 마리와 눈이 마주쳤다. 햇살을 등진 그 녀석이 주인 할아버지가 마구간에

서 나오다가 나를 보시고 손을 흔들어 주시는 작은 기척에 고개를 돌려 뒤돌아
본다. 햇살이 옅은 회색 구름 사이로 흘러나오는 동안 빛나던 새털구름이 배경
이 된, 풍경이 아닌 차라리 그림.

한참 걷노라니 그치는가 싶었던 비가 내리기 시작했고, 윈드재킷과 모자를 이
미 배낭에 넣은 뒤라 "지금 비는 어울리지 않잖아!" 외치며 흐린 풍경 속을 걸
었다. 제법 큰 마을 팔라스데레이에 도착했을 때는 비구름은 왜 나만 쫓아다니
는지, 눈앞에 선명한 맑은 하늘과 노란 태양을 두고 비를 맞았다. 옅은 빗방울
들은 구름이 스쳐가듯 시나브로 나를 적시고 있었고, 보이던 알베르게는 리모
델링 공사 중이었다. 아뿔싸, 쉬기로 한 마을에 문을 연 알베르게가 없는 사상
초유의 사태. 공사 중이던 인부에게 물으니 가장 가까운 알베르게는 1km 전에
있고, 다음 알베르게는 5km는 더 가야 나온다고 했다. 어떻게 온 길인데, 돌아
갈 수도 없었다.

결국 다시 터벅터벅 발걸음을 옮겨 5km를 더 걸어야 했다. 다리에 힘이 풀린

상태에서 '더 걷는다'는 것은
문장 이상의 의미가 있다.
게다가 사흘 내리 30km가
넘는 거리를 걷는 강행군에,
종일 비가 내리는 날. 그나
마 걸음마저 방해하는 장대
비가 아니어서 다행이었고,

◎ 마을을 벗어나는데 커다란 무지개가 아주 가까이 보였다. 팔라
스데레이는 내 몸 누일 곳 하나 없었지만 무지개 마을로 기억될 것
이다.

그래도 어차피 가야 할 길이라면 오늘 조금 더 걷는 것은 조금 힘들지만 내일을 위해 좋은 일이다.

중간에 나타난 작은 마을의 알베르게는 비정하게 문이 닫혀 있었고, 지나가는 소떼들이 나를 처량하게 쳐다보았다. 한 녀석은 갑자기 한숨을 푹 내쉬기도 했다. 나도 힘들다고 이 녀석아. 에누리 없는 5km를 더 걸어 '카사노바'라는 유명한 이름을 가진 마을에 도착했다. 이곳마저 쉴 곳이 없었다면 하루 40km에 이르는 행군을 할 뻔했기에, 마을 끝자락에 위치한 알베르게를 본 순간 '그라시아스!'를 외쳤다.

도미토리에 들어서니 한 여자가 이미 자리를 펴고 쉬고 있었다. 혼자 머물 줄 알았는데 외롭지 않게 되었다. 영국에서 영화 관련 공부를 마치고, 일자리를 구하기 전에 스페인 여행 중이라는 아르헨티나 아가씨 아구스티나. 오세르비오에서부터 순례를 시작했다고 한다. 스페인어와 영어를 자유자재로 구사하는 그녀 덕에 주변에 구멍가게조차 없는 동네에서 또르띠야와 음료수를 주문할 수 있었다.

무엇이 그녀를 이곳으로 오게 만들었는지 물으니, 우리의 공통점을 발견하게 되었다. 그녀도 그저 유명한 길이라서 왔는데, 걸으면서 정말 좋은 길이라고 느끼게 되었다고 한다. 우리는 때론 '왜 이 고생을 하고 있나' 하지만 나를 돌아볼 수밖에 없는 시간을 만들어 주고, 평범한 것들, 이를테면 따뜻한 샤워나 흔한 간식 같은 것들을 특별한 것으로 바꾸어 주는 길의 매력에 대해 찬양했다.

반짝이는 눈을 가진 그녀를 더욱 반갑게 했던 말은 내가 학부시절에 관심을 가졌던 'Erasmus Mundus' 유럽 유학 프로그램으로 영국에서 공부했다는 것이었다. 나는 유럽인들에게 훨씬 관대한 장학 정책 때문에 그들과 비교했을 때 터무니없이 비싼 학비가 왠지 아까운 느낌이 들어 생각만 하고 말았는데, 이 당찬 남미 아가씨는 그런 단점에도 불구하고 충분히 가치 있었다고 자신한다. 그 모습에 나는 그 나이에만 가능했던, 돈으로 환산할 수 없는 경험의 가치를 단순히 금액으로만 재단했었다는 생각에 아주 오래 묵은 후회가 밀려왔다.

서른의 나는 '나는 열정이 있다' 혹은 '뜨거운 심장을 가지고 있다'는 말을 믿지 않는다. 내가 손끝 하나 움직이지 않으면서 자기 위안 삼아 그런 말을 했던 것에 종종 얼굴이 화끈거리기도 한다. 고 이종욱 전 WTO 사무총장님은 'Man of Action(항상 행동하는 사람)'으로 사셨다. 그분의 말씀.

> "옳다고 생각하면 바로 행동해야 해. 안 된다고 생각하면 수많은 이유가 있고, 그럴 듯한 핑계가 생기지. 그러나 하려고 하는 일은 일단 시작해서 밀고가야 해. 그리고 이 일이 과연 옳은 일이고 인류를 위해서 반드시 해야 하는 일인가에 대해서만 고민해야 해. 이 일이 제대로 될까, 이 일이 목표 기간 내에 이루어지지 않으면 회원국들에게 무슨 비판을 받을지 몰라 등등 시작도 하기 전에 고민만 하다간 아무것도 못해. 옳은 일을 하면 다들 도와주고 지원하기 마련이란 걸 명심하라고."

:: 목표가 있다면, 그에 걸맞은 노력을 하라

십여 년 전 '난 왜 연애를 하지 못할까'하는 고민에 잠겨있던, '딱 보니까 알겠는데!'라고 따끔하게 말해주는 친구도 없던 시절, 한 교수님의 말씀이 가슴을 울렸다.

> "좋은 사람을 만나 연애하고 싶으면, 그 사람이 반할 만큼 네가 먼저 좋은 사람이 되어 만날 준비를 하고 있어야 한다."

멋진 사랑을 기다리려거든 청승만 떨고 앉아있을 것이 아니라 멋진 사람이 되어있는 편이 현명하다는 말이다. 바라기만 하고 꿈만 꾸면서 움직이지도 않는데 이루어질 리도 없고, 행동하지 않는 징징거림에는 동정의 가치도 없다고.

카미노 길은 내게, '목표가 있다면 그에 걸맞은 노력을 해야 한다'고, '걸음은 정직하다'고, '네가 꼼수라도 나는 아니니 알아서 가든 말든 하라'며 매일 같이 길쭉하게 뻗어 있었다.

이 길을 이틀만 더 걸으면, 이 지긋지긋한 짐을 들고 절뚝거리며 하루 여덟, 아홉 시간씩 걷는 일을 하지 않아도 된다. 묘하게 길이 끝나가는 동안 아쉬움이 커지고 있었다. 그저 얼떨결에 걷기 시작한 길인데, 더 이상 바랄 것도 없다고 생각한 여행인데, 이렇게 좋은 길을 800km 처음부터 걷지 않은 것이 내내 아쉬웠다. 오래전부터 묵묵히 걸어온 사람을 보면 나도 모르게 억울하고 부러워지곤 했다.

아르주아로 가는 길은 20km가 조금 넘는 거리. 중간쯤 나온 큰 도시 멜리데에서 더 이상 맛있기를 바라기 어려운 베이컨과 감자튀김 세트를 먹으며 책 읽는 여유도 부렸다. 하지만 지난 나흘 평균 30km를 걸어 온 자부심으로 얕잡아 보았는데 그럴만한 것이 아니었다. 늑장 부리며 긴장을 놓은 탓에 습관이 된 발걸음이 지루했다.

그림 속 풍경들을 지나 발목이 많이 아파지고, '더 못가겠다'할 때쯤 아르주아에 도착했다. 절뚝거리며 깔끔해 보이는 사설 알베르게에 짐을 풀었다. 10유로라는 순례길 중 가장 비싼 숙박비였지만 널찍한 공간과 잘 터지는 온수, 잘 관리된 주방 등 모든 시설이 머무른 알베르게의 최고봉이라 할 만했다. 단지 곧 뒤따라 도착한 미국 꼬마 커플 외에 다른 순례자가 없었다는 것이 아쉬운 점이었다.

함께 걷던 이들보다 먼저 더 멀리 날 이끈 것은 강한 체력이 아니라 목표의 힘이었다. 동행보다 빨랐던 것이 성공이라고 생각하지는 않는다. 일정 맞추는 일을 했을 뿐, 함께 걸었던 좋은 인연들과 함께 발을 맞추지 못하게 된 것이 내내 아쉬웠다.

◎ 슈퍼마켓에서 여의주 일곱 개를 모으듯 귤 일곱 개도 사고, 장을 봐온 뒤 저녁은 독특하게 먹었다. 꼬마 커플이 가진 스위스 칼로 사모스에서 산 참치 캔을 뜯어 떠먹고, 딸기 요거트와 바나나를 흡수하며 과일 주스와 우유를 홀짝이면서 하몽과 함께 입에서 쉬었다. 너무 맛있었다.

마지막 날 먼 거리를 걸을 걱정에 일찍 자리에 누웠는데, 음, 내일이 마지막이라고?

내일이 지나면 이제 숙소에 온수 잘 나온다고 폴짝 뛰며 샤워실에 들어가 물 틀어 놓고 반신욕 하듯 주저앉아 멍한 표정으로 행복감 느끼지 않아도 되고, 아침에 어제 널어놓은 빨래가 다 말랐다고 흥분하지 않아도 된다. 20kg 젊어지고 삐걱대며 여섯 시간이고 아홉 시간이고 2~30km걷고는 숙소 들어와 절뚝대는 내게 괜찮은지 묻는 이 길 위에 참 멀리서들 날아온 사람들에게 '나는 그래도 행복하다'고 매일 같은 대답하며 당신은 괜찮은지 당신도 행복한지 같은 질문하지 않아도 되고, 길에서 만나는 마을 어르신들이 '부엔 까미노'라고 말을 걸기 시작하면 내가 할 수 있는 유일한 대답 '그라시아스'하며 힘든 표정 숨기고 웃지 않아도 된다. 내일 점심 간식은 뭐로 해 볼까 쿵쿵대며 슈퍼마켓 뒤지지 않아도 되고, 내 발목 이렇게 매일 고생시키는데 뭐가 좋다고 나는 이 길을 걷고 있나 생각 안 해도 되니 참 좋겠다.

그런데 베개에 이 뜨거운 것은 뭐지?

:: **태양**과 **함께** 걸어왔다

저기 우리 바로 위에 있는 저 별은 「성 야곱의 길(은하수)」이에요. 저 별은 프랑
스에서 곧장 스페인까지 뻗어 있어요. 용감한 샤를마뉴 황제가 사라센을 쳤
을 때, 갈리스의 성 야곱이 저것을 만들어서 왕에게 길을 알려줬죠.

— 「별」, 알퐁스도데

아르주아에서 몬테도고조로 가는 33km, 걸었던 순례길에서 가장 길었던 거리
였지만 고도차가 극히 작았고, 아스팔트보다 푹신한 흙길이 많아 지치지 않았다.
이제 막바지란 느낌 때문이었는지 길이 모두 아름다워 보여 절뚝거리는 걸음조차
아쉬웠다.

갈리시아가 고향이라는 사촌 자매는 예전에 포르투갈길을 걸었고, 이 두 번
째 순례는 사리아에서부터 출발했다고 한다. 얼마 전 일을 그만둔 이들은, 'no
working, no money, many problems'이지만 나는 지금 이렇게 웃는다며 밝
은 미소를 지어 보였다. 우리는 모두 절뚝거
리고 있었지만 함께 카미노의 매력에 푹 빠
져 있었다.

그녀들이 여유롭게 쉬는 통에 미리 안녕을 고하고 부지런히 걸음을 옮겼는데, 작은 가방을 메고 지팡이를 든, 『드래곤볼』의 사탄머리를 한 통키가 반갑다며 뒤따라오며 말을 걸었다. 인기척도 못 느꼈을 만큼 가벼운 발걸음을 가진 그와 함께 5km를 그의 속도로 걸었다.

두 달째 걷는 중이던 그의 여행담은 실로 놀라웠다. 회사를 다니다가, 무슨 연유인지 1년 후 다시 돌아 올 테면 오라는 말에, "ok, goodbye"하고 뛰쳐나온 뒤 유랑을 시작했다. 그런데 그 다음 날 손목과 다리를 다쳐 6개월간은 프랑스 국내 여행을 했고, 두 달 전부터는 프랑스 집 근처에서부터 스페인 해안을 따라 걷다가 얼마 전부터 이 길에 합류했다고 한다. 카미노 길을 다 걷고 나면 히말라야의 노마드 캠핑장으로 가서 적어도 석 달은 지낼 예정이란다.

오는 길엔 알베르게가 많지 않았는데 처음엔 가정집에 문을 두드리고 들어가 재워 달라고 했고, 교회, 수도원에도 신세를 많이 지면서 여러 고마운 도움도 있었고, 어느 날은 아주 좋았지만 어떤 날은 아주 춥고 힘들었다기에, 나는 네가 지금 이렇게 살아있어 우리가 만난 것이 다행이라고, 만나서 고맙다고 말했다.

길에서 두어 달 지내는 데도 배낭 하나 달랑 둘러멘 그의 차림은 너무나 간소했고, 처음엔 지금의 나처럼 하루 2~30km를 걸었지만 이젠 하루 평균 40km는 아무것도 아니라고 했다. 그는 이 길로 쭉 산티아고까지 간 후에, 순례를 마친 사람들이 보통은 버스를 타고 가는 대륙의 끝, 피스테라까지 사흘 동안 걸어서 갈 것이라면서 어느새 보이지도 않게 까만 점으로 사라져 버렸다.

쉬이 만난 것만큼이나 쉬이 헤어졌다. 그는 자신이 아주 멋진 여행을 하고 있다고 믿고 있었고, 나 역시 정말 멋진 여행을 하고 있다고 믿을 수 있도

© He loves his way!

록 감탄해 주었다. 새삼 여러 빛깔을 가진 사람들을 이어주는 카미노 길이 고마웠다.

12.5km 남았다는 표지석 이후에는 500m마다 동행해 준 표지석이 보이지 않았다. 볼 필요도 없이 다왔다는 말인가. 산티아고가 가까워 올수록 표지판마다 낙서 빈도가 늘어났는데, 한글도 많이 보였다. '고생하셨습니다. 이제 다 왔어요. 여기서부턴, 뛰세요!' 라는 글도 있다. 세계 각국의 언어로 이름도 얼굴도 모를 순례자에게 남긴 응원의 메시지도 가득하다. 먼저 지나간 이들의 말이 마음에 와 닿는 것은, 모두가 비슷한 기분이었기 때문이리라.

산티아고 데 콤포스텔라가 두 시간 거리에 잡히는 몬테도고조. 크고 쾌적한 알베르게에 머무는 이들은 서너 명, 제철이 아닌 탓에 한적했다. 이 길이 아니면 없을 마지막 샤워를 했다. 뻐근한 근육에 온수가 닿는 느낌은 행복이 따로 없는 촉감이다.

해가 저무는 여섯 시. 잠시 누워 허벅지를 어루만지며 멍하니 있다가 문득, 이제 길이 끝나는 것도 아쉽지만 날 부르는 곳이 있어 이렇게 바삐 움직여야 한다는 사실에 감사했다. 다행이다. 카미노 길을 만나고 그 길을 버틴 허벅지를 만질 수가 있어서.

무심코 간식거리를 사려 슈퍼마켓에 들어갔다가 이제 길 위에서 먹을 시간도 기회도 없다는 것이 아쉬워졌다. 근처 바에서 저녁을 먹고 나오는 어둑한 길에, 저 멀리,

그간 보지 못했던 도시의 화려한 불빛이 보였다. 아, 이제 다 왔구나. 산티아고
가 눈앞의 실체로 다가왔을 때, 무언가를 이루었다는 희열보다 걸어온 길에 대
한 향수가 더 진하게 밀려왔다.

목적하는 곳에 가도 대단한 것이 있을 것이라고는 처음부터 생각지도 않았다.
내겐 이미 이 길을 걷는 모든 걸음들과 걸음이 닿는 공간을 채워 준 내 눈과 귀
와 입과 가슴속에 담긴 이야기들이 소중했다. 그것이 지난 기억이든, 막 만들어
진 것이든.

열흘 조금 넘는 날들 동안 본능적으로 걸음을 옮기던 방향, 산티아고 쪽으로
해가 지고 있었다. 나는 태양과 함께 걸어왔다. 이 길은 은하수를 따라 걷는 길
이라고도 한다. 아주 까만 밤에는 하늘 위로 은하수가 흘렀을 것이다.

:: 아직 끝나지 않은 것 같은 길

마음 깊은 곳에서부터 진심으로 무언가를 사랑하고 믿게 되면, 자신이 세상의 그 누구보다 더 강하다고 느끼게 되며 그 어떤 것도 우리의 신념을 깨뜨리지 못할 거라는 확신에 차 평온함을 맛보게 됩니다. 이런 특별한 힘은 적절한 순간에 옳은 결정을 내릴 수 있게 해주죠. 목표를 이룬 우리는 스스로의 능력에 놀라게 됩니다.

– 『순례자』, 파울로 코엘료

카미노 길의 가장 큰 매력은 다양한 길이 있고, 어느 누구도 같은 방식으로 걷지는 않지만 목적지는 하나라는 점이다. 변함없이 새벽과 아침의 경계쯤 일어나서 샤워를 하고 책을 읽고 있는데 일찍이 나설 준비를 하는 순례자가 있었다. 프랑스 해안가에 있는 자신의 집으로부터 보트를 타고 스페인 해안가에 와서 오베이도에서부터 시작하는 '프리미티보길'을 따라 걸었다고 한다. 그는 길을 마쳐가는 기쁨을 감추지 않고 연신 함박웃음을 지었다.

오베이도는 레온과 마찬가지로 산티아고까지는 300km 정도 떨어져 있다. 처음에 올 때 잠결에 레온을 지나쳐 버스를 잘못 내렸던 곳이다. '프리미티보길'의 존재를 미리 알았다면 차라리 그게 내 운명이라며 그곳에서부터 시작할 수도 있었고, 진작 인상 좋은 그분과 동행이 되었을 수도, 나의 역사에 다른 이야기가 쓰일 수도 있었을 것이다. 말 한마디, 글 한 줄에 살아가는 이야기가 많이 바뀌기도 하니까.

다른 알베르게에서는 모두가 떠났을 시간, 아홉 시가 다 되어가는 데도 같은 방에서 묵은 아저씨는 산티아고가 코앞이라서인지, 일어날 생각을 하지 않고 오히려 소리 높여 코를 곤다. 불편했지만 어두운 방에서 풀어놓은 짐 꾸러미들을 살금살금 밖으로 들고 나와 배낭에 담았다. 산티아고 길이 가르쳐 준 중요한 가르침은 길 위에서 우리는 같은 순례자이지만, 다른 모습과 다른 방식의 걷고 쉬는 방식들을 존중해야만 한다는 것이다. 거꾸로 존중받기를 바란다면. 그가 깨어있었다면 당연히 나를 배려해 주었을 것이라고 믿었다. 이런 생각으로 나서는 길이 내심 뿌듯했다.

이제 마지막, 여느 아침처럼 하품하며 걷노라니 금세 저 멀리 큰 도시가 가까이 다가왔다. 지난 열하루와는 다른, 높은 건물들이 배경이 된 멀지 않은 길을 걸으니 드디어 산티아고 데 콤포스텔라 안내판이 보였다. 가슴 벅찬 것은 미리 다 느꼈던 탓인지 특별한 감동은 없었다. 도시 한복판에서 노란 화살표를 잃어버렸는데, 마을 중심에 있는 성당 방향은 어렵지 않게 찾을 수 있었다.

피니시 라인을 넘는 과정은 감상이 아니라 현실로 돌아오는 과정이었다. 먼저 우체국에 들러 무사히 먼저 도착해 있던

◎ 왠지 모를 아쉬움에 안개마냥 자욱하게 성당 근처를 어슬렁거리는데. 웬걸 성당 반대편으로 또 다른 화살표가 나온다. 산티아고 길은 끝났다고 알고 있는데, 나도 모르게 몸과 마음이 화살표를 따라갔다. 한참 따라가다가 피스테라로 가는 길인 것 같아 훌쩍 돌아왔다. 화살표를 따라 가고 싶었던 마음은 무엇이었을까. 이제 그만 가도 좋다고, 그만 쉬라고, 더 가지 않아도 괜찮다고 하는데도. 가지 않아도 아무도 뭐라 하지 않는데도.

캐리어 가방을 찾고, 순례자 사무소에 들러 크레덴시알에 마지막 도장을 받으며 순례 증명서를 품에 안았다. 대성당은 부분 공사 중이어서 완전한 모습은 아니었으나 그런 것쯤 아무 상관없었다. 크고 멋진 곳.

산티아고 대성당에는 매일 순례자들을 위한 특별한 미사가 열린다. 에스파뇰로 진행된 미사는 알아들을 수 없었지만 순례자를 위한 특별한 것이라니, 기분은 참 좋았다.

미사시간이 되자 사람들이 하나둘 모여들었다. 언제 헤어졌는지, 반가운 인사를 나누며 삼삼오오 자리를 잡은 순례자들. 길에서 스쳐갔던 통키도 만났다. 길은 끝났지만 인연은 끝나지 않은 탓이다.

통키는 지난밤에는 알베르게가 아닌 노숙자들을 위한 사회시설에서 머물렀다고 했다. 함께 성당 앞에서 멋진 기념사진을 찍고선 홀연 피스테라로 떠났다. 헤어지면서 세상 또 다른 곳, 'The other side'에서 만나자고 했는데, 나는 또 이렇게 여행할 자신도 없으면서 그러자고 했다. 그래도 믿는다. 우리는 언제 어디선가 다른 모습으로, 서로를 알아보지 못할지언정 다시 만나게 될 것이다.

성당 앞에서 처음 한국인 순례자를 만나 오랜만에 한국말을 쏟아냈다. 팜블

로냐에서부터 한 달여 걸어온 모자. 아홉 살 성주는 헤비메탈을 즐겨 듣는 똘똘하고 귀여운 아이였다. 한 달 동안 아무 탈 없이 어머니를 따라 함께 걸어온 것이 내가 보아도 대견했다. 선생님이신 성주 어머니는 네 가지 여행 로망, 히말라야 트레킹, 산티아고 순례길, 뉴질랜드 캠핑밴 여행과 남미 여

행 등이 있었는데 지난여름 히말라야에 다녀왔으니 두 군데가 남았다고 하셨다. 항공권 검색 사이트와 알프스 스노보딩 이야기를 들려드리니 반색하셨다. 로망들 곧 다 이루시고 또 만드실 것 같은 예감.

공항으로 가는 버스 정류장을 묻기 위해 여행 안내 센터에 들렀더니 시에스타, 낮잠 시간이란다. 어쩐지 주위가 모두 조용했다. 문을 연 카페에서 시에스타가 끝나길 기다리며 읽은 책 한 구절, 'Happiness is a journey, not a destination'을 보고 이틀 전에 본 터널 안 낙서, 'Life is too short'가 생각나 먹먹해졌다. 아마 낙서를 남긴 사람도 목적지에 이르는 기쁨보다 행복했던 길이 끝나간다는 아쉬움이 컸나 보다.

대성당 주변에는 기념품 가게들이 공원방향으로 쭉 늘어서 있다. 길의 여운 때문에 자꾸만 눈이 가던 가게들, 쇼윈도에서 반짝이는 장식품과 장신구들 사

이를 산책하다가, "페페!" 부르는 소리에 뒤를 돌아보았다. 아구스티나와 알베르토, 알렉스였다. 종일 비를 맞으며 걸었던 날 점심과 저녁에 만났던 세 사람이 산티아고에서 다시 만났을 때 동행이 되어있었다. 방금 이곳에 도착했다는 이들과 반갑게 포옹했다. 모두 건강하고 기쁜 모습, 인사를 나눌 수 있던 그 작은 골목마저 감사했다. 다시 이들과 기약 없는 안녕을 고했지만 우리는 서로가 있어 이 길이 더 아름다웠음을 알고 있다.

떠나기 전, 통키가 일러준 대로 대성당 옆 호텔에 있는 순례자를 위한 호텔 식당에서 멋진 저녁식사를 할 수 있었다. 아무 때고 갈 수 있는 곳이 아니라, 하

루 세 번 정해진 시간에 호텔 주차장에 모여서, 순례자 여권으로 신분확인을 한 뒤에야 입장이 가능했다. 10명까지만. 듣자하니 그 호텔은 예전 성을 개조해 만든 것이고, 하룻밤 묵는데 200유로로 알베르게에 비해 무려 40배에 달한다.

식당에서 한국인 모자와 사촌 자매를 포함해 얼굴이 익숙한, 순례를 마친 9명의 승리자들과 만났다. 산티아고 길을 100km이상 걸었다는 것이 인정되면 순례 증명서가 발급되기 때문에, 사리아에서부터 짧은 여정으로 출발하는 순례자도 많다. 일본인 할아버지 히로가 그랬다. 그는 네 명의 자식이 있는데, 한 명도 따라오겠다고 하지 않았다며 성주 어머니를 부러워하는 눈치였다. 내 남은 여정을 물으시기에 이렇게 말씀드렸다.

"마드리드와 로마에서 더 이상 기대하는 것은 없어요. 이미 우리가 걸었던 길에서 충분히 아주 많이 행복했거든요."

허겁지겁 호텔 식사를 마친 뒤 올라탄 공항버스는 걸어온 순례길을 조금 거슬러 지나서 산티아고 공항에 나를 내려놓았다. 산티아고 우체국에서 되찾은 캐리어 가방에 무거운 물건들을 넣고 나니 어깨에 전해지는, 깃털 같다는 진부한 표현이 적당한 무게가 순례자로서의 일상이 끝이 난 것을 실감나게 했다. 노트북과 카메라를 몸에서 떼어놓을 수 없던 탓에 20kg을 짊어지고, 미련하지만 멋지게 걸었다. 마드리드에 가면 숙소에 모든 짐을 내려두고 가볍게 걸어볼 수 있다. 이제 다시 배낭여행자다.

밤 비행기에서 왠지 모를 노곤함에 잠시라도 눈을 붙이려다 왠지 모를 허전함에 잠이 오질 않아 길 위에서 듣던 음악을 켜고 펜을 들어 기억을 끼적였다. 온 마음은 아직 산티아고 길에 있던 탓이다. 몸이 더 힘들어도 차라리 그 길 위였으면 했다. 다른 도시 여행이 버거운 느낌, 이미 끝났는데 끝난 것 같지 않은 느낌, 저린 발목과 무릎이어도 그 길 위로 가면 마음이 더 편해질 것 같은 느낌들 때문에.

잊지 못할 것이다. 몸은 투덜대고 절뚝거리지만 머릿속엔 선명하게 그날의 목적지가 새겨져 있고, 더 없이 푸른 하늘 아래 나와 같은 속도로 흐르는 그림 같은 풍경 속에서, 나는 온전히 내 힘과 내 의지로 내 짐을 지고 태양이 가는 길과 함께한 위대한 한 점이었음을.

:: **여백**과 **못난 부분**이 없으면
완성되지 않아

정말로 여행이 끝났다는 느낌 때문이었는지, 밤새 떠오르던 감상들 때문이었는지 마드리드에 예약해 둔 민박집으로 들어온 까만 밤에 잠을 이루기가 힘들었다.

느지막이 일어나 쌀쌀한 거리를 걸어 찾은 소피아 미술관에서 하루를 가득 채웠다. 마드리드에서는 순례길을 걷느라 지친 몸을 쉬게 하고 싶었는데, 굉장한 규모의 미술 작품들을 감상하는 동안 진이 다 빠졌다. 환상의 세계로 안내하는 호안미로의 작품 「El Mundo」에 꽂혔고 살바도르 달리라는 좋아하는 화가가 생겼다. 그 그림들의 세계는 나를 빨아들이고 있었고, 나는 기꺼이 빨려 들어갔다.

어느새 가이드북을 보지 않고도 알차게 여행을 할

수 있게 되었다. 순례길에서 매일 힘을 준 하몽이 그리워 어떤 맛집 추천도 고려치 않고 길에서 본 하몽 전문 레스토랑에서 하몽 크루아상과 보카딜로를 잔뜩 먹었다. 민박집에서 옹기종기 모인 사람들로부터 들은 정보도 쏠쏠했다. 마드리드 왕궁이 파리 베르사유 이상의 감탄을 자아낸다는 말에 왕궁에 가보기로 했다. 정작 파리에서는 베르사유에 가볼 생각도 하지 않았었지만.

솔 광장 카페에서 카페콘레체를 마시며 여유를 부리다가 왕궁을 찾았는데, 겨울엔 폐관 시간이 이를 뿐더러 티켓 부스는 더 일찍 닫는 탓에 들어가 볼 수 없었다. 하지만 이 도시를 다시 찾을 때 여전히 가볼 곳이 많으니 오히려 다행인지도 모른다. 왕궁 근처의 작은 공원에는 마치 대학 시절 자주 찾았던 작은 숲에 돌아온 것 같은 편안함이 있었다. 유모차를 끌고 나와 산책하는 부부, 친구와 애완견과 함께 나온 중년, 스케이트보드를 타는 젊은이, 삼삼오오 앉아서 왠지 분주한 꼬맹이들, 카메라 앞에서 포즈 잡는 여행자들, 말을 타고 다니는 경찰 등이 일상의 소소한 행복을 느끼게 하는 풍경을 만들어 주었다. 특히 즐거운 대화를 나누지만 아직 손을 잡지는 않은 풋풋한 젊은 남녀, 애타는 청년의 표정이 애틋했다.

'내가 행복하니까 가게를 운영 한다'는 빵집 주인, 시에스타 시간이 지켜지는 거리, 자신을 위해 자신에게 주어진 사회적 시간을 이용하는 사람들. 나는 내가

선택한 사회적 시간에 이리저리 휘둘리다 떠나왔다. 이제는 더 이상 기를 쓰고 여행하지도 않는다. 마음이 흘러가는 대로, 내가 행복한 대로 살기로 했다. 이렇게 멋진 나라에도 경제 위기가 불어 닥쳤고, 실업자도 많다는 말이 마드리드 거리에서 실감이 났다. 구걸하는 사람들, 우리와 별다를 것 없는 표정의 젊은이들 사이에서 새삼 여행 중인 나는 얼마나 행복한가 생각했다.

한인민박집에서, 각자의 일정을 마치고 돌아온 옆 침대의 스물일곱 두 친구와 술도 없이 진솔한 대화를 나누었다. 갓 사회로 나갈 동생들과 진로 이야기를 할 때면 보다 신중해진다.

누구나 각자의 방식이 있는데 내 방식이 최고라고 믿는다 해도 나의 위안과 합리화를 강요할 수는 없는 노릇이니까. 일부의 성공 사례를 다루고 있는 수많은 위인전과 자기계발서도 위험하다. 그들이 말하는 성공에 이르지 못하는 일상을 사는 사람들이 훨씬 많은데, 보통들에게는 위로도 없다. 오히려 일등에 대한 찬양과 그들의 허세가 세상의 더 많은 부분을 차지하고 있다.

입사 지원을 앞둔 한 친구에게는 내가 직장인이기를 그만두어야 했던 이유와 나 같은 이들보다 훨씬 많은 또래들이 회사에서 나보다 인생을 훨씬 더 잘 설계해 나가고 있음을 이야기하느라 진땀을 뺐다.

다른 한 친구는 누가 보아도 최고의 엘리트 코스라고 생각할 만한 길을 걷고 있었지만 정작 자신은 만족하지 못하고 있었다. 흔하지만 그에게는 특별했던 실패 뒤에 그가 선택했던 대안도 훌륭한 것이었음에도 최고를 달려온 그의 자존심에는 이미 생채기가 나 있었다. 적확하진 않으나 그를 이해할 수 있을 것 같았다. 남이 좋다고 내가 좋은 것이 아니고 남들의 시선만으로 행복할 수 있는 나이도 한참 지나온 뒤였으므로.

여행길의 인연이 그렇듯, 이른 아침 비행기를 타기 위해 새벽같이 떠나야 했던 탓에 인사도 못하고 헤어졌다. 공항으로 가는 내내 이 친구들에게 해 주고 싶던 말이 맴돌았다.

'네가 남들로부터 '그래도 좋다, 괜찮다'는 말로 위로 받으며 자신을 속이지는 않았으면 해. 여전히 늦지 않았어. 인생은 속도가 아니라 방향이라 무엇도 늦은 것은 없으니 네 자신이 가장 행복할 수 있는 방법을 다시 찾아보는 것도 멋진 방법일 거야. 다만 우리는 우리 삶의 훌륭한 엔지니어가 되어 삶을 디자인해야 하지 않을까? 엔지니어링의 목표는 '가지고 있는 재료로 주어진 환경과 시간에서 최상의 결과를 가져오는' 거라고 했어. 이런 사고실험이 어떨까? '만약 내가 지금 가지고 있는 것을 다 잃게 된다면, 나를 행복하게 하는 최선의 선택지는 무엇일까? 만약 지금 나의 신념 또는 집착이 어떤 이유로든 사라져야만 한다면 어떤 선택을 하게 될까?' 굳이 가지고 있는 것에 감사하자는 쉬운 말이 아니라, 지금 가진 것, 우리에게 주어진 기회와 시간과 젊음을 나를 행복하게 만드는 도구로 이용해 먹자는 말이야.'

문득 파리 퐁피두센터에서 잭슨 폴록의 작품들을 보다가, 굳이 비교할 필요는 없지만 중학교 때 그린 내 추상화가 더 낫다고 생각한 것이 떠올랐다. 그때 미술 선생님이 그림 좋다고 하시며 해 주신 말씀이 있다.

"이 여백과 못난 부분이 없으면 그림은 완성되지 않았을 거야, 그렇지?"

이제서야 무슨 말인지 알 것도 같다. 그러니까 괜찮다고, 이 말을 해 주고 싶었다. 쓸모없어 보이는 부분들조차 모두 필요한 부분일 거라고.

화선지 이외수

새 한 마리만 그려 넣으면
남은 여백 모두가 하늘이어라

:: **결국엔** 사람 **기억**이지 않겠니?

보름간 머문 스페인 땅을 떠나 로마로 가는 비행기에서 이륙하는 줄도 모르고 잠이 들었다. 깨어나니 다리가 좀 저렸는데, 아무래도 또 길 위에 있던 꿈을 꾸었던 것 같다. 로마에서는 긴 여행의 피곤이 밀려들었다. 순례길을 마친 후 여행이 끝나 버린 것 같았는데도 여전히 몸과 짐을 지키기 위해 긴장해야 했고, 로마에 수십 년 만의 폭설을 내리게 했던 추운 날씨 때문에 여행 막바지에 감기까지 걸렸다.

로마에 대해 공부해 보니 로마는 너는 이것들을 꼭 보아야 한다며 협박하는 도시 중의 도시였다. 하지만 마음 편하게 여행하기 위해 욕심을 버리기로 했다. 경유지로 치부해 버리지 않았으면 부지런 떠느라 많이 힘들었을 것이다.

남들 다 하니까 무언가를 보아야겠다는 생각으로 여행하진 말아야겠다고 생

각했음에도, 그래도 이것만은 보라고 등 떠민 무의식이 바티칸으로 이끌었다. 프랑스의 루브르, 영국의 대영 박물관과 함께 세계 3대 박물관 중 하나로 불리는 바티칸 박물관. 정말 대단한 곳이었다. 시스티나 성당에 그려진 걸작, 미켈란젤로의 「천지창조」 천장 아래 의자에서는 낮잠을 잤다. 의자는 천장을 보기 편하도록 기울어져 있었는데, 잠에서 깨었을 때는 가이드의 인도를 받는 여러 사람들이 방을 가득 채우고 있었다. 어두컴컴했지만 그림들은 선명히 보인다. 굉장한 작품들이었으나, 그래도 멋진 곳은 혼자서는 의미가 덜 하다는 생각으로 돌아왔다.

　로마에서 며칠 머물다가 다시 공항으로 가는 아침에 민박집 아버지께서 마중나와 주셨다. 버스 정류장까지 캐리어 가방을 끌어 주시고는 버스가 오기 전까지 차 한 잔의 여유도 주시던 따뜻함. 여행이란 결국 사람 기억인 것 같다는 내 말에 고개를 끄덕이시며 이 민박에서 만나 함께 여행한 뒤 결혼까지 이르게 된 커플들의 훈훈한 이야기를 해 주셨다. 여행이라는 하나의 목적을 가지고 종일 함께하면서 어떤 사람인지 더 잘 알 수도 있다고. 여행하면서 좋은 인연 만들라고 하시지만 나는 이제 돌아가는데?

　여하간 「천지창조」, 「최후의 심판」보다 오래 남는 것

이 사람이라며, 유럽 배낭여행 온 젊은이들은 대한민국 10%이니 믿고 만날 수 있다고도 하셨다. 집안의 경제적 여유 혹은 꼬박꼬박 돈을 모아온 집념, 외국인과도 말을 섞을 수 있는 언어 능력에 결단력과 추진력까지 갖추었으니 이 어찌 아니 대단하지 아니할 수 있겠냐는 말씀이다. 내 이십대는 그 10%가 아니었다. 떠나길 바라지 않은 것은 아니었으면서도 나를 속이며 큰 관심이 없는 척 떠나는 것은커녕 떠날 준비조차 두려워했던 것이다. 목표를 세우면, 길이 보이고 열리게 되어 있는데 왜 시도조차 두려워했을까.

나의 새로운 출발에 대해서는 전혀 늦지 않은 것이라며 힘을 주시고는, 정년퇴직을 앞두고 이탈리안 레스토랑을 열겠다는 일념으로 로마에 와 언어를 공부하며 요리를 배워 가셨다는 한 50대 이야기를 들려주셨다. 목표가 있고 연세가 있으시니 더욱 열심이셨다고.

공항으로 가는 버스 안에서 마지막 로마 풍경을 눈에 담으며 여유에 대해 생각했다. 돌아와 할 일을 만들어 놓고 오지 않았다면, 이런 마음의 여유를 가질 수 있었을까? 아니었을 것이다. 행복과 여유가 모두 마음의 문제라는 것은 거짓말이다. 나는 내 삶을 구체적이고 실제적으로 사랑하게 되었다. 무작정 희미하게 '날 사랑한다' 외치고 마는 것이 아니라 '이 여유를 만끽할 수 있는 나를 사랑한다'고 한다.

이제 이 시간을 어떻게 잘 보낼 수 있을까 궁리하며, 멍한 표정으로 앉아 있는 시간은 줄고, 정해진 시간표에 나를 밀어 넣은 채 일상을 굴리면서, 자유는 자투리 시간에 만나게 될 것이다. 그것이 기다려지는 걸 보니 짧지 않았던 여행에 지치기도 했던 한 모양이다.

집으로 가는 비행기에 올랐다. 잃은 것은 없고, 지퍼 있는 옷들과 배낭, 머리와 가슴이 시키는 대로 버티어 준 몸이 새삼 모두 고마웠다. 여행을 도와준 물건들은 돌아가면 필요 없는 것이 더 많겠지만 93일 여행, 93면의 보석은 가슴에 남아 언제까지고 함께할 것이다. 특별한 다짐이나 깨우침을 얻은 것은 아니다. 난 살아 있고 행복하다.

언제나 비행기가 하늘 높이 솟구치는 느낌이 참 좋다.

Part III

여행 후, 서른

돌아오던 비행기 안에서

집에 간다는 것이 왜 이렇게 설레는지. 다시 습관적으로 외로워지고 가끔 절망할 것도 알면서. 나는 무엇이 달라졌을까? 설명할 방법이 없지만 굳이 말로할 필요는 없을 것 같다. 그저 더 잘 살 거라고, 인생 시간 꽉 채우며 지낼 거라고 말해서 뭐하나. 여행으로부터 그럴 시간에 조금 더 웃고, 조금 더 움직이는게 옳다고 배웠다. 귀국하는 하늘에서, 도착까지 두 시간 남짓 남아 펜을 들었다. 신조 세 가지 먼저 적었다.

공부해서 남 주자.
망설일 시간에 조금 더 움직이자.
사랑할 수 있을 때 더 사랑하자.

종종 뼛속 깊이 스며들었던 외로움은 머리로만 알고 있던 것을 몸으로도 알게 만들어 주었다. 저 말들을 가증스럽게 말로만 할 것이 아니라는 것, 어차피산다는 것은 조금 더 큰 의미를 가지기 위함이라는 것, 그러려면 사랑해야 한다는 것을 가슴에 새겼다. 여행길에서 얻어 온 깨우침은 부지런히 사랑하며 살아야겠다는 것이 전부다.

자기소개서를 쓸 때처럼 한마디로 규정할 수 없는 것을 한 문장으로 제한해야만 하는 경우도 있다. 여행이 어땠냐고 짧게 대답하라 한다면, 이 여행은 일종의 꿈이었다고 할 것이다. 나는 이 여행이 '내 꿈의 한 부분을 살았던 시간'이었다고 단언할 수 있다.

행복하려 떠났던 여행인데 행복하지 않았던 날도, 건강하다 자부했으면서도 아픈 날도 많았고 하루하루 수없는 감정의 부침이 있었다. 그럼에도 어떤 날도 소중하지 않았던 날은 없다고 믿는 것은 그날들조차 이 여행은 멋진 것이라는 믿음과, 여기서 약해지지 않겠다는 마음이 있었기 때문이다. 매일 같이 입에 달고 살았던 말은 'very nice'였다.

오래전 한 친구가 첫사랑의 기억을 하루하루 잘 적어 놓으라고 말해 주었다. 그땐 몰랐다. 그 말이 어떤 의미였는지.

처음이라 이렇게 쓸 수 있었다. 쓰기 위해 떠나서 글 쓰는 데 조금은 미친 여행자였지만 억지로 이야기를 만들어 내려 하지는 않았다. 이미 하고 싶었던 이야기가 너무 많았던 데다 처음 보는 풍경과 사람들은 내게 쉴 틈도 없이 많은 영감을 주었다. 여행도 결국 사람 기억, 사랑한 기억이라는 생각이 신념이 된 가운데, 정말 집착을 버리자 하니 생각보다 많은 사람을 만났고, 그만큼의 우주를 보았다.

부러움의 대상 따위가 되길 바라지는 않았지만 나 살아있다는 안부 인사가 자랑이 되는 일상은 정말이지 환상적인 것이었다. 여행에서 가장 좋았던 곳을 꼽으라면 네팔 히말라야 산속, 프랑스 알프스가 둘러싼 샤모니 마을의 풍경 속, 스페인 산티아고 순례길 위라고 말한다. 중국에서는 여행의 기술을 배웠고, 인도에서는 가장 많은 이야깃거리를 가지고 왔다. 저 나라들 역사나 경제 사정에는 큰 관심이 없었다. 색다른 것에 놀라거나 감탄하는 것도, 멋진 건물 앞에서 감동 받는 것도 기대하지는 않았다. 내 방식으로 만든 목표를 이루어 가는 과정에 더 의미를 두었더니 나만의 이야기가 종이가 아니라 가슴에 쓰였다.

가이드북에 의존하지 않고도 꽤 괜찮은 여행을 꾸릴 수 있음을 알았다. 귀국하는 하늘에서 가장 그리운 것은 가이드북에 나오지 않은, 중국 시안 진시황릉 앞의 고구마, 히말라야 로지에서 네팔 동생 밀란이 건넨 밀크티와 인도 벵갈루루 슬럼가에서 열심히 공부하고 있을 꼬마 시라칸트, 눈 덮인 샤모니 마을과 안개 낀 언덕 폰세바돈 알베르게 벽난로 앞에 모인 사람들 속에서 느낀 따뜻함이니까.

미소가 참 좋은 사람들, 행복한 사람들, 그들의 여행 이야기 속에 내가 숨 쉬고 있다는 것도 좋다. 그 속엔 여러 색깔의 미소와 윙크가 있다. 나마스떼, 단야밧, 봉주르, 메시, 올라, 그라시아스 같은 인사들을 떠올리다가, 인도에서 인사말보다 더 많이 듣던 마이프렌, 브라더, 짜이짜이, 릭샤, 툭툭의 독특한 억양이 생각나 웃음이 난다.

이제 넘치는 여유 시간을 잘 쓰는 것이 목적인 일상이 아니라 어떻게 살리라 써온 것들을 실천하고 새롭게 꿈꾸게 된 것들을 이루어 가야 하는 시간들이 앞에 놓여있다. 그리고 서른. 내가 그토록 되기 두려워한 아저씨의 모습이 되어간다. 비슷한 부침을 겪고 있는 후배들에게 이야기하는 것처럼, 변화는 언제나 모르는 사이 빠르게 진행 중이고 그것이 진화가 될 수 있도록, 정신 바짝 차려야 한다.

사람 사는 곳은 어디나 비슷해서 누구나 외로움 한 움큼씩 가지고들 살고 있었다. 내 생각보다 사람들은 내게 큰 관심이 없다는 것도 알았다. 하지만 향기는 언젠가 드러나기 마련이다. 진한 여운이 남는 사람, 말하는 것을 지키는 듬직한 사람, 실수를 당당히 인정하고 바른 길을 가는 사람이 되고 싶다. 나이 먹을수록 더 겸손해지고, '나는 아무것도 모르는 구나' 라고 말하는 경지가 되도록 끊임없이 배우고 싶다. 세상에 대한 호기심을 잃지 않은 반짝이는 눈을 가진, 여행길에서 만난 많은 어르신들을 기억한다. 여행길에서는 나이가 어떻든 내 한 몸 건사하고, 느낌 좋은 사람이 되고, 내가 행복하기 위해 필요한 것들은 크게 다르지 않았다. 같은 길과 같은 풍경 속에서 우리는 모두 친구였다.

서울로 돌아오는 비행기 안에서, 이 글이 묻어 나오는 동안, 많이 행복했다.

여행 예찬

언제 어떤 모습으로 살든지 행복하기 위해서는 항상 행복할 준비를 하고 있어야 한다. 인생을 사랑하기 위해. 하루라도, 한 시간이라도, 조금이라도 더.

많은 밤을 공항, 기차, 버스에서 보내다가 문득 여행은 곧 축제라는 생각이 들었다. 행복한 시간이 더 많은 하루들로 인생을 채울 수 있다는 것은 단연코 축복이다. 축제와 여행의 현장에는 모두가 마음을 열고, 행복할 준비가 되어있다. 그래서 나를 행복하게 만드는 것에 대해 생각하다가 다짐한 것은, '여행을 더 자주 떠나야겠다!'

여행을 할 수 있어서 행복한 점 하나는, 그 시간만큼은 나를 쉽게 비울 수 있다는 것이다. 걸어보지 않은 길이 가득한 세상은 넓고, 기억해야 할 이름은 많고, 한 몸 건사하려면 정신을 바짝 차리고 있어야 하기 때문에, 여행길로 나서거든 지난 자신의 모습을 많이 버릴 수밖에 없게 된다. 설령 같은 옷을 입고, 같은 걸음걸이로 걷고, 같은 방식으로 핸드폰을 만지작거리더라도 새로운 곳에서는 모든 시간이 기록과 추억이 되고, 기억할 만한 것들이 된다. 비운 만큼 들어온다.

여행자는 새로운 도시에서 다시 태어난 신생아가 된다. 낯선 공간에서 여행자는 누군가의 도움을 받아야만 살아갈 수 있다. 세상에 태어난 것은 원했던 것은 아니지만, 여행은 선택한 것이어서 더 치열하고 부지런할 수 있다. 여행처럼 인생을 내가 선택했다면? 행복하고 멋진 추억을 남기도록 더 부지런히 살게 되지 않을까.

외국에 가는 사람들은 두 부류로 나눌 수 있다. 놀라는 것을 싫어하는 관광객은 멋진 피라미드나 상쾌한 해변을 체험하는 따위 새로운 경험은 좋아할지 모르지만, 그것들이 다 예상 그대로여야 한다. 그들은 의심나고 불확실한 것, 애매한 것을 싫어하고, 그날그날 분명하고 납득할 수 있는 식단을 바라서, 이국적인 카레 요리나 이국적인 감정, 이국적인 과일이 불러오는 불확실성은 소화하지 못한다. 대신 공항에 도착하기 전에 집에 앉아서 미리 예상한 것들에 집착한다. … 한편 여행자는 미리 예상하지 않고 여행하며, 짐작했던 바와 다른 상황에 부딪혀도 그리 당황하지 않는다. 미지의 것에 대한 태도가 다르다. 에릭은 전화 소켓 사용의 어려움으로 대표되는 놀람이 싫었던 반면, 엘리스는 실제 호텔이 안내 책자에 나온 것과 다르다 해도 신경 쓰지 않았다. 쳇바퀴 같은 일상을 버린 것이 행복했고, 그 지방의 문화가 그렇다면 콘플레이크 대신 어포를 먹어도 상관없었다.

– 『우리는 사랑일까』, 알랭 드 보통

여행에서는 길 잃기도 매력적인 것이 된다. 설명된 길로만 갔다면 같은 길밖에 몰랐을 것이고, 한 가지 풍경만 기억 속으로 들어왔을 것이다. 길 찾기뿐 아니라, 수많은 선택의 순간들이 있었는데, 그때마다 적절하고 빠른 선택을 하게 만들어 주었던 것은 분명한 목표와 삶에 대한 태도였다. 그 외의 고민거리들은 어떤 제한 요소는 될 수 있을지언정, 그 힘을 막지 못한다는 것을 알았다.

진기한 체험을 하는 중에도, 멋진 곳에도 사람이 없다면 지루하다. 사람은 커뮤니케이션을 통해 만들어진다는데, 함께 여행하거나 우연히 만난 이들을 통해서 의도한 것보다 더 많이 배우기도 했다. 멋진 인생을 사는 사람들은 생각이 멋지다. 어쩌면 길 위의 사람들은 모두에게, 서로에게 스승이다.

같은 길에서 닮은 걸음을 옮기던 우연 같은 인연들은 어쩌면, 오래전부터 정해져 있던 운명이었을지 모른다. 길을 잃었던 것도 그저 새로운 길로 가는 과정이었는지도.

여행 같은 일상

여행을 통해 삶을 진정 아름답게 하는 것은 춤과 음악, 그림과 같은 예술이라는 강한 믿음이 생겼고, 돌아와 인생의 시간을 보다 아름답게 채워주는 일들을 많이 하기로 마음먹었다. 그리고 마음먹은 것을 행동으로 옮기는 힘도 장착했다.

돌아온 직후, 처음으로 42.195km 마라톤 풀코스를 뛰어 보기로 했다. 바로 지난해에는 가만히 있어도 가슴 아픈 한숨이 자주 났고, 많이 우울한 심정으로 하프코스를 뛰었던, 한강을 따라 뛰는 대회였다. 'Every day in every aspect, I'm getting better, better and better!' 그때 이 말을 주문처럼 외웠었고, 일 년 후 돌아보니 정말 그렇게 되고 있었다.

풀코스를 뛰려던 것은 단순히 오래된 로망이어서는 아니었다. 하프코스와 같은 참가비를 내면서도 더 많은 포인트에서 바나나를 먹을 수 있다거나 음료를 마실 수 있어서도, 니 팔뚝이 아니라 내 허벅지 굵다고 자랑할 것도 아니었다. 나는 달리는 동안 숨이 턱턱 막힐 때 한 걸음 더 가자고 날 토닥이는 내가 누가 뭐라도 꽤 멋있는 것 같고, 일단 시작하면 기어서라도 어떻게든 끝까지 해낼 것을 알고 있었다. 단지 시도하지 않았을 뿐이었고, 단지 그어 놓은 선을 하나 더 넘어설 뿐이었다.

그렇게 달린 42.195km는 '변명하는 삶 살지 말라'고 했다. 길 위의 모든 순간이 실전이었다. 하지만 마음만 먹으면 그럴 듯한 핑계를 만들어 낼 수도 있었다. 포기하면 편하다. 딱 그만두고 싶던 순간에, 42.195km가 덧붙였다.

행복하다면, 그렇게 해.

마라톤 풀코스는 결국 완주했다. 이 짜릿한 문장을 쓰기 위해 뛰었는지도 모르겠다. 이제 돌아왔다. 새로운 삶이 시작되었고, 가끔 가슴 아픈 일도 갑자기 툭 튀어 나오지만 주어진 것에 행복한 시간이 더 많다. 갓 돌아온 여행에서 배운 것들은 이런 것들이다.

사랑처럼, 지금 할 수 있을 때 하지 않으면
기억보다 더 오랜 그리움만 남게 된다.

시도해 보고 수없이 실패하고 넘어지기 전까지는
진짜 그것에 대해서는 아무것도 모르는 것과 같다.

내가 내 길을 사랑하자 하면,
신기하게도 그 길은 정말로 사랑할 만한 것이 되고,
그 길에서 만난 사람들을 소중히 여기게 되며,
그 길이 들어있는 내 인생을 사랑하게 된다.

여행은 나를 직시하도록, 아는 척했던 것을 진짜 알도록 해주거나 바로잡아 주었다. 내가 생각하던 나와 진짜 나는 많이 달랐다. 그중 하나는 나는 길눈이 밝다는 착각. 사실 나는 오히려 길을 잘 잃어버리는 편인데, 누구나 찾을 수 있는 길을 헤매고는 결과가 길을 찾아낸 것이었으니까 길눈이 밝다고 착각해 왔다는 것을, 넓은 땅덩이들을 거닐다 알았다.

여행은 그래도 길에서 보고 들은 것을 모두 배움이라 생각하고, 결국엔 잘 가게 되리라고 낙관하는 편이 옳다는 것을 알려주었다.

여행이 준 가장 큰 선물은 나를 사랑하는 여러 가지 방법을 알게 한 것이다. 이를테면 우울할 때는 내게 책 선물을 주고 행복해졌다. 돌아갈 날이 까마득한데 누군가에게 줄 선물로 배낭을 무겁게 할 용기는 나지 않았고, 온전히 내가 행복한 방법을 요리조리 궁리하면서 내가 날 행복하게 만드는 데 서툴렀음도 발견했다. 이제는 나를 위한 선물을 사는 데도 인색하지 않기로 했다.

다른 미래를 바란다면 그 다른 미래를 준비해야 한다. 여행의 목적은 멋지게 돌아와 잘 사는 것이다. 그래서 여행하는 동안 주어진 것에 한걸음 더 걷기를, 이왕 기다릴 것이면 멋진 기다림이 되도록 시간 허투루 쓰지 않기를 선택했다.

네팔에서 만났던 여행생활자 다렌은 내게

세상엔 즐길 것들이 너무 많아!' 라는 말을 남기고 떠났다.

여행 후에, 멋진 목표가 많이 생긴 것만큼이나

새로운 여행 로망도 많이 가지게 되었다.

가보지 못해 열망이 되어버린 곳들로, 내 사람들과 함께.

세상엔 정말 멋진 것이 많다.

가지지 못하거나 가지 않아도 행복하게 잘 살 수 있지만

크건 작건 그러한 열망과 로망,

꿈과 간절한 그리움은 삶을 더 포근하고

말랑말랑하게 만들어 줄 것이다.

꿈이 있다면 가능한 시도하고, 두드려야 한다.

방 안에서는 아무것도 이루어지지 않으니까.

꿈은 앞으로 나아가게 하는 힘을 준다.

부딪히지 않으면 얻을 수 없고,

목표가 정해지면 거치적거리던 걱정들과

문제들이 대부분 사라진다.

그 방향으로 부는 바람을 따라 몸을 맡기기만 하면 된다.

유명하고 대단하다 해서 욕심내어 찾아갔을 때,

실망하게 되는 경우도 많다.

어느 정도의 실망을 예비한대도 그렇다.

사실 목적지는 대단한 것이 아닐지 모른다.

여행이 숨겨 둔 비밀은 목적지에서 할 수 있는 이야기보다

그곳에 이르는 과정에서 만들어지는 이야기가 더 오래 남는다는 것이다.

꿈꾸어 오던 순간도 이루어진 후엔, 시간이 지나면 별 것 아닌 게 되지만

꿈으로 가는 길은 흔적이 가득 남는다.

꿈　황인숙

가끔 네 꿈을 꾼다.
전에는 꿈이라도 꿈인 줄 모르겠더니
이제는 너를 보면
아, 꿈이로구나
알아챈다.

눈 덮인 산길에 아직 사라지지 않은 발자국을 따라 걸으며
먼저 이 길을 걸었던 이들을 상상했다.
그들은 이미 쉽지 않은 길을 먼저 걸었다.
사람도 사랑도 모두 비슷한 모습이다.

많은 이들이 먼저 불렀던,
오래 들어도 지겹지 않은 노래가 좋은 건 곧
오래 생각해도 그치지 않는 나의 이야기이기 때문이다.
지난날을 아름답게 기억하는 것은
그때는 정말로 진실하고자 했던 때문이다.
사소한 기억들을 불러오는 노래가 되어버린 그날들.

그립지 않으면 떠오르지도 않는다.
아픈 기억조차 담아두고 있는 것은 그리움이 남은 때문이다.
거친 숨소리를 내는 동안 쉴 새 없이
돌아갈 수는 없지만 아름다웠던 시절이 떠오르곤 했다.

이제 그 노랠 들으면
나는 어느새 그 길 위에 다시 서 있고,
흘린 듯 놓아두고 온 감정들이 밀려든다.

좁은 골목을 헤매다가

방긋 웃는 예쁜 소녀를 스쳐 지나쳤다.

'다시 돌아왔지만 너는 없다'는 말을 하기 위해

뒤돌아설 시간은 없었다.

끝없이 흘러가는 세월에 쓸려
그저 뒤돌아 본 채로 떠밀려 왔지만,
나의 기쁨이라면 그래도 위안이라면
그 시절이 아름다운 채로 늘 그대로라는 걸

「귀향」, 김동률

강렬한 기억이라도 기록해놓지 않으면 잊어버리기 쉽다.

감동과 상처의 이야기들은 생각보다 쉽게 흩날려 갔다.

그토록 쓰고 찍었던 날들 속에도 남지 못한 많은 문장과 기억들이

구름 위 허공 어딘가에 흩어져 있다.

여행 중에 만난 사람들을 기록하고 기억하다 보니

정말 소중하고 가까운 사람들에게는 이만큼 관심을 쏟았던가,

나는 내 사람들에게 얼마나 진심이었나, 따뜻했던가를 반성했다.

대부분의 사람들은 두 가지 헛된 믿음에 빠져 있다. 기억의 영속성에 대한 믿음과 실수를 고쳐볼 수 있다는 가능성에 대한 믿음이 그것이다. 이것은 둘 다 잘못된 믿음이다. 모든 것은 잊혀지는 것이고 고쳐지는 것은 아무것도 없다. 무엇을 고친다는 일은 망각이 담당할 것이다. 그 누구도 이미 저질러진 잘못을 고치지는 못하겠지만 모든 잘못이 잊혀져 갈 것이다.

— 『농담』, 밀란 쿤데라

상처를 완전히 덮는 일은 불가능하다는 것은 알고 있었지만, 새로운 일상들이 내 안으로 들어오면 조용히 가려질 수도 있을지 모른다고 기대했다. 그리움을 덜어내는 일은 떠남으로써 할 수 있는 일이 아니고, 원래 있던 일상에서 해야 하는 것이었지만 어쩌면 대책 없는 그리움이 있어 더 좋았다. 그것은 끝내자고 끝나는 것이 아니라 망각 속으로 흘러내려 갈 것이다. 고쳐지는 것 또한 아무것도 없겠지만.

변하지 않는 건 아무것도 없지만,
사랑하지 못하도록 변하는 건
세상에서 제일 잔인한 일이다.

사랑은 마주보는 것이 아니라 같은 곳을 바라보며 함께 걷는 것이라고 했다.

수많은 기찻길 위에서 생각했다. 언제 다시 같은 방향으로 가는 인연일지도,

엇갈린 채 각자의 길을 가는 잠시 스친 인연이었는지도 모른다.

지난 사랑 이야기는 원래 미련이 남은 이에게만 소중하게 느껴지고,

시간과 함께 아무렇지 않은 듯 잘 흘러간다.

사람은 합리화하는 동물이고, 모두 어쩔 수 없었더라고 말한다.

여전히 가슴이 뻥 뚫린 채 하릴없이 지난 감정의 장난을 생각하는 것,

먼 곳이나 지척이나 그 소용에 대해서 의문인 것은 마찬가지이다.

이 세상에서 가장 유명한 감정을 설명하려는 시도는 대체로 엉터리다.

내 심장이 멎을 때 널 잊을 거라고, 넌 지금 어디 있느냐고,

난 죽을 것 같다고, 내 생각은 하고 있냐고, 지금은 행복하냐고,

목 놓아 지금 없는 연인을 그리워해도 인정해야 하는 진실은,

그 사람은 내 생각은커녕 설령 소식 듣더라도 콧방귀도 뀌지 않을 것이란 사실!

수많은 영화와 노래들이 학습시킨 탓에 가려져 있는 불편한 진실이다.

그대는 내가 아니다.
추억은 다르게 적힌다.
「바람이 분다」, 이소라

누구나 자기가 사랑하는 사람과의 만남이 "인연"이라는 말로 밖에 설명할 수 없는 극적인 사건이라고 생각한다. 이 넓은 지구 위에서 내가 너와 만날 확률을 따져본다면, 계산도 안 되는 작은 확률로 우리가 만났다는 사실에 감격해 할 것이다. 물론 나는 사랑하는 두 사람의 극적인 만남을 일상적인 사건으로 환원하고 싶은 마음은 조금도 없다. 다만, 대부분의 사람들은 최소한 인생에서 한두 번쯤은 좋은 사람을 만나 사랑도 하고 결혼도 한다. 너와 내가 만난 사건은 작은 씨앗이 바늘에 꽂힐 만큼 작은 확률이지만, 당신이 살면서 누군가에게 이런 말을 하며 감격적인 사랑에 빠질 확률은 경험적으로 거의 100%에 가깝다는 것만은 부인할 수 없다.

-『과학콘서트』, 정재승

우연에 대한 믿음이 인연을 드라마로 엮는다.
파울로 코엘료는 단 한마디가 하고 싶어 긴 소설을 썼다.
『포르토벨로의 마녀』에서 마녀의 유언.

사랑은 사랑일 뿐입니다. 그 어떤 정의도 필요 없어요. 사랑하되 너무 많은 것을 묻지 마세요. 그냥 사랑하세요.

순식간에 수많은 이들을 죄인으로 만들어버린 에세이와 할 거면 제대로 하고 죽어버리라고 협박하는 시도 있다.

죽도록 사랑하지 않았기 때문에 살 만큼만 사랑했고, 영원을 믿지 않았기 때문에 언제나 당장 끝이 났다. 내가 미치도록 그리워하지 않았기 때문에, 아무도 나를 미치게 보고 싶어 하지 않았고, 그래서, 나는 행복하지 않았다. 사랑은 내가 먼저 다 주지 않으면 아무것도 주지 않았다. 버리지 않으면 채워지지 않는 물 잔과 같았다. … 나를 버리니, 그가 오더라. 그녀는 자신을 버리고 사랑을 얻었는데, 나는 나를 지키느라 나이만 먹었다. 사랑하지 않는 자는 모두 유죄다. 자신에게 사랑받을 대상 하나를 유기했으니 변명의 여지가 없다.

-「지금 사랑하지 않는 자, 모두 유죄」, 노희경

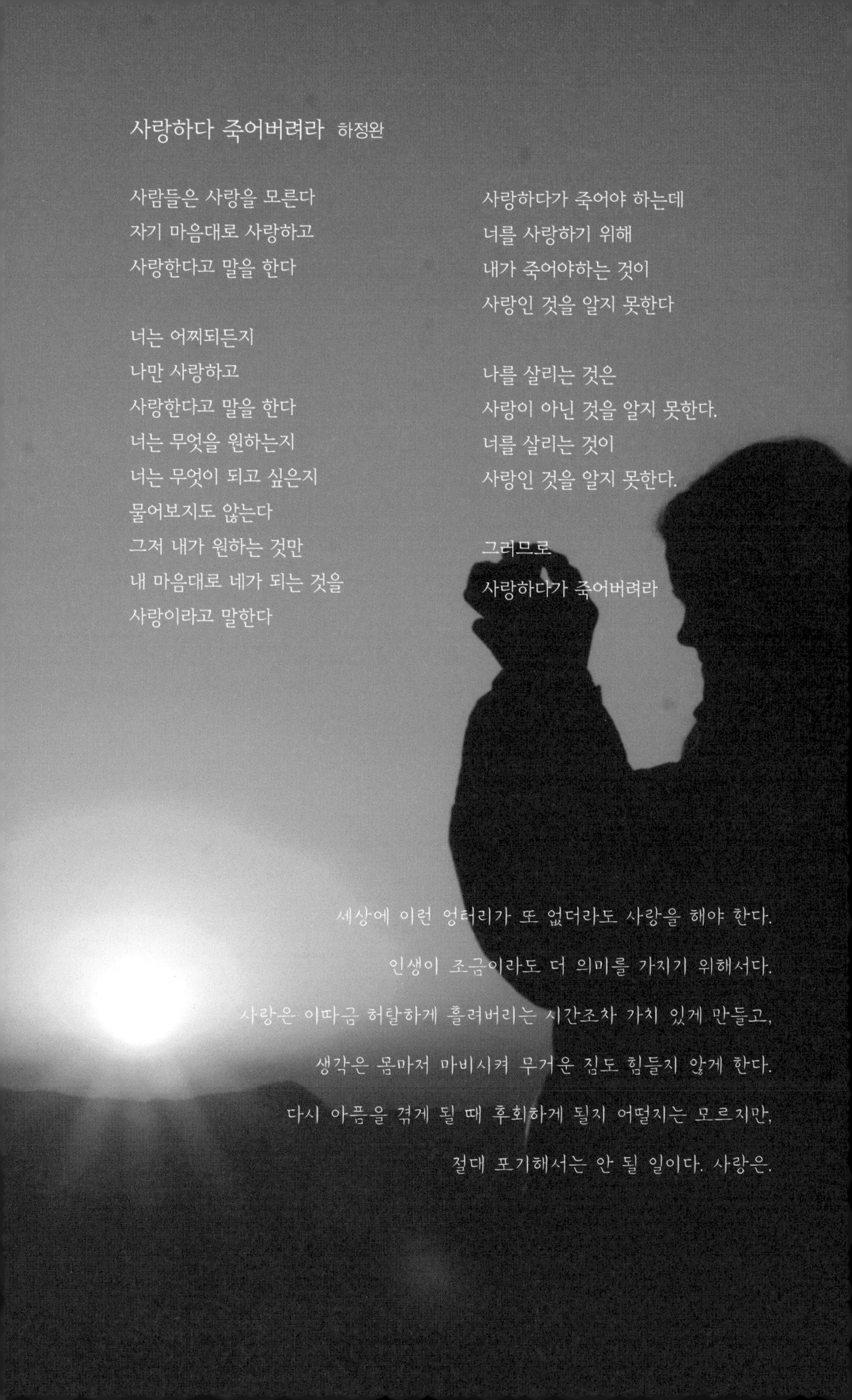

사랑하다 죽어버려라 하정완

사람들은 사랑을 모른다
자기 마음대로 사랑하고
사랑한다고 말을 한다

너는 어찌되든지
나만 사랑하고
사랑한다고 말을 한다
너는 무엇을 원하는지
너는 무엇이 되고 싶은지
물어보지도 않는다
그저 내가 원하는 것만
내 마음대로 네가 되는 것을
사랑이라고 말한다

사랑하다가 죽어야 하는데
너를 사랑하기 위해
내가 죽어야하는 것이
사랑인 것을 알지 못한다

나를 살리는 것은
사랑이 아닌 것을 알지 못한다.
너를 살리는 것이
사랑인 것을 알지 못한다.

그러므로
사랑하다가 죽어버려라

세상에 이런 엉터리가 또 없더라도 사랑을 해야 한다.

인생이 조금이라도 더 의미를 가지기 위해서다.

사랑은 이따금 허탈하게 흘려버리는 시간조차 가치 있게 만들고,

생각은 몸마저 마비시켜 무거운 짐도 힘들지 않게 한다.

다시 아픔을 겪게 될 때 후회하게 될지 어떨지는 모르지만,

절대 포기해서는 안 될 일이다. 사랑은.

서점에서 우연히 알퐁스도데의 단편집을 집어 들었다. 파리에서 들른 가장 큰 공동묘지에서 지도를 보고도 유일하게 그의 자리만 찾지 못했던 탓에 『별』의 문장이 난데없이 맴돌았었다.

나는 생각했다. 이 별들 중에서 가장 예쁘고, 아름답게 빛나는 별 하나가 길을 잃고 내 어깨에 기대어 잠들어 있다고…

— 『별』, 알퐁스도데

『별』을 다시 읽고 비로소 서른 여행 끝자락에 걸었던 산티아고 프랑스길이 은하수 따라 가는 길이라는 것도 알았다. 아직 그 길 위에 있는 것만 같다. 온통 그대로다. 나는 변한 것이 없는데 주변의 많은 것들이 달라지고 있다.

사랑은 사람을 착각하게 만든다. 나는 아직 여행이란 착각 속에 있다. 이 길 끝에 네가 있을 것만 같다.

— 『행복하다면, 그렇게 해』, 정준오

지금 이 길을 사랑하면,

길 위의 풍경들과,

길에서 만난 사람들과,

그 길에 선 이 삶을 사랑하게 된다.

Epilogue

: 늘리기보다 줄이기가 더 어렵다

　시간이 흐르면 변하는 여행기가 아니라 변하지 않는 기억을 기념하고, 서른을 축하하는 글을 남기고 싶었다. 그 도구가 여행인 것은 아주 멋진 일이었다. 서른이 되어서야 비로소 나는 글을 쓰고 그것을 누군가 보아주었을 때 제법 행복하다는 것을 깨달았다. 쓰기로 작정하고 떠났기 때문에, 쓰는 것에 거침이 없었다. 특별한 일상에 이야기가 생기던 순간들마다 글이 살아서 날아오르는 것만 같았다.

　하고 싶은 말들이 가슴속 어딘가에 흩뿌려져 있었는데, 여행 중에 갑자기 튀어나오는 기억들을 하나씩 다시 만나며 주워 모아 한꺼번에 쏟아냈다. 하지만 쓰지 못한 역사가 더 많다. 때로 기록하지 못한 기억이 더 오래 간다. 가슴에 품고 있으면 언젠가는 만나게 될 것이다.

　변명으로 바리케이드를 치고, 떠날 수 있는데 떠나지 않는 건 죄다. 비용에 대한 과도한 걱정, 시기에 대한 불필요한 불안, 나중에 또 기회가 있을 것이라는 망상 등등. 떠나려는 자 앞에 그깟 변명이란 헛된 것들이다. 내 여행도 항상 즐겁고 행복하지는 않았고, 아팠던 날도 많았고, 예상치 못한 크고 작은 문제들로 힘들기도 했다. 외로움과 싸우며 돌아가고 싶던 날도 반은 되었다. 하지만, 바로 그래서 좋았더라는 말을 친구는 이해하지 못했다. 떠나지 않은 자가 이해할 리만무하다.

늘리기보다 줄이기가 더 어렵다. 원래 없다고 생각하면 편할 것을. 불려 놓은 연구내용을 논문으로 압축하는 것이 그랬다. 문장 하나에 밀도가 생기려면 물리적인 시간이 필요했다. 여행 중에는 수다쟁이 친구였던 나와의 대화를 정리하는 일도, 글만큼이나 미련한 집착을 떼어내는 데도 그랬다. 집착만큼 외로워지곤 했다. 지독하게 외롭지 않았으면 이렇게 쓰지도 않았을 것이다. 그것은 외로운 시간을 견디는 가장 자신 있는 방법이었고, 외로움을 온전히 벗을 수는 없었지만 이 책은 노력의 흔적이다.

지난 기억들로 가슴이 아리던 것만큼 그곳들을 생각하면 다리가 저리는 것은 아직 끝나지 않은 것 같은 느낌 때문일까. 다시 떠날 준비를 하고 있기 때문일까. 단언컨대 이 글에 마침표를 찍는 순간은 내 인생에서 가장 행복한 부분 중하나가 될 것이다. 여전히 삐걱 대고 흔들리는 것들에도 불구하고, 소중히 간직하려던 것을 잃은 것도 잊은 채, '내가 그러자 하면 정말 그렇게 된다'는 자신감에 기댄 믿음 덕분이다.

'세상 풍경 중에서 제일 아름다운 풍경은
모든 것들이 제자리로 돌아가는 풍경'이라는 노래가 있다.
다시 찾아온 내 자리에서, 거리에서 제 갈 길을 가는
사람들 사이에서 생각한다.
봄날도 가고 바람도 불더니 어느새 다시 봄이다.
기다리지 않아도 올 것은 온다.

인연은 바람이어서, 모두 지나간 후에 느껴진다.
어디선가 이어진 먼 길로 언젠가는,

다시 바람이 불 것이다.
떠나야 한다.